职业素养提升

ZHIYE SUYANG TISHENG

傅济锋 黄 丹 主编

苏州大学出版社
Soochow University Press

图书在版编目(CIP)数据

职业素养提升/傅济锋,黄丹主编.—苏州:苏州大学出版社,2021.6(2024.8 重印)
ISBN 978-7-5672-3592-2

Ⅰ.①职… Ⅱ.①傅… ②黄… Ⅲ.①职业道德-高等学校-教材 Ⅳ.①B822.9

中国版本图书馆 CIP 数据核字(2021)第 110257 号

职业素养提升

傅济锋 黄 丹 主编

责任编辑 张 凝

苏州大学出版社出版发行
(地址:苏州市十梓街1号 邮编:215006)
苏州市越洋印刷有限公司印装
(地址:苏州市吴中区南官渡路20号 邮编:215104)

开本 700 mm×1 000 mm 1/16 印张 16.25 字数 292 千
2021 年 6 月第 1 版 2024 年 8 月第 6 次印刷
ISBN 978-7-5672-3592-2 定价:49.50 元

若有印装错误,本社负责调换
苏州大学出版社营销部 电话:0512-67481020
苏州大学出版社网址 http://www.sudapress.com
苏州大学出版社邮箱 sdcbs@suda.edu.cn

前　言

　　进入 21 世纪以来，大学生就业问题越来越受到全社会的重视，国家陆续出台了一系列的促进和激励大学生就业的政策举措，逐渐凝聚成"十四五"期间加快构建现代职教体系、发展现代职业教育的行动共识。大学生就业工作一直以来被视为我国高校职业教育工作的生命线，能否有效地指导和帮助大学生正确地择业、顺利就业以及初步适应职场生活是高校人才培养工作的第一步。大学毕业生在工作岗位上能否胜任职场生活复杂而具体的要求，并在职场生活中成功地开创自己的职场生活新局面，是评判一所高校人才培养工作是否优秀、是否成功的实践标准。大学生步入职场后能否胜任工作岗位，关键看他是否具备工作岗位所需要的专业知识和技能，相关的知识、能力及素质，也就是必须符合职场生活要求的既会做事也要会做人，既要做好事情也要做好一个人。因此，在进入职场生活前的大学阶段，必须在专业知识、技能以及与未来职场生活相关的知识、技能及素质的学习、培养方面有相当的积累和准备，这就使得"职业素养提升"成为大学生迫切需要的一门课程。

　　2014 年，国家倡导加快构建中国特色现代职业教育体系，开创了职业教育工作的新局面，高校职业教育、就业指导教学等工作得到进一步推进。各高校遵照教育部办公厅颁布《关于印发〈大学生职业发展与就业指导课程教学要求〉的通知》（教高厅〔2007〕7 号）文件精神完善"大学生职业发展与就业指导课程"系列三门课程的开设，即"职业生涯与发展规划""职业素养提升"和"就业指导"。课程开设固然可以依据政策规定与实践要求，既要经济社会发展这个"时代火车头"的牵引，也要学校、教师在课程建设、教材编制、教学实践创新等环节上大量创造性工作的助推，最

终才能不断地把课程、教材、教学建设好。2015年,我们顺利完成了第一版教材的编写与课程的建设,成功地保证了课程教学的平稳开展。但在几年来的课程教学实践过程中,我们发现教材中存在一些文字内容、格式规范甚至教材设计的问题需要修改完善,相关问题也被一一记录下来,教材编写组就已经决定要着手教材的修订了。2019年年底,《职业素养提升》第一版教材使用已逾政策年限,加之几年来我国经济社会迅速发展、信息化教学技术突飞猛进,教材的修订工作就此启动了。

作为"大学生职业发展与就业指导课程"系列之一,本教材主要内容涉及职业认知选择、职业意识、职业道德、职场礼仪、职业法律、自我管理、沟通能力、团队合作能力、创新能力、职业心理等方面。旨在通过课程的理论教学与实践实操,帮助大学生正确了解企业和社会对大学生职业素质的基本要求,认识职业对大学生专业学习、知识准备、素质培养的基本要求,帮助大学生正确地选择合适自身职业特性的职业岗位,为未来适应职场生活、胜任职业岗位在职业认知、职业意识、职业道德、职业法律、职业能力、职业心理、职业礼仪等层面做好心理的、知识的、技能的、素质的准备和提升。本次教材修订基本上参照初版的内容和结构,增加了"第十章 职业心理"部分,内容结构上更趋完整。初版教材附录中的测试量表、各章的"实践环节设计"等融合到教材数字平台,有助于提升课程信息化教学、教材数字化建设的水平。

整个教材修订工作是编写组全体教师集体劳动的成果。修订工作仍按各部分由傅济锋、张静芳、李凤云、黄丹、居茜、孙涛、杨晓石、石阶瑶、沈洁、皇甫志芬、王砚、曹文君等老师负责完成,傅济锋、黄丹负责统筹教材修订、部分文稿的修改工作,教材数字平台建设由黄丹、卢锋等几位老师协力完成。

教材编写、修订工作一直以来都得到了学校、部门领导的高度关注和大力支持,有力地保障了修订工作的顺利进行。苏州大学出版社的张凝主任在此次教材修订过程中做了大量辛苦的工作,从修订说明、内容体例规范、文字校对、排版印刷……有力保证了教材修订工作圆满完成和新版教材的出版。教材编写、修订过程中,我们参考了国内目前已出版的同类教材、教辅材料以及国内外相关的教学研究论文,这些专家学者的智慧结晶给我们的编写、修订工作提供了宝贵的经验借鉴和有益的启发。

对于编写组的齐心协力、领导的大力支持、出版社编辑主任的敬业付出，我们在此一并鸣谢！

由于本书编写组相关的教学经验、教材编写的能力水平有限，在教材编写、修订的过程中肯定还存在一些有待解决的问题需要我们不断完善、改进，我们诚恳地期待大家的批评指正，帮助我们在接下来的修订工作中进一步完善、提升。

《职业素养提升》编写组

2021. 6. 18

CONTENTS 目录

绪 论 >> 1

一、职业素养的定义 …………………………………… 1
二、职业素养的内容构成 ……………………………… 3
三、大学生职业素养提升的意义 ……………………… 4

第一章 职业认知与选择 >> 6

第一节 了解职业 ……………………………………… 7
第二节 认识自我 ……………………………………… 9
第三节 选择职业 ……………………………………… 17

第二章 职业意识 >> 23

第一节 责任为先 ……………………………………… 24
第二节 敬业为重 ……………………………………… 29
第三节 诚信为本 ……………………………………… 34

第三章
职场礼仪　　　　　　　　　　　　　　　》 40

第一节　形象礼仪 …………………………………… 41
第二节　办公礼仪 …………………………………… 52
第三节　通信礼仪 …………………………………… 60

第四章
职业道德　　　　　　　　　　　　　　　》 72

第一节　职业道德的含义 …………………………… 73
第二节　职业道德的内容 …………………………… 81
第三节　职业道德的提升 …………………………… 90

第五章
职业法律　　　　　　　　　　　　　　　》 100

第一节　劳动合同 …………………………………… 101
第二节　社会保险 …………………………………… 112
第三节　劳动争议 …………………………………… 121

第六章
自我管理　　　　　　　　　　　　　　　》 126

第一节　时间管理 …………………………………… 127
第二节　效能管理 …………………………………… 135
第三节　情绪管理 …………………………………… 140

第七章

沟通能力 >> 151

第一节　沟通技巧 …………………………… 152
第二节　常规沟通 …………………………… 160
第三节　困境沟通 …………………………… 167

第八章

团队合作能力 >> 170

第一节　认识团队 …………………………… 171
第二节　团队建设 …………………………… 174
第三节　团队合作 …………………………… 184

第九章

创新能力 >> 193

第一节　创新概述 …………………………… 194
第二节　创新思维 …………………………… 200
第三节　创新培养 …………………………… 208

第十章

职业心理适应 >> 213

第一节　群体心理与适应 …………………… 214
第二节　心理危机与应对 …………………… 226
第三节　心理健康与调适 …………………… 235

参考书目 ………………………………………… 249

从大学生到职场精英是我们人生的一次华丽转身。这种转变既需要智力、能力、体力等硬件条件，又离不开勤奋、专注、坚持、诚信、守法等软件的支持，后者就是所谓的职业素养。习近平总书记告诫我们："一代人有一代人的使命，一代人有一代人的担当。"有多大担当才能干多大事业，尽多大责任才会有多大成就。可以说，一个人的心胸有多大，舞台就有多大。一个人的素养有多深，职场成就就有多高。今天站在新时代的起点，我们要肩负使命，增强本领，在未来漫长的职业生涯中，让自己不断地发光发热。

一、职业素养的定义

现代社会，个体要想成为一个合格的社会人，就要融入社会分工体系，成为一个职业人。职业人最基本的要求就是满足职业需要，具备职业素养。那么，什么是职业素养呢？

有人说，职业素养是指劳动者对其社会职业活动与发展的适应力和胜任度。

有人说，职业素养是人们从事某种职业活动所具备的专业素质和道德操守。

也有人说，职业素养就是专业知识、专业技能、专业特长等与职业直接相关的能力总和。

上述观点都有一定的合理性。职业素养一般是指职业内在的规范与要求，是职业发展中形成的综合性品质。其实，职业素养中的"素养"一词本身就含有变化、提升的意思。因此，所谓职业素养，指的是职业生活对职业人所要求的职业素质的养成，是由包括职业认知、职业意识、职业价值观、职业道德、职业法律、职业能力、职业心理等方面职业素质的养成教育过程及可以量化的状态。因此，职业素养可以说是一个立足当前展望

未来的范畴，最合适对应的英文是professional quality cultivating。世界著名的合益咨询公司（Hay Group）认为，职业素养提升就是那些以提高绩效为目的的知识、技巧、价值观、道德操守、特质、能力等素质的养成，是职业过程中表现出来的综合性品质与要求。职业素质只是一个静态的概念，而职业素养提升则是一个动态变化的过程。

具体来看，职业素养由"职业"和"素养"这两个词组成。所谓职业，就是人们所从事的、赖以谋生的社会活动，这是我们非常熟悉的一个名词。

"素养"一词在中国文化中一般有两种解释。其一为经常修习涵养。《汉书·李寻传》中说："马不伏历（枥），不可以趋道；士不素养，不可以重国。"这里的"素养"，即指足够的才能修养。其二为平素所豢养。《后汉书·刘表传》中说："越（蒯越）有所素养者，使人示之以利，必持众来。"总的说来，素养是指一个人通过修习、锻炼和培养而在德、智、体、美、劳等方面达到的造诣和水平。进一步讲，在更多的情况下，我们谈到"素养"一词时，都有特定的指向，这种指向常常以冠于其前的定语来表征，例如职业素养、品德素养、人文素养等。

谈到素养，不得不提到"素质"一词，因为这两个词经常联系在一起。

素质有狭义和广义之分。就狭义而言，在生理学上，素质是指有机体与生俱来的解剖生理特征。在心理学上，素质也是指有机体先天的解剖生理特点，主要是感觉器官和神经系统方面的特点，如有的人视力好，有的人大脑反应灵敏。素质强调人的先天生理特点，即遗传因素；而素养则是指人通过后天的学习所养成的德、智、体、美、劳等方面的造诣和水平。

广义的素质，涵盖了人的道德素质、智力素质、身体素质、审美素质、劳动技能素质等。它是指人在先天的生理基础上通过后天的教育、训练和环境影响，由知识内化而获得的身心特征及其基本品质；这种特征和品质的表现是内在的、相对稳定和长期发挥作用的。显然，广义的素质和人们所说的素养的概念是相同的。

从心理学上来说，职业素养就是指劳动者从事职业活动应当具备的个性特征和行为能力。职业素养既含有先天的遗传因素，更有后天的学习、锻炼和修养的成果。一个人的职业素养一旦形成，便具有相对的稳定性。它会在较长时间和较广领域内持续地发挥作用，但也不是一成不变的。随着科技的进步和社会的发展，劳动者为了更好地适应新的要求、促进业务拓展，通过再学习和新的实践，还可能使自己的职业素养在某些方面进一步充实和完善。

二、职业素养的内容构成

关于职业素养的内容，目前有许多说法。有人说包括德、智、体、美、劳五大范畴。有人说是由职业道德、团队精神、沟通能力和自我管理能力组成的。有人认为职业素养包括求职技巧和生涯规划两大基本面。台湾地区管理学大师曾仕强教授曾提出"四识"论：知识、常识、见识、胆识。美国职业学家鲍里斯则主张"三能力"：专业知识能力、自我管理能力和可迁移能力。

目前，我国主管大学生就业的教育部门并未对大学生职业素养的内容做出具体界定，因此职业素养课程所涉及的理论、观点、结论尚未形成较为权威的统一意见，大家仍然处在"摸着石头过河"的过程中。根据职业素养的概念，我们认为职业素养应该至少包含以下 8 个方面内容：

（1）职业认知，主要是对什么是职业、职业中体现的素养、如何选择合适职业以及从事职业的要求等方面展开的认识与判断。

（2）职业意识，是指对职业生活中主体观念意识的自觉，体现为做好某一特定职业应该具备的主体观念意识，包括敬业、诚信、安全等意识。

（3）职业价值观，是指围绕职业生活所形成的对于职业与个人、社会的价值认知与评判标准，以及对这些价值观念的自觉。

（4）职业道德，是人们在职业生活中形成的具有特定职业特征的道德观念、行为规范和伦理关系的总和。

（5）职业礼仪，是指在职业生活中必备的通用服饰礼仪、社交礼仪、办公礼仪及一些特殊的职业礼仪规范。

（6）职业法律，是指对职业所涉及的相关法律规范的认知、理解、遵守与运用。

（7）职业能力，是指顺利完成特定职业实践活动的某些必备能力。它体现为职场中解决问题的某些技能。

（8）职业心理，是指围绕职业生活实践中存在的普遍心理问题以及对这些问题的自主调适与解决。

具体来看，由于每种职业活动在劳动性质、工作内容、服务对象和工作环境等方面存在不同，因此每个具体行业的从业人员的职业素养必然有所不同。

比如，科学研究工作者的职业素养特别强调追求真理、尊重事实、善于独立思考，拥有强烈的问题意识；工程技术人员的职业素养强调实践动手能力，善于实验操作，工作负责，吃苦耐劳；新闻工作者的职业素养强调深入一线、客观公正地反映事实真相、博学多识、文笔犀利；文秘人员的职业素养强调服从领导、忠于职守、细心认真、严守机密、遵纪守法；财会人员的职业素养强调坚持原则、廉洁奉公、抵制诱惑、一丝不苟、责任心强；等等。

三、大学生职业素养提升的意义

当代大学生为什么要提升职业素养？这是因为青年大学生是社会主义建设事业的宝贵人才和重要生力军。大学生受教育的水平决定着国家社会的未来发展前景。国家未来经济社会发展的前景在很大程度上取决于高校对大学生的知识、能力与素质的培养水平，特别是职业素质培养的水平。

当前，我国正处在全面建成小康社会、全面建设社会主义现代化强国的关键时期，迫切需要大量高素质的劳动者。如何采取积极有效的措施，促使青年大学生顺利就业、成功胜任职业岗位的工作和适应职业发展的要求，对高校大学生职业发展与就业指导工作提出了更高要求。培养和提升大学生就业、从业的职业素质、知识储备和技能水平成为高校职业发展和就业指导工作的主要任务，《职业素养提升》与《职业生涯与发展规划》《就业指导》构成了高校大学生职业发展与就业指导的课程体系，是实现这一主要任务必不可少的重要一环。

2007年12月，教育部办公厅下发了《关于印发〈大学生职业发展与就业指导课程教学要求〉的通知》（教高厅〔2007〕7号）。文件提出：大学生职业发展与就业指导课的课程教学既强调职业在人生发展中的重要地位，又关注学生的全面发展和终身发展。要从态度层面引导大学生树立职业生涯发展的自主意识，以及积极正确的人生观、价值观和就业观。正确认识个人发展和国家需要、社会发展的一致性，确立正确的职业意识，形成为个人的生涯发展和社会发展积极努力的职业态度；从知识层面指导大学生认知职业及职业发展的特点及自身的职业特性，了解就业的形势、政策与法规等基本知识；从技能层面帮助大学生掌握自我探索、求职就业、生涯决策、职场适应与发展等诸多技能，帮助学生提高诸如职场礼仪、沟通表达、问题解决、自我管理和人际交往等各种通用技能。

2015年，《教育部关于深化职业教育教学改革 全面提高人才培养质量的若干意见》（教职成〔2015〕6号）明确指出：把提高学生职业技能和培养职业精神高度融合，积极探索有效的方式和途径，形成常态化、长效化的职业精神培育机制，重视崇尚劳动、敬业守信、创新务实等精神的培养。充分利用实习实训等环节，增强学生的安全意识、纪律意识，培养良好的职业道德。深入挖掘劳动模范和先进工作者、先进人物的典型事迹，教育引导学生牢固树立立足岗位、增强本领、服务群众、奉献社会的职业理想，增强对职业理念、职业责任和职业使命的认识与理解。

2018年，《国家职业教育改革实施方案》中又提出：办好职业教育活动周和世界青年技能日宣传活动，深入开展"大国工匠进校园""劳模进校园""优秀职校生校园分享"等活动，宣传展示大国工匠、能工巧匠和高素质劳动者的事迹和形象，培育和传承好工匠精神。职业素养在今天受到了国家层面的高度重视。

如果说就业是个人安身立命之道，职业就是安身立命之所。对于青年大学生来说，就业就是个人自我全面发展与价值实现的必要途径。因此，每一个人都要选择一份力所能及的、适合的职业，在职业生涯中实现自己人生的理想追求。那么，要顺利地实现自己的人生追求，做到顺利就业、出色地胜任职业，就要求青年大学生在大学读书学习期间加强职业素质的培养与提升，为进入职业生活做好充分准备。实际上，当我们跨入职业院校大门的时候，就已经完成了人生道路上的初次职业选择，开始接受职业化的训练。可以说，未来职场的竞争与发展在此刻就已经开始了。

引言

职业活动是每个人社会生活的重要组成部分,对于大学生而言,选择一份职业是走向社会的第一步。每一个怀揣梦想的大学生都有自己的职业追求,都想获得一份满意的工作,获得事业的成功,以实现自己的人生价值,并从中体会人生的充实和幸福。然而,在21世纪,人类的社会生活和工作领域越来越广阔,职业门类极其繁多且变化迅速,我们不得不面对和接受各种各样的挑战,比如,我们该如何去了解纷繁复杂的职业并在其中找到理想的职业?又该如何去适应不断变化的职场环境,让自己立于不败之地?

因此,我们需要首先了解:什么是职业?职业有哪些特征?在此基础上,我们要对自我有一个准确的认识。这有一个非常重要的原因:一旦你知道了你是谁——你的兴趣、你的能力、你的价值观、你的性格、你的气质等,你就可以在浏览网页、阅读就业信息及趋势和亲身体验时筛选浩如烟海的职场信息。最终,你能够排除那些不适合自己的信息,并把那些真正对你有帮助的信息融入自己的职业选择中。在职业选择时,除了要考虑自己的兴趣、能力、价值观、性格、气质外,还应考虑以下几种影响职业选择的现实性因素:社会需求度、竞争性、职业发展潜力和环境因素。

学完这一章,你将能够了解什么是职业以及职业、职位和工作的区别;认识自我;领会职业选择理论并将其运用在职业选择中;掌握影响职业选择的现实性因素;运用量表,客观、全面、正确地进行人职匹配。

第一节　了解职业

> ✱ 案例1：
> 　　小张是某高校的大学毕业生，从事医生职业。一天，他遇见中学同学小王。小王问他："现在做什么工作？"小张回答："医生。"
> 　　小张的回答揭示了一个普遍的问题，即很多人并不了解职业是什么？

一、职业的含义

在现实生活中，人们要谋生，总是要从事一定的职业活动，以获得生活资料。但是，人们很容易产生一种误区，即常常把职业与工作混为一谈。事实上，职业与工作是有很大差别的。

什么是职业？美国社会学家塞尔兹认为，职业是一个人为了不断取得收入而连续从事的具有市场价值的特殊活动，这种活动决定着从事它的那个人的社会地位。

我国有些学者就"职业"一词从词义上进行了解释，认为"职"，是指职位、职责，包含着权利和义务的意思；"业"是指行业、事业，包含着独立工作、从事事业的意思。这种观点认为职业的内涵即"责任和业务"，职业的外延包括三方面的内容：有稳定工作、有合法收入、有工作时间限度。由此可见，职业不同于工作，它更多的是指一种事业。

《现代汉语词典》将职业解释为：个人在社会中所从事的作为主要生活来源的工作。

在《中华人民共和国职业分类大典》（1999）里，劳动与社会保障部明确规定了职业的5个要素：一是职业名称，它是职业的符号特征；二是职业活动的工作对象、内容、劳动方式和场所；三是特定的职业资格和能力；四是职业所提供的各种报酬；五是在工作中建立的各种人际关系。

综上所述，所谓职业，是指人们为了谋生和发展而参与社会分工，利用专门的知识和技能创造物质财富、精神财富，获得合理报酬，满足物质生活、精神生活的社会活动。它至少包括两个方面的含义：第一，职业体现了专业的分工，没有高度的专业分工，也就不会有现代意义上的职业观念，职业化意味着要专门从事某项事务；第二，它体现了一种精神追求，职业发展的过程也是个人价值不断实现的过程，职业要求个人对它有忠诚度。

职业，指一个人的行业、专业或领域，更多的是指一种事业，如教师、医生、职员。

职位，是在某一职业中的一个岗位，如中学语文教师、中学数学教师等专业职位，中学校长、企业经理等行政职位。

工作，是需要投入时间和精力并持续一定时间的任务与活动，可以理解为"干活"。如教师的工作是教给学生一定的知识，帮助学生答疑解惑；医生的工作是治病救人，救死扶伤。

二、职业的特征

（一）社会性

在人类社会初期，并无职业可言。随着社会的进步和发展，人类在长期生产活动中产生了社会分工。在社会分工中，人们承担的社会角色是不一样的，一定的社会分工或社会角色的持续实现，就形成了职业。职业作为人类在劳动过程中的分工现象，它体现的是劳动力与劳动资料之间的结合关系，其实也体现出劳动者之间的关系，而劳动产品的交换体现了不同职业之间的劳动交换关系。这种劳动过程中结成的人与人的关系无疑是社会性的，他们之间的劳动交换反映的是不同职业之间的等价关系，反映了职业活动及其职业劳动成果的社会属性。

（二）功利性

职业的功利性也叫职业的经济性，是指职业作为人们赖以谋生的手段，劳动者在承担职业岗位职责并完成工作任务的过程中要获取经济报酬，这既是社会、企业及用人部门对劳动者付出劳动的回报和代价，也是维持家庭和社会稳定的基础。职业活动既满足职业者自己的需要，同时，也满足社会的需要，只有把职业的个人功利性与社会功利性相结合，职业活动才具有生命力和意义。

（三）规范性

职业的规范性应该包含两层含义：一是指职业内部操作的规范性，二是指职业道德和职业法律的规范性。在劳动过程中，不同的职业都有相应的操作规范性，这是保证职业活动的专业性要求。当不同职业在服务社会时，还存在一个伦理范畴和法律范畴的规范性问题，即职业活动必须符合社会伦理道德准则和国家法律规定。这两种规范性构成了职业规范的内涵与外延。

(四) 技术性

职业的技术性是指不同的职业都有相应的知识技术要求，要求从业人员具备一定的专业知识技术，包括较长时间的专业知识学习和技术培训。在进入知识经济时代后，各行各业对知识、技术的要求相对更高了，各种职业的技术含量也不断增加。

(五) 稳定性

职业产生后，总是保持着相对稳定，不会因为社会的形态不同和更替而改变。当然，这种稳定性是相对的，随着现代化的快速发展，特别是科学技术的日新月异，一些新的职业顺应时代的需要产生，而传统的职业或在时代的大发展中岿然挺立，或被时代的潮流淹没。

(六) 群体性

职业的存在常常和一定数量的从业人员密切相关。凡是达不到一定从业人员数量的劳动，都不能称其为职业。群体性并不仅仅表现为一定的从业人员数量，更重要的是一定数量的从业人员所从事的不同工序、工艺流程表现出来的协作关系，以及由此而产生的人际关系。从业者由于处于同一企业、同一车间或同一部门，他们总会形成语言、习惯、利益、目的等方面的共同特征，从而使群体成员产生群体认同感。

总之，职业的特征与人类的需求和职业结构相关，强调社会分工；与职业的内在属性相关，强调利用专门的知识和技能；与社会伦理相关，强调创造物质财富和精神财富，获得合理报酬；与个人生活相关，强调物质生活来源，并涉及满足精神生活需求。

第二节　认识自我

※案例2：

20世纪50年代，爱因斯坦曾被邀请担任以色列总统，但他拒绝了。他说，我整个一生都在同客观物质打交道，因而既缺乏天生的才智，也缺乏经验来处理行政事务以及公正地对待别人的能力，所以，

本人不适合如此高官重任。

爱因斯坦拒绝担任以色列总统是对自我有准确的认识。大学生选择职业也必须从对自我的准确认识开始。

一、职业兴趣

兴趣是人类活动的巨大推动力，是推动人们寻求知识、从事活动的重要心理因素。我们每个人都有类似的体会：当我们对某种事物有兴趣的时候，往往会长时间对它着迷，并且乐此不疲，甚至感觉不到时间的流逝。这是兴趣使我们的注意力长期保持在认知对象上的结果，正如孔子所言："知之者不如乐之者，乐之者不如好之者。"

职业兴趣是兴趣在职业方面的表现，是指人们对某种职业活动具有的比较稳定而持久的心理倾向，使人们对某种职业给予优先注意，并向往之。拥有职业兴趣将增加个人的工作满意度、职业稳定性和职业成就感。

良好而稳定的兴趣使个人在从事各种实践活动时，具有高度的自觉性和积极性。个人根据稳定的兴趣选择某种职业时，兴趣就会变成个人积极性，促使个人在职业生活中有所成就。反之，如果个人对所从事的职业不感兴趣，就很难发挥积极性，难以从职业生活中得到心理上的满足，不易获得工作上的成就。所以，在职业选择中，要注意寻找切实的职业兴趣。

美国著名的职业指导专家霍兰德根据劳动者的职业兴趣和择业倾向，将劳动者划分为6种基本类型，并指出了相应的6种职业类型，每一种职业类型适合于若干特定的职业，具体如下：

实际型（Realistic）：具有不善言辞、做事保守、较为谦虚的人格特征，喜欢有规则的具体劳动和需要基本操作技能的工作，缺乏社交能力，不适应社会性质的职业。其典型的职业包括技能性职业（如技工、修理工、农民等）和技术性职业（如制图员、机械装配工等）。

研究型（Investigative）：具有聪明、理性、好奇、精确等人格特征，喜欢智力的、抽象的、分析的、独立的定向任务类的研究性质的职业，但缺乏领导才能。其典型的职业包括科学研究人员、教师、工程师等。

艺术型（Artistic）：具有善于想象、冲动、直觉、无秩序、情绪化、理想化、有创意、不重实际等人格特征，喜欢艺术性质的职业和环境，不善于从事事务工作。其典型的职业包括艺术方面（如演员、导演、艺术设计师、雕刻家等）、音乐方面（如歌唱家、作曲家、乐队指挥等）与文学方面（如诗人、小说家、剧作家等）的职业。

社会型（Social）：具有合作、友善、助人、负责、圆滑、善社交、善言谈、洞察力强等人格特征，喜欢社会交往、关心社会问题，有教导别人的能力。其典型的职业包括教育工作者（如教师、教育行政工作人员等）与社会工作者（如咨询人员、公关人员等）。

企业型（Enterprising）：具有爱冒险、有野心人格特征，喜欢从事企业性质的职业。典型的职业包括政府官员、企业领导、销售人员等。

常规型（Conventional）：具有顺从、谨慎、保守、实际、稳重、有效率等人格特征，喜欢有系统、有条理的工作任务。其典型的职业包括秘书、办公室人员、记事员、会计、行政助理、图书馆员、出纳员、打字员、税务员、统计员、交通管理员等。

二、职业能力

职业能力（Occupational Ability）是人们从事某种职业的多种能力的综合。职业能力主要包含三方面基本要素：（1）为了胜任一种具体职业而必须具备的能力，表现为任职资格；（2）在步入职场之后表现出的职业素质；（3）开始职业生涯之后具备的职业生涯管理能力。例如：一位教师只具有语言表达能力是不够的，还必须具有对教学的组织和管理能力，对教材的理解和使用能力，对教学问题和教学效果的分析、判断能力等，并且要对学生进行有效积极的教育。这才是一个老师的职业能力。

如果说职业兴趣能决定一个人的择业方向，以及在该方面所乐于付出努力的程度，那么职业能力则能说明一个人在既定的职业方面是否能够胜任，也能说明一个人在该职业中取得成功的可能性。

由于职业能力是多种能力的综合，因此，我们可以把职业能力分为一般职业能力、专业能力和职业综合能力。

一般职业能力，主要是指一般的学习能力、文字和语言运用能力、数学运用能力、空间判断能力、形体知觉能力、颜色分辨能力、手的灵巧度、手眼协调能力等。此外，任何职业岗位的工作都需要与人打交道，因此，人际交往能力、团队协作能力、对环境的适应能力，以及遇到挫折时良好的心理承受能力都是我们在职业活动中不可缺少的能力。

专业能力，主要是指从事某一职业的专业能力。在求职过程中，招聘方最关注的就是求职者是否具备胜任岗位工作的专业能力。例如：你去应

聘教学工作岗位，对方最看重你是否具备最基本的教学能力。

职业综合能力是国际上普遍注重培养的"关键能力"，主要包括4个方面。

1. 跨职业的专业能力

可以从以下三方面体现出一个人跨职业的专业能力：一是运用数学和测量方法的能力；二是计算机应用能力；三是运用外语解决技术问题和进行交流的能力。

2. 方法能力

一是具有信息收集和筛选能力；二是掌握制订工作计划、独立决策和实施的能力；三是具备准确的自我评价能力和接受他人评价的承受力，并能够从成败经历中有效地吸取经验教训。

3. 社会能力

社会能力主要是指一个人的团队协作能力、人际交往和善于沟通的能力。在工作中能够协同他人共同完成工作，对他人公正宽容，具有准确裁定事物的判断力和自律能力等，这是岗位胜任和在工作中开拓进取的重要条件。

4. 道德能力

随着中国经济体制改革的深入、法制的不断健全与完善，人的社会责任心和诚信将越来越被重视，假冒伪劣将越来越无藏身之地，一个人的职业道德会越来越受到全社会的尊重和赞赏，爱岗敬业、工作负责、注重细节的职业人格会得到全社会的肯定和推崇。

能力总是和一定的实践活动相互联系在一起的。离开了具体实践，既不可能表现人的能力，也不可能发展人的能力。大学生能力的形成与发展归根到底取决于实践。例如，一个播音主持专业的学生，即使掌握了扎实的播音专业知识，如不加以实践，也未必能成为一名优秀的主持人。所以大学生在课堂学习专业知识的基础上，要利用各种渠道参与实践，发展、提高自己的能力。途径主要有：勤工俭学、社团活动、校园竞赛、社会实践、担任学生干部等。

三、职业价值观

当一些人致力于寻找快速致富的途径时，另外一些人在潜心学习，是什么激励他们这样做呢？又是什么原因，让一些已经在某个领域花费了大量心血并且颇有成就的人中途转行？最有可能的答案就是价值观。价值观是一种无形的力量，在整个人生中，它能左右你的决策；价值观是坚定的信仰，在面对抉择时，它会影响你的思想。如果你重视生活的满意度，你就会花时间弄清楚你的价值观，从而做出与价值观相符的职业选择。

职业价值观是人生目标和人生态度在职业选择方面的具体表现，也就是一个人对职业的认识和态度，以及他对职业目标的追求和向往。它是人们判断职业的价值和意义、衡量职业重要性的标准，主要体现在职业选择的信念和态度上。

求职者在考虑就业的各种可能性或是对自己该做什么感到茫然时，常常对如何做出职业选择感到困惑。这时，最终左右人们选择的，就是职业价值观。比如，你发现经济回报、帮助他人、安全性是你的主流价值观，那么你可以考虑成为一个社会工作者、演员或老师，你可以做好这3个职业，甚至可以三者兼顾。

由于个人在身心条件、年龄阅历、教育状况、家庭影响、兴趣爱好等方面存在差异，人们对各种职业有着不同的主观评价。从社会来讲，与社会分工的发展和生产力水平相关，各种职业在劳动性质、劳动难度和强度、劳动条件和待遇及在所有制形式和稳定性等诸多方面，都存在着差别；再加上传统的思想观念的影响，各类职业在人们心目中的声望、地位也有好坏、高低之见，这些评价都形成了人的职业价值观。

美国著名心理学家洛特奇教授在其代表作《人类价值观的本质》一书中，提出了建立职业价值观的13个核心要素。它们分别是：

1. 成就感。指的是提升社会地位，得到社会认同，希望工作能受到他人的认可，对工作的完成和挑战成功感到满足。

2. 对美感的追求。能有机会多方面地欣赏周围的人、事、物，或任何自己觉得重要且有意义的事物。

3. 挑战性。能有机会运用聪明才智来解决困难，舍弃传统的方法，而选择创新的方法处理事物。

4. 健康，包括身体和心理两个方面。工作能够免于焦虑、紧张和恐惧，能够让一个人心平气和地处理问题。

5. 收入与财富。工作能够明显、有效地改变自己的财务状况，收入和财富能够满足自己的价值需求。

6. 独立性。在工作中能有弹性，可以充分掌握自己的时间和行动，自由度比较高。

7. 爱、家庭、人际关系。关心他人，与他人分享，协助他人解决问题，

体贴、关爱，对周围的人慷慨。

8. 道德感。与组织的目标、价值观和工作使命能够不相冲突，紧密结合。

9. 欢乐。享受生命，结交新朋友，与别人共处，一同享受美好时光。

10. 权力。能够影响或控制一些人，使其照着自己的意思去行动。

11. 安全感。能够满足基本的需求，有安全感，不会被突如其来的变动所打倒。

12. 自我成长。能够追求知识上的刺激，寻求更圆满的人生，在智慧、知识与人生的体会上有所提升。

13. 协助他人。认识到自己的付出对团体是有帮助的，别人因为你的行为而受惠颇多。

洛特奇教授认为，在一个人的价值观体系中，以上13个要素最为核心。当然，光知道这些核心要素并不够，我们还要让自己每天的所作所为都符合这些价值，至少要挑出对自己而言最重要的五六项，严格要求自己做到，如果做不到，就建立不起正确的价值观。

针对以上13种建立正确价值观的核心要素，洛特奇还指出，我们可以分别问自己以下几个问题：

1. 你最重视的价值观是什么？

2. 你所标示的价值观是你一直都重视的吗？如果曾经有改变，是在什么时候？

3. 有哪些价值观是你父母认为重要的，而你却不同意的？有哪些价值观是你和父母所共同拥有的呢？

4. 价值观的改变是否曾经改变你安排生活的方式？

5. 你理想的工作类型与你的价值观之间是否有任何关联？

6. 你是否因为谁说的一句话或做的某件事情，而对自己的价值观感到怀疑？

7. 以前你曾经崇拜哪些人？他们目前对你有什么影响？

8. 你的行为可以反映你的价值观吗？例如重视工作变化、成长与突破的你，会选择单调枯燥、一成不变的工作吗？你会在父母的期许或周围人的影响下，改变志向吗？

四、职业性格

中国古语云："积行成习，积习成性，积性成命。"西方也有名言："播下一个行为，收获一种习惯；播下一种习惯，收获一种性格；播下一种性格，收获一种命运。"可见中西方对性格形成的看法基本一致。那么，什么是性格？性格是一种在对现实的稳定的态度和习惯化了的行为方式中所表现出来的人格特征。人的性格不是与生俱来的，是由包括先天的遗传和后天的家庭教养、学校教育、社会文化等环境影响的双重因素决定的。性格直接影响着人对外界的认知过程、调节机制和行为方式。

心理学家对性格进行了多年研究，他们发现性格结构相当复杂，要对性格进行测试比较困难。1921年，瑞士心理学家荣格发表了他经典的心理学类型学说。他在书中设计了一套性格差异理论，他相信性格差异同时会决定并限制一个人的判断。他把这种差异分为内向型/外向型、直觉型/感受型、思考型/感觉型。荣格把感知和判断列为大脑的两大基本功能，前者帮助我们从外部世界获取信息，后者则使我们以特定的方式做出决定。它们在大脑活动中的作用受到各人生活方式和精力来源的限制，从而对人的外部行为和态度产生各不相同的影响。正是在这个意义上，性格被视为一种人与生俱来的天性。

20世纪40年代，美国一对母女凯瑟琳·布里格斯、伊莎贝尔·迈尔斯在荣格心理学类型理论的基础上提出了一套个性测验模型。迈尔斯和布里格斯把这套理论模型以她们的名字命名，叫作Myers-Briggs Typ（类型）Indicator（指标），简称MBTI。这种理论可以帮助解释为什么不同的人对不同的事物感兴趣、擅长不同的工作，并且有时人与人之间不能互相理解。MBTI人格共有4个维度，每个维度有2个方向，共计8个方面。分别是：内向I、外向E；感觉S、直觉N；思考T、情感F；判断J、知觉P。每个人的性格都落脚于4种维度每一种的中点的这一边或那一边，我们把每种维度的两端称做"偏好"。例如：如果你落在外向的那一边，那么就可以说你具有外向的偏好。如果你落在内向的那一边，那么就可以说你具有内向的偏好。4个维度，两两组合，共有16种类型，以各个维度的字母表示类型。4个维度在每个人身上会有不同的比重，不同的比重会导致不同的表现。

研究者认为，MBTI性格类型与职业之间存在一定的匹配关系。例如SJ型性格的人，适合充当保护者、管理员、监护人的角色。美国的总统中有20位是SJ行为风格的人。再有，NT类型的人被认为是思想家、科学家的摇篮，达尔文、牛顿、爱迪生、瓦特、爱因斯坦、比尔·盖茨等都是NT类型的人的杰出代表。值得注意的是，性格与职业成就之间也不存在绝对的对应关系，性格类型与职业匹配只能为取得职业成就提供更好的心理基础。大学生的性格具有很大的可塑性，长期的职业磨砺也有可能改变其性格，使其性格朝着有利于职业成功的方向发展。

五、气质

人们常说"江山易改，秉性难移"，这里所谓"秉性"，说的就是人的气质特征。心理学中的气质指个人心理活动的稳定的动力特征，具体来说：人们心理活动的动力特征包括3个方面的具体内容：心理过程的强度、速度和稳定性。具有某种气质特征的人往往在不同的活动中表现出一致的动力特征。例如，有的学生每逢考试就表现得很激动，等待朋友时坐立不安，参加比赛时沉不住气，上课时经常抢答老师的提问，这样的学生就具有情绪激动的气质特征。

心理学研究表明，人的气质特征在很大程度上是天生的，刚刚出生的婴儿就已经表现出不同的气质特征：有些婴儿安静、平稳、害怕陌生人，而有些则好动、喜吵闹、不害怕陌生人。同时，人的气质特征具有相当的稳定性，在人生历程中很难发生根本改变。

人类很早就已注意到气质差异现象了，古希腊医生希波克拉底提出"体液说"，认为可以用人身体里的体液来比拟不同的气质类型，经过罗马医生盖伦的修改，就形成了影响至今的气质类型假说。这种假说把人们的气质类型概括为胆汁质（兴奋型）、多血质（活泼型）、黏液质（安静型）、抑郁质（抑制型）4种基本类型。后来，俄国心理学家巴甫洛夫进一步验证了这4种气质类型，他认为人们的气质特征与遗传的高级神经活动类型有关，高级神经活动类型是气质特征的生理基础（表1-1）。

表1-1　高级神经活动类型与气质类型

高级神经活动类型	气质类型	行为特征	《红楼梦》中对应角色
兴奋型	胆汁质	急躁、直率、热情、情绪兴奋性高、容易冲动、心境变化剧烈、具有外向性。	王熙凤
活泼型	多血质	活泼、好动、反应迅速、喜欢与人交往，注意力容易转移、兴趣容易转变、具有外向性。	贾宝玉
安静型	黏液质	稳重、安静、反应迟缓、沉默寡言、情绪不外露、注意力稳定且不易转移、善于忍耐、具有内向性。	薛宝钗
抑郁型	抑郁质	行动迟缓而不强烈、孤僻、情绪体验深刻、感受性很高、善于觉察别人不易觉察的细节、具有内向性。	林黛玉

在实际生活中，某种典型气质特征的人是很少见的，同时具有4种典型气质特征的人也很少见，大多数人的气质特征都是2~3种气质类型的混合体，即主要具有某一气质类型的典型特点，同时又具有其他气质类型的部分特征。

了解人的气质对大学生职业选择有非常重要的意义。具有某种气质特征为从事某些工作提供了有利条件，例如持久、细致的工作（如编辑、校对、检验、会计、计量等）对黏液质和抑郁质的人较为适合，对多血质和胆汁质的人就不大适合；而要求迅速灵活反应的工作（如营销、劝服、演讲、竞技等）对多血质和胆汁质的人较为适合，而黏液质和抑郁质的人则较难适应。现在有些特殊职业对从业者的气质有特定的要求，例如飞行员、宇航员、潜水员、雷达观测员、救护员、顶尖运动员等，求职者必须经过气质类型测定，并经过严格的训练，才能胜任工作要求。另外，气质特征仅仅标示了人们心理活动的动力特征，并不能预示人们的职业成就，气质类型与职业适应之间没有直接的对应关系，气质本身没有好坏之分，每种气质类型都既有优点也有缺点，不同气质类型的人都有可能在职业中获得成功。

气质测量有多种方法，观察法和量表法是常用的两种方法。观察法适用于测量那些具有典型气质特征的人，量表法可以用于测量混合型气质。

第三节 选择职业

❉ 案例3：

对于年轻人而言，传统职业还是求职的第一选择吗？在多种职业选择面前，能否"不做选择全都要"……作为职场新力量，当代青年择业观的变化，一直受到社会各界广泛关注。

"3，2，1，开始！""95后"大学生余毅涵备好脚本，摆开道具，调整灯光，开始了一天新的拍摄。去年毕业后，他没有选择成为一名白领，而是选择将自己的爱好变为工作，当起了全职美妆视频"UP主"。

"读大学的时候，我开始尝试做美妆视频，浏览量一般只有几百人次。但毕业前发的一条视频突然'爆红'，很快被顶到视频平台首页。"

余毅涵告诉记者,"我意识到,凭借努力也能有被大家关注的一天,于是下定决心全职当'网红'。"

不过,对于视频"UP 主"的工作,余毅涵保持了相当的冷静与理性。"我觉得'UP 主'是互联网时代产物中一份新工作,但它和之前所有传统工作没有本质区别,都需要不断学习、不断努力,通过学习行业领头羊的特色和优势来不断改进提高自己。虽然看上去很有趣又好玩,但千万不能有玩着玩着就把钱挣了的想法。"

目前,余毅涵最受欢迎的一则美妆视频已有近 24 万的播放量,作品也多次被推上视频网站首页。

近年来,像余毅涵这样从事新型职业的青年并不少见。社会科技发展的脚步越来越快,"三百六十行"之外的新型职业大批涌现。

《2019 年生活服务业新职业人群报告》显示,在新型职业从业者中,"90 后"占据了"半壁江山","95 后"的占比已经超过 22%。他们大多处于刚毕业或毕业不久的状态,新职业为处于择业期的青年提供了更加多元的就业选择。

一、职业选择理论

职业选择是个人对于自己就业的种类、方向的挑选和确定,它是人们真正进入社会生活领域的重要行为,是人生的关键环节。"男怕入错行,女怕嫁错郎"这句俗语道出了职业选择对人生的重要性。现代社会,男女平等,无论是谁,找错对象和入错行业都会贻误一生。所以,精彩人生既要"找对人",又要"入对行"。

在 20 世纪 90 年代以前,大学生的工作由国家统一分配,并且终身不变。现今的社会与过去已经大不相同,你不能够指望坐等一份职业,也不能够再指望谋得一份工作就万事无忧。人才市场的需求快速变化着。曾经有段时间,导游的需求量很大,然而,目前导游开始供过于求,尽管社会仍对导游有所需求,但他们仍面临着因经济原因而失业的危机。如果你仅仅将自己的职业理想建立于当下的趋势之上,那么,当你获得了那些抢手领域所必备的知识时,很可能那些领域已经变得不那么抢手了。这种跟风的做法将大大降低你找到一个可以成为理想职业的工作机会的可能性,而你所学和掌握的很可能是那些你根本不感兴趣的某个领域的技能与训练。

不为变化做准备的人总是被改变牵着鼻子走,他们的决定受到影响,他们常常因为被动地去做自己不喜欢的工作而灰心丧气。他们也许从未意识到自己必须花费时间与精力去考虑如何选择职业,他们所做的工作可能并不是最适合他们的。例如,一个孩子有艺术方面的天赋,可是他的父亲希望他子承父业,要他找一份经商的工作;仅仅为了得到奖学金,一个有文学特长的高中生选修了工程专业。每个人都可能同时喜欢好几个职业,怎样找到最适合自己个性的职业呢?很多心理学家和职业指导专家对职业选择的问题进行了专门研究,提出了自己的理论。这里介绍几种具有代表性的职业选择理论。

(一) 帕森斯的特质因素理论(人—职匹配理论)

帕森斯的特质因素理论,又称人—职匹配理论。1909年,美国波士顿大学教授弗兰克·帕森斯在其著作《选择一个职业》中提出了人与职业相匹配是职业选择的焦点的观点。

特质因素理论的基本思想是:个体差异是普遍存在的,每一个个体都有自己独特的人格特质;与之相对应,每一种职业也有自己独特的要求,一个人的能力、性格、气质、兴趣同所从事职业的工作性质和条件要求越接近,工作效率就越高,个人成功的可能性也越大,反之工作效率就越低,职业成功的可能性就越小;每个人在进行职业决策时,要根据自己的个性特征来选择与之相对应的职业种类,进行合理的人职匹配。

帕森斯的特质因素理论的意义在于:强调个人所具有的特质与职业所需要的素质与技能(因素)之间的协调和匹配。为了对个体的特质进行深入详细的了解与掌握,特质因素论十分重视人才测评的作用,可以说,特质因素论首先提出了在职业决策中进行人—职匹配的思想,故这一理论奠定了人才测评理论的基础,推动了人才测评在职业选拔与就业指导中的运用和发展。

(二) 霍兰德的"人格类型—职业匹配"理论

约翰·霍兰德是美国约翰·霍普金斯大学的心理学教授,美国著名的职业指导专家。他于1959年提出了具有广泛社会影响的人业互择理论。所谓"人业互择",主要指劳动者与职业的相互选择或适应。霍兰德认为,只有同一类型的劳动者与职业互相结合,才能达到适应和适宜状态,劳动者的才能与积极性才会得到很好发挥。

根据霍兰德的人格类型—职业匹配理论,在职业决策中最理想的是个体能够找到与其人格类型相重合的职业环境。一个人在与其人格类型相一

致的环境中工作,容易得到乐趣和内在满足,最有可能充分发挥自己的才能。因此,在职业选拔与职业指导中,首先就要通过一定的测评手段与方法来确定个体的人格类型,然后寻找到与之相匹配的职业。

(三) 佛隆的择业动机理论

美国心理学家佛隆通过对个体择业行为的研究发现,人总是渴求满足一定的需要并设法达到一定的目标。这个目标在尚未实现时,表现为一种期望,这时目标反过来对个人的动机又是一种激发的力量,而这个激发力量的大小,取决于目标价值(效价)和期望概率(期望值)的乘积。

期望理论用公式表示为 $M=VE$。公式中,M 为动机强度,是指调动一个人的积极性,激发人内部潜力的强度。V 表示目标价值(效价),这是一个心理学概念,是指达到目标对于满足他个人需要的价值。同样的目标,在不同人的心目中,往往会有不同的效价,这主要是由各人的理想、信念、价值观不同造成的,同时也与各人的文化水平、道德观念、知识能力、兴趣爱好以及个性特点有关。效价越高,激励力量就越大。某一客体,如金钱、地位、汽车等,如果个体不喜欢、不愿意获取,目标效价就低,对人的行为的拉动力量就小。E 是期望值,是人们根据过去的经验判断自己达到某种目标的可能性大小,即能够达到目标的概率。目标价值大小直接反映人的需要动机的强弱,期望概率反映人实现需要和动机的信心强弱。如果个体相信通过努力肯定会取得优秀成绩,期望值就高。这个公式说明:假如一个人把某种目标的价值看得很大,能实现的概率(期望值)也很高,那么这个目标激发动机的力量就越强烈。

佛隆将这一期望理论用来解释个人的职业选择行为,将其具体化为择业动机理论。择业动机理论说明人们对职业的选择,是由人的主观因素和职业本身的客观因素决定的,最重要的主观因素就是职业价值观,它决定了人们的职业期望,影响着人们对职业方向和职业目标的选择,决定着人们就业后的工作态度和劳动绩效水平,从而决定了人们的职业发展情况。一个人选择与确定职业的过程都是由主导动机即价值观所支配的。各种择业动机(价值观)之间存在矛盾。在职业定向过程中,是选择待遇高的职业,还是选择最能发挥自己特长的职业,只有通过动机斗争才能过渡到行为。一个为生理性职业需要所控制的人,他的择业动机(价值观)是获得满足生理的物质需要,在职业选择上必然把待遇的高低作为选择职业的标准。佛隆的理论可以帮助求职者权衡各种动机的轻重缓急,反复比较利弊得失,评定其社会价值,确定主导择业动机(价值观),使之顺利地导向行为。

总之，运用职业选择理论不仅会帮助你预知你自身及对职业的选择必然出现的变化，还能帮助你熟悉你所处的工作的世界，让你做出和"你是谁"一致的职业选择，使你成为职场的佼佼者。

二、影响职业选择的现实性因素

根据职业选择理论，实现合理的人职匹配，第一步是认识自我。在第二节我们通过科学认知的方法和手段，对自己的兴趣、能力、价值观、性格、气质等进行了全面的认识和评价，清楚了自己的优势与特长、劣势与不足。即弄清楚了我想干什么、我能干什么、我应该干什么。只有这样，才能避免职业选择的盲目性。

职业选择的第二步是弄清影响职业选择的现实性因素。

随着社会的不断发展，社会分工越来越细，行业越来越多，个人职业发展的选择机会越来越多。对每一个人来说，到底选择什么样的职业最好？如何才能正确地选择职业呢？有关专家和成功人士认为，在择业时除了要考虑自己的兴趣、能力、价值观、性格、气质外，还应考虑以下几种现实性因素：

（1）社会需求度。选择的职业社会的需求度大，职业发展前景自然就好；如果选择的职业没什么社会需求，个人求职和事业发展将会很难。

（2）竞争性。具体指同时选择一个职业的人多不多。如果这个职业的社会需求量很大，但同时选择这个职业的人也很多，已呈饱和状态，那么应该考虑是否选择另一职业了。

（3）职业发展潜力。一个职业如果现时很红火，待遇、福利等各方面都不错，但这只是泡沫现象，预计不久就会沉寂下去，那么，这个职业你也最好不要进入，特别是那些要投入大量资金和时间，进入成本大的职业尤其要注意。

（4）环境因素。环境因素是指个人所在的环境能否让你在所选的职业上取得成功。如你所在的单位有一个高层领导非常赏识你，那么你就要抓住机遇，力求在本单位有所建树，因为这类机遇是可遇而不可求的。

本章小结

对大学生而言，"人对行"是实现自己对社会的贡献这一个人社会价值

的前提和条件。专业或职业与个人的适配能开发个体巨大的潜力和无穷的智慧，给人带来工作的快乐和精彩的人生。

"入对行"的最好途径是：首先，要知道你是"谁"，你的兴趣、你的能力、你的价值观、你的性格特点、你的气质特征等；其次，要弄清一些现实性因素；然后，将这些信息和职场资讯相吻合。这样你就在选择的职业上有了明显的优势，因为你对这个职业拥有兴趣，它承载着你的生活理想，是你人生价值得以实现的载体，因而你会热情投入，全身心地拼搏，即使所选择的职业领域竞争激烈，你也会一往无前，不屈不挠，最终脱颖而出。

第二章 职业意识

引言

随着社会的进步和发展,现代职场对员工素质的要求也越来越高,它所需要的是既会"做人"又会"做事"的员工。在"做人"方面,它强调要有良好的职业道德和职业操守,做到诚实守信、勤恳负责、敬业精业、乐于奉献,成为上司的好下属和同事的好伙伴;在"做事"方面,除了要有扎实的专业知识和技能以外,还要有强烈的事业心和责任感,要善于沟通、敢于创新、勇于竞争。其实,上述这些要求也就是人们常说的职业意识。

所谓职业意识,就是指人们在特定的社会环境和职业氛围中,通过教育培养和职业岗位实践所形成的、某种对即将从事的和正在从事的职业的认识、看法及其在从业中表现出的情感、态度、意志和品质。它反映出一个人对于职业的根本看法和态度,是职业认知与职业行为的结合。职业意识包括责任意识、敬业意识、诚信意识、创新意识、自律意识、团队意识、竞争意识、安全意识等,本章主要介绍责任意识、敬业意识和诚信意识。

本章内容,可以帮助每个即将步入职场的大学生,具体了解职业意识的内涵及其重要意义,以及职业意识养成的方法和途径,引导学生通过理论学习和实践探索,努力培养正确的认识、积极的情感、坚强的意志和良好的行为,不断强化自身的职业意识,为自己从一个普通的"社会人"转变为一个有价值的"职业人"奠定坚实的基础。

第一节 责任为先

❈ 案例1：

2012年5月29日中午，杭州长途客运二公司员工吴斌驾驶客车从无锡返杭途中，在沪宜高速被一个来历不明的金属片砸碎前窗玻璃后刺入腹部至肝脏破裂，面对肝脏破裂及肋骨多处骨折，肺、肠挫伤，危急关头，吴斌强忍剧痛，换挡刹车将车缓缓停好，拉上手刹、开启双跳灯，以一名职业驾驶员的高度敬业精神，完成了一系列完整的安全停车动作，确保了24名旅客安然无恙，并提醒车内乘客安全疏散和报警。后被送到中国人民解放军无锡101医院抢救。2012年6月1日凌晨3点45分，因伤势过重抢救无效去世，年仅48岁。

事发之后，全国各大媒体、广大群众纷纷对吴斌的感人事迹进行报道和评论：

"异物袭来的时候，吴师傅首先的反应是把车平稳地停了下来，或许这只是他一个下意识的职业动作，但是支配他做出这个动作的，一定是长期养成的职业责任感，也正是这样一种职业责任感，这样一个下意识的动作，换来了一车乘客的安全。"

"在关键时刻，吴斌首先选择的是确保车上24名乘客的安全，在那一刻，客运司机的职责就是保证乘客安全，这一职业理念已经渗入他的骨血，坚强司机吴斌用自己的生命完成了这一职责，体现了一名专业驾驶员的素养。"

一、责任意识的含义

(一) 责任

责任，是人们在生活和工作中所承担的职责、任务、使命以及承担自己所选择行为的后果。责任来源于对他人的承诺、职业要求、法律规定、道德原则、传统习俗、公民身份等。"责任"一词在不同语境中具有不同的含义。在现代汉语中，它有3个相互联系的基本词义：一是根据不同社会角色所确定的权利和义务，即一个人份内应做的事，如岗位责任；二是特定人对特定事项的发生、发展、变化及其成果负有的积极义务，如担保责任、举证责任；

三是由于没有做好份内的事情（没能履行角色义务）或没有履行义务，而应承担的不利后果或强制性义务，如违约责任、侵权责任、赔付责任等。

责任，从本质上说，是一种与生俱来的使命，它伴随着每一个生命的始终。一般来说，任何人在人生的不同时期都肩负着特定的责任。责任是随着人的社会角色的不同而不同的。例如，教师的责任是教书育人，医生的责任是治病救人，法官的责任是秉公执法，公交车司机的责任就是要保证乘客安全抵达目的地，等等。

（二）责任意识

责任意识，是指一个人的行为在生活或工作中对他人、家庭、组织和社会是否负责，以及负责的程度，是不同社会角色的权利、责任、义务在人脑中的主观映象。

对于一般公民来说，责任意识就是个体对所承担的角色的自我意识及自觉程度，即认清本身的社会角色和社会对他的需求，尽心履行责任和义务。它包含两方面的内容：一个人既要对自己的行为后果承担责任，又要对他人和社会负责。

二、责任意识的作用

在职场中，一个人有无责任意识，责任意识的强弱，不仅会影响他个人的工作绩效和职位升迁，而且还会直接影响他所在单位的目标任务能否完成。在上海交大公布的2005年用人单位最看重的毕业生20项素质中，排在第一位的就是责任意识。在世界500强企业中，责任意识是最为关键的理念和价值观，同时也是员工们的第一准则。在IBM，每个人坚信和践行的价值观念之一就是："永远保持诚信的品德，永远具有强烈的责任意识"；在微软，责任贯穿于员工的全部行动中；在惠普，没有责任理念的员工将被剔除……责任，作为一种内在的精神和重要的准则，任何时候都会被企业奉为生命之源，因为伴随着责任的是企业的荣誉、存亡。

（一）责任意识能够激发个人潜能

每个人都具有巨大的潜能，但并非都能发挥出来。这固然有多方面的原因，但其中不可忽视的因素就是人的责任意识。责任意识能够让人具有最佳的精神状态，精力旺盛地投入工作。在责任内在力量的驱使下，人们常常油然而生一种崇高的使命感和归属感。一个有强烈责任感的人，对待工作必然是尽心尽力、一丝不苟，遇到困难，决不会轻言放弃。例如，本章案例1中提到的杭州公交司机吴斌，在肝脏突然被刺破、肋骨骨折的危急

关头,表现出来的反应已超越人的本能。一般人受了这么重的撞击,本能的反应就是捂着肚子关注自己的伤势,而他却强忍剧痛先稳稳把车行驶了两三百米后,慢慢停在高速公路上,同时打开双跳灯,随后因伤势过重失去知觉。正是他日积月累的责任意识,化为瞬间的职业反应,从而确保了车上24名乘客的生命安全。就这样,一个普通的公交车司机,用1分16秒的时间,完美地诠释了什么是责任与担当。

（二）责任意识能够促进个人进步和成功

一个人有了责任意识,就会对自己负责,对工作负责,愿意主动承担责任。任何工作都意味着责任。职位越高,权力越大,它所担负的工作责任就越重。比尔·盖茨对他的员工说:"人可以不伟大,但不可以没有责任心。"德国大众汽车公司有句格言:"没有人能够想当然地保有一份好工作,必须靠自己的责任感获取一份好工作。"

责任感是无价的,它使一名员工在组织中得到信任和尊重,得到重用和提升,既展现出个人价值,又创造了社会价值。主动承担更多的责任,这是许多成功者的必备素质。

（三）责任意识关系到安全事故是否发生

在现实社会中,那些责任意识强的员工,他们对工作认真负责、一丝不苟,一旦发现安全隐患或突发险情,会立即采取有效措施,避免了许多重特大安全事故的发生。相反,一个责任意识淡漠的人,由于不愿意,也不可能全身心地投入工作,缺乏起码的工作责任感,非但不能完成基本的工作任务,甚至还有可能给工作带来巨大的损失。

> ❋ **案例2:**
>
> 2014年4月16日,韩国一艘载有470多人的"岁月号"客轮在海上发生浸水事故,事故造成304人遇难(包括失踪者)、142人受伤。韩国媒体报道,"岁月号"船长和船员在没有及时疏散乘客的情况下,乘坐最先到达事发地点的救生船逃离客轮,导致大量乘客错过最佳逃生时间。后来经过核实,"岁月号"上15名核心船员全部获救,船长李俊锡在逃生后隐瞒自己的身份,在附近的一家医院休息,其间还晾干被浸湿的纸币。可见,他们在危机发生之时,没有尽全力承担起应该承担的责任,指挥不力,弃船上乘客的生命财产安全于不顾,临危脱逃,酿成惨剧。当然,他们也都受到了法律制裁。

三、职场员工责任意识的养成

在激烈的就业竞争中，大学生们走出象牙塔，融入社会，步入职场，有的在职场中表现出了良好的职业素养，但也不乏一些职业意识淡漠、工作责任心差、受实用主义和功利主义倾向影响、频频毁约和跳槽的大学生；还有一些受极端个人主义思潮的影响，在工作中过分注重个人奋斗、个人发展，对他人、对集体、对单位漠不关心的员工。事实证明，这些在职场中缺乏起码的责任心、道德感的员工在职业发展的道路上往往会处处碰壁、步履维艰。因此，对即将步入职场的大学生加强责任意识教育刻不容缓。

人的职业意识不是与生俱来的，它需要在远大理想和目标追求的指引下，通过教育、学习和实践，按照客观要求逐步建立和稳固起来。它需要个体用自觉的习惯意识去维护。只有在责任意识的驱动下，履行社会赋予自身的责任，才能形成真正的责任行为。一个具有良好责任意识的员工，至少应做到以下几个方面。

（一）认真做好本职工作就是对工作负责任的最好体现

一个职业人责任感的主要表现就是要做好本职工作。为了所在单位的发展，也为了自己的职业前程，我们必须踏踏实实地做好本职工作。对于一个尽职尽责的人来说，卓越是唯一的工作标准，不论工作报酬怎样，他都会时刻高标准、严要求，在工作中精益求精，并努力将每一份工作做到尽善尽美。例如，一个雇主十年来用同一个保姆。有一天她第一次跟雇主请假一周，结果雇主回家之后发现她给厨房的垃圾桶认真地套上了7层垃圾袋，雇主为之十分感动。

事实上，那些工作卓有成效的人，无论从事的是平凡普通的工作，还是所谓"高大上"的工作，都无不用高度的责任心和近乎完美的标准来对待自己的工作。与其说是努力和天分造就了他们的成功，倒不如说是强烈的责任心促成了他们的成功。

另外，做好本职工作，还应体现在不断提升自己的业务能力和水平上。对于任何一个组织来说，员工的业务能力和水平都是衡量这个组织是否优秀的重要指标之一。因此我们说，员工有责任去不断提升自己的业务能力和水平，这是员工获得晋升和加薪机会的必要保证，而且这项职责落实到位，还能够使企业获得更好的发展。

（二）时刻维护组织的利益和形象

用人单位主要是各种社会组织，如企业、事业单位、国家机关、民办

企业、个体经济组织、社会团体等。它们为全社会提供了多种多样的就业岗位，绝大多数劳动者都需要成为某一社会组织中的一员。

时刻维护组织利益和形象，这是一个员工最基本的责任。组织的良好形象和声誉是宝贵的无形资产，这笔无形资产使得它比同类其他组织具有更高的声誉、更强的竞争力和更辉煌的发展前景。组织的发展获得了经济利益或社会效益，不仅为社会做了贡献，也为员工的经济待遇和职业发展奠定了基础。只有组织得到持续发展，员工的利益才能有坚实的保证。因此，每个员工都应该确立组织利益高于一切的观念。同时，员工的形象在某种程度上来说就是企业形象的缩影，员工的一言一行无不在外人眼里影响着他所在组织的形象。所以，每个员工必须从自身做起，塑造良好的自我形象，在任何时候都不能做有损组织形象的事情，抵制一切有损组织形象和利益的言论和行为。例如，某些知名的公众人物的错误言论和低俗行为，不仅会使自己的职业生涯跌入谷底，还会给自己所在的单位在社会上的形象造成严重的不良影响。

（三）严格遵守组织的规章制度

俗话说：没有规矩，无以成方圆。任何组织的科学管理都离不开规章制度。规章制度使员工明白自己应该担负的责任和义务，对员工的言行起着导向作用，也是组织能够有效运行的最基本法则。因此作为一个有责任感的员工，恪守组织的规章制度，应该是其作为一个职业人应有的基本责任。

（四）正视工作中的失误，勇于承担责任

"人非圣贤，孰能无过"，尤其是初入职场的年轻人，更是难免会有工作失误。其实，从一个人对待失误的态度就可以清楚地看出他的责任感。一个缺乏责任感的人，总爱把工作成绩归于自己，而把工作失误推给别人或客观条件。这种做法必然损害组织利益，也有损自身形象。在任何组织中，不论上司或同事都不会认同这种人。上司会认为这种人不堪大任；同事也不愿意与这种推脱责任的人共事。相反，一个有责任感、能够正视自己的失误（哪怕是客观条件造成的失误）并及时改正、设法补救的人，能够从自身找原因，不断完善自我，对工作精益求精，这种人很容易得到上司的信赖和同事的认可。在任何一家公司，责任感都是员工生存的根基。因此，是否勇于承担责任、不推卸责任，正是优秀员工与一般员工的区别所在。

> **小贴士**

责任意识是一种自觉意识，表现得平常而朴素。责任是一种能力，又远胜于能力；责任是一种精神，更是一种品格；责任是一种积极主动的态度，即使面对自己不太喜欢的任务，也要毫无怨言地承担，并认认真真地完成好。有责任意识，再危险的工作也能减少风险；没有责任意识，再安全的岗位也可能会出现险情。责任意识强，再大的困难都可以克服；责任意识差，很小的问题也可能酿成大祸。

第二节 敬业为重

❋ 案例3：

吴孟超，著名肝胆外科专家，中国科学院院士，被誉为"中国肝胆外科之父"。

很多人第一次认识吴孟超是在2018年7月中央电视台《朗读者》第二季节目中。在这只有短短17分钟的节目里，96岁的吴老让我们看到了他那一双神奇的手，一双因为拿了70年的手术刀，已经严重变形的手。"每天都要开刀、缝合、用手术钳，久而久之，就变成这模样了。"他还有一双特殊的脚，由于手术时长时间站立，脚趾已经不能正常并拢。

这位国家最高科学技术奖的获奖者始终履行着一个普通外科医生的职责，直到2017年，他每周仍坚持做3台大手术。"只要能拿得动手术刀，我就会站在手术台上。如果真的有一天倒在手术台上，那也许就是我最大的幸福。"2019年，98岁高龄的吴孟超才真正放下手术刀，光荣退休。

有很多工作中的细节令人感动。吴孟超给病人检查前，总会先把手搓热，每次为病人做完检查，他都要帮他们把衣服拉好、把腰带系好。90多岁的他，查房时最经常做的一件事就是弯下腰把病人的鞋子放到最容易穿的地方。来找吴老看病的患者大多数都患有肝炎，这是会传染的。但吴老总是紧紧拉着患者，轻轻拍他们的手、摸摸他们的头，甚至用自己的额头贴着病人的额头试体温。很多次，吴孟超的手一摸到病人的脑门上，病人的眼泪"刷"就掉了下来。

有一次吴老查房，仔细询问完病人的情况后准备转身离开时，患者突然拉住吴老，轻轻起身，深情地吻了他的手。吴老显然对这个突如其来的吻有些意外，但这位90多岁的老医生转身抱着病人的头，在患者的脸颊下轻轻地回吻了一下。此时，吴老已经把病人当作了至亲的亲人。

吴孟超对收红包、拿药品回扣的事深恶痛绝。为了给病人省钱，他甚至给医生们定了不少规矩：如果B超能解决问题，决不让病人去做CT或核磁共振。如果病人带来的片子能诊断清楚，决不让他们做第二次检查。能用普通消炎药，决不用高档抗生素。吴老最反对用缝合器械给病人缝针，他说：咔嚓一声，1 000多元就没了，那可是农村孩子几年的学费。我就主张用手缝线，分文不要。吴老说：我是一个医生，学的是治病救人。医院更是治病救人的，怎么能想着从病人身上捞钱？

今天，吴老已经离开了我们，但天上那颗闪亮的"吴孟超星"会永远陪伴着我们。

一、敬业的内涵与实质

（一）何为敬业

南宋哲学家、教育家朱熹说："敬业者，专心致志以事其业也。"我们现在所说的敬业，仍然沿用朱熹的基本释义，就是敬重并专心于自己的学业或职业，做到认真、专注和负责任。其具体表现为忠于职守、尽职尽责、认真负责、一丝不苟、善始善终等。

一个人是否有作为，不在于他做什么，而在于他是否尽心尽力把所做的事做好。干一行，爱一行，精一行，是敬业的表现。工作中不以位卑而消沉，不以责小而松懈，不以薪少而放任，是敬业的具体表现。阿尔伯特·哈伯德说："一个人即使没有一流的能力，但只要你拥有敬业的精神，你同样会获得人们的尊重；即使你的能力无人能比，假设没有基本的职业道德，就一定会遭到社会的遗弃。"积极敬业地工作，是个人立足职场的根本，更是事业成功的保障。敬业，终将使你获得你想要的丰厚的薪水、更高的职位、更完美的人生！

（二）敬业的3种境界——乐业、勤业、精业

敬业就是专心致力于自己所从事的事业。敬业有3种境界，即乐业、勤业和精业。

乐业就是喜欢并乐于从事自己的职业。乐业的人具有浓厚而稳定的职业兴趣，兴趣促使他对工作乐此不疲地积极探索、刻苦钻研、认真负责、力求完美。乐业是敬业的思想基础，是敬业的初级形态。

勤业是敬业者的行为表现。出于对本职工作的热爱，敬业者就会自觉自愿地把主要的精力和尽可能多的时间投入工作，勤勤恳恳，孜孜不倦。勤业者大多以勤勉、刻苦、顽强的态度对待工作，故此，古往今来凡在学业或事业上出类拔萃、卓有成就者，大多为勤业之人。

精业就是以一丝不苟的工作态度对待职业活动，不断提高业务水平和工作绩效，达到熟练、精通，并精益求精。勤业是精业的前提，古语"业精于勤而荒于嬉"就含有此意。

现实中，很多年轻人并不是因为没有才华和能力而找不到工作，而是因为缺乏敬业精神。

在职场中，只要我们能够拥有比别人更多的敬业精神，将工作做到足够出色、足够高效，就会赢得人们的赞誉和尊敬。当你因敬业精神而被周围人所称赞时，也就拥有了职业生涯中最大的财富。敬业的好口碑将成为你在职场上不断晋升的助推器，并将让你拥有一个更加美好的职业人生。

（三）敬业的实质

敬业的实质就是热爱本职工作，忠于职守。

热爱本职工作是社会各行各业对从业人员工作态度的普遍要求。它要求从业者努力培养对所从事的职业活动的责任感和荣誉感；珍视自己在社会分工中所扮演的角色；应当为自己掌握了一种谋生手段，获得了经济来源，而且有了被社会承认、能够履行社会职责的正式身份而自豪。

忠于职守是在热爱本职工作基础上的职业精神的升华。它要求员工乐于本职工作，以一种恭敬、严肃的态度对待工作，履行岗位职责，一丝不苟、恪尽职守、尽职尽责，乃至在紧要场合以身殉职。忠于职守包含着奉献精神，在客观情况需要时，能够牺牲自我，为维护国家和集体利益"鞠躬尽瘁、死而后已"。

世界上最严格的工作标准并不是单位的规定、老板的要求，而是自己制定的标准。如果你能够发自内心地热爱自己所从事的职业，对自己的期望就会比老板对你的期望更高，这样就完全不需要担心自己会失去这份工

作。同样，如果你能够勤奋敬业、忠于职守，不论有没有老板的监督都做到认真、谨慎、努力地工作，尽力达到自己内心所设立的高标准，那么你也肯定能够得到老板的赏识、青睐，并得到晋升加薪的机会，从此前程似锦。

二、强化敬业意识

（一）以主人翁精神对待职业活动

"国家兴亡，匹夫有责。"同样道理，企业兴亡，员工有责。企业的命运和每个员工的工作质量、工作态度息息相关，因此，每个人都须认清自己的位置，以主人翁的精神来对待职业活动，树立"企兴我荣，企衰我耻"的责任感。主人翁精神是敬业意识的重要因素，这种精神可以从两个方面体现出来：第一，要把自己当成组织的主人；第二，要把组织的事当成自己的事。

> **案例 4：**
>
> 张桂梅原本和丈夫一起在云南大理一所中学教书。1996 年，丈夫因胃癌去世不久，39 岁的张桂梅便主动申请从热闹的大理调到偏远的丽江市华坪县工作。
>
> 到华坪县教书后，张桂梅发现了一个现象："很多女孩读着读着就不见了。"她一打听才知道，有的学生去打工了，有的小小年纪就嫁人了。这一切让她痛心不已。自此之后，一个梦想渐渐在她心中萌生：办一所免费高中，让大山里的女孩们都能读书。2008 年 9 月，在各级党委、政府的关心支持下，全国第一所公办免费女子高中——丽江华坪女子高级中学正式开学，首届共招收 100 名女生。
>
> 办校 10 余年来，3 000 多个日夜，身患重症、满脸浮肿、浑身药味的张桂梅住在女子高中学生宿舍，与学生同吃、同住，陪伴学生学习。每天早上 5 点钟起床，拖着疲惫的身躯咬牙坚持到晚上 12 点 30 分才睡，周而复始，常年如此。
>
> 办校 10 余年来，张桂梅每年春节一直坚持家访，亲自走访了 1 527 名学生的家庭，没有在账上报过一分钱。学生来自丽江市 4 个县的各大山头，家访行程达到了 11 万多千米。不管山路多么艰险，她从未退缩。每次家访回来，她都要重病一次。张桂梅用柔弱的身躯扛过了

> 伤病带来的巨大痛苦，支撑着走进每个孩子的家，走进孩子的心里。10多年来，华坪女子高中2 000多名学生没有一个辜负家乡父老的期望，全部跨入大学的殿堂，实现了走出大山，飞越大山的梦想。
>
> 从2011年起，华坪女子高中连续9年高考综合上线率100%，一本上线率从首届的4.26%上升到2019年的40.67%，排名全市第一。
>
> 她曾经这样说过："如果说我有追求，那就是我的事业；如果说我有期盼，那就是我的学生；如果说我有动力，那就是党和人民。"

一个从业者有了主人翁的意识，就能够把个人价值的实现与职业价值联系在一起，对所从事的职业产生强烈的责任感，进而产生积极而高效地投入工作的动力。

（二）在职业活动中强化敬业意识

1. 要把敬业变成一种良好的职业习惯

当今社会，是否具备敬业精神，是衡量一个员工能否胜任一份工作的首要标准。因为它不仅关系到企业的生存与发展，也关系到员工的切身利益。一个勤奋敬业的人也许不会马上受到上司的赏识，但至少可以获得他人的尊敬，并会一辈子从中受益。如果我们每个人在职场上每时每刻，在每件事情上都能保持这种精神，那么我们就能慢慢地将此养成一种习惯，敬业也就水到渠成了。

工作敬业，从表面看是为了老板，其实也是为了员工自己。因为敬业的人能从工作中学到比别人更多的经验，而这些经验便是他向上发展的基石，就算你以后换了单位，从事不同的行业，你的敬业精神也必定会为你带来帮助。当敬业精神成为你的一个良好习惯后，或许不能立即为你带来可观的收入，但它可以为你奠定一个坚实的基础，帮助你实现事业上的成功愿望。虽然许多人的能力并不突出，但是因为他们养成了敬业的习惯，他们身上的潜力便会被逐渐挖掘出来，这样便会提高办事效率，增强自身实力，使自己成为一名优秀员工。

2. 谨防和克服工作中出现不敬业的陋习

在职场中，有人养成了良好的敬业习惯，也有人缺乏对职业岗位的认同和敬畏之心，进而表现出了一系列缺乏敬业意识的行为。根据相关的调查研究，员工缺乏敬业意识的表现主要有：三心二意、敷衍了事，不求有功、但求无过，明哲保身、逃避责任，怨天尤人、不思进取，等等。这些行为

经过长时间的强化,久而久之,习以为常,也会变成一种习惯——一种顽固不化的职业陋习。

实践证明,养成了上述不敬业的职业陋习的人,很可能会陷入一个怪圈:思想狭隘守旧,工作绩效不佳,难于晋级加薪,不敬业程度进一步加深。由于不敬业者浪费资源,贻误工作,影响绩效,也必然给组织带来损害,这些人自然也会成为组织裁员的对象。

3. 在工作中努力实践敬业三境界——乐业、勤业和精业

敬业的第一境界就是乐业,就是首先要培养对自己职业的兴趣,要乐于从事自己的职业,即热爱这个职业,这是敬业最重要的一个前提,只有这样,工作再苦再累,再难再险,都会乐在其中,即所谓"痛并快乐着"。敬业的第二境界是勤业,勤业并不是机械地重复自己每天的工作,而是要有意识地锻炼自己用眼睛观察问题、用耳朵倾听建议、用头脑思考判断、用心学习知识和技能,不断总结经验教训,以提高工作效率,创造更大价值。敬业的第三境界是精业,它要求员工对本职工作精益求精,胜不骄、败不馁,戒骄戒躁,练就一流的业务能力,力争成为本领域的行家里手,业务骨干;同时,随着社会发展和科技进步,精业还要求员工动态地维持其一流的业务水平,即不断学习新知识和新技术,与时俱进,使自己的业务能力更上一层楼,真正做到精于此业。

第三节 诚信为本

❋**案例5:**

2000年,中国一家刚创办的网络公司迎来了一个非常难得的大客户,来者拿着策划书,问这位刚刚创业的年轻经理:"请问这个项目要多久可以完成?"经理回答:"6个月。"

客户脸上露出了为难的表情,接着问道:"4个月行吗?我们给你加50%的报酬。"经理不假思索地摇头拒绝道:"对不起,我们做不到。"的确,按照当时的技术水平,4个月是很难完成任务的,所以这位经理忍痛舍弃了唾手可得的巨大利益,诚实地拒绝了这桩大业务。

结果,客户听后开怀大笑,立刻在合同书上签下了名字。他对经理说:"对您诚实的拒绝我感到非常满意,因为这反映出您是一个很诚

> 实和稳重的人,而在您领导下开发的产品的质量一定是有保证的。在今天这个商业社会,我们看中的不是单纯的速度,而是让人有足够安全感的诚实。"
>
> 两年后,这个小网络公司的这位诚实经理一跃成为"中国十大创业新锐",他的公司在短短的3年之内,从一个小网络公司发展成了全球最大的中文搜索引擎公司——百度公司,而当年那位诚实的经理就是毕业于北大信息管理系、今天领导着这家早已为世人熟知的公司的CEO——李彦宏。

诚信不是智慧,而是一种品德,然而这种品德却可以带来效益,因为它能产生一种在当今社会越来越稀缺的心理感受,那就是安全感。一家刚刚创业的新公司能够为重量级客户提供安全感,单是这份诚恳和务实就显示出了它的不俗之处。

一、诚信理念的内涵

(一)"诚"和"信"

诚,即真诚、诚实;信,即讲信用、守承诺。"诚"为信之基础,它侧重于"内诚于心",体现了内在的个人道德修养。"信"则侧重于"外信于人",体现为外在的人际关系。"诚"更多的是指在各种社会活动中(如人际交往、商业活动等)真实无欺地提供相关信息;"信"更多的是指对自己承诺的事情承担责任。

(二)诚信

"诚"和"信"组成"诚信"一词,成为道德范畴的一个重要理念。诚信是指个人的内在品质,也是人的行为规范。它要求人们具有诚实的品德和境界,尊重事实,不自欺、不欺人;要求人们在社会交往中言行一致,信守诺言,履行自己应该承担的责任。它是处理人际关系的基本伦理原则和道德规范,也是行为主体所应具有的基本德性和品行。我国的公民基本道德规范、职业道德规范以及"八荣八耻"中都提到了"诚实守信"。可见,诚信是一种社会道德规范,是政府机关、企事业单位和个人都要遵守的基本行为准则。

二、诚信的价值

诚实守信是中华民族的传统美德。在我国传统道德中,诚实守信被看

作是"立身之本""进德修业之本""举政之本"。特别是在我国全面进入加快进行社会主义市场经济建设的背景下,强化个人、企业和社会的诚信意识,践行诚信品格,具有重要的现实意义。

(一) 对个人的价值

对个人而言,诚信是一种人格力量,可以提升人的职业素养。诚信是一个人的立身之本,是职业道德的重要内容,是一个从业者不可缺少的职业素养。"人而无信,不知其可也。"(《论语·为政》)从古至今,我国人民一直以诚信为德之重,而德乃立身之本。

在职业活动中,每个人都应以诚待人,信誉至上。只有这样,才能得到他人、组织和社会的认可和信任,才能融入社会,发挥才智,建功立业。诚信促使从业者在工作中恪守职业道德,爱岗敬业,忠于职守,诚于职责,奉献社会。

在企业里,诚信的员工是一个企业得以良好发展的最宝贵财富。如果你对客户诚信,就将赢得更多客户,获得更多利润;如果你对同事诚信,就会得到信任和帮助,建立起和谐可靠的共事关系;如果你对老板诚信,就会得到老板的青睐和重用,赢得更多的发展机会。任何一个好的公司都不是把员工的能力放在第一位的。对一个老板来说,一个不诚实的员工即使再才华横溢,也无法对其加以重用;而如果你虽然能力不够,却一心忠诚于公司,重信誉,为公司谋发展,那么老板一定会非常信任你,肯在你身上投资,给你很多锻炼的机会,从而提高你的能力。相反,一个人如果缺乏诚信意识,弄虚作假、欺上瞒下,可能会赢得一时的利益,但这只是短期行为,一旦失去了利用价值,就算再能力过人,也很可能会被逐出门外。因为缺乏诚信的员工对任何公司来说,就是很大的潜在隐患。这样的人根本无法得到他人和组织的信赖,这会使他很难在日常生活和职业活动中立足与发展。

美国心理学家、作家艾琳·卡瑟曾说:"诚实是力量的一种象征,它显示着一个人的高度自重和内心的安全感与尊严感。"

❋ 案例6:

李某大学毕业后应聘到一家单位,这家单位效益很好,对来自偏远山区的李某来说实属不易。工作不久,他的领导委托他购买了价值2 500元的办公用品,开发票的时候,在商店老板的劝说下,他将发票金额多写了200元。没想到的是,这批办公用品不符合单位要求,被要求退货,故发生争执。最后,这位领导亲自与商店老板理论,商店

> 终于同意退货，但只能退 2 500 元，与票面金额差 200 元。真相暴露后，这位领导语重心长地教育了李某，虽说因贪污金额较少李某并没触犯法律，但被单位辞退了。

（二）对企业的价值

对企业而言，诚信有助于降低经营成本、提升企业品牌形象、增强企业的凝聚力。"人无信而不立，企业无信而不存。"诚信不仅是一个人或一个企业的"金字招牌"，在当今市场经济的大潮下，它还蕴藏着巨大的经济价值和社会价值，也正因为如此，很多企业都将诚信视为宝贵财富，不但将其列在价值观的第一位，同时也付出百分之百的努力去捍卫它。据权威部门测算，我国企业每年因诚信问题而增加的成本占其总成本的15%。如果企业具有健全的诚信制度和信用体系，就能在企业之间减少中间环节和交易成本，节省时间，提高经济效益。

品牌标志着一个企业的信誉，是企业的无形资产。品牌是由企业依靠诚信、优质产品和服务塑造起来的。反过来，它又为企业的发展开拓了广阔的市场。海尔公司正是如此，当年张瑞敏砸毁 76 台有问题的冰箱，之后狠抓质量，最终以产品质量取胜，成为我国第一个出口免检的企业，成功地占领了海外市场。相反，不讲诚信、失信于消费者的企业，为了盲目追求利润最大化，往往以假充真、以次充好，不择手段，最后只能是自己砸了自己的牌子。

企业文化是在长期的经营活动中形成的体现企业员工价值观念、思维方式和行为规范的意识氛围。诚信作为企业文化的主流意识，被内化为员工的思想品质和行为习惯，具有强大的凝聚力，对于推动企业文化建设和加强企业内部团结、形成强大的凝聚力具有不可低估的作用。

（三）对社会的价值

对社会而言，诚信有助于社会秩序的良性运行。所谓社会诚信危机，是指由于社会交往中信用缺失而导致的一系列不信任、不确定和不安全的心理状况和行为方式。这种信用危机涉及面之广、表现形式之多样令人触目惊心，如制假贩假、偷税漏税、骗汇骗保、恶意透支、虚开票据、伪造票证、财务造假、商业欺诈、虚假广告、缺斤短两等。此外，还有假成果、假学历、假文凭、假证件、假新闻、假演唱等。

一个社会通行的道德标准常常因为每个成员行为的互相暗示而加强或削弱。普遍的守信行为会形成一种良性的社会信用氛围，使人们在任何社

会活动中都有一种安全感；而反复的违约事件则会逐渐形成一种不讲信用的社会风气。

> **案例7：**
>
> 　　在美国纽约哈德逊河畔，离美国第18届总统格兰特陵墓不到100米处，有一座孩子的坟墓。在墓旁的一块木牌上，记载着这样一个故事：1797年7月15日，一个年仅5岁的孩子不幸坠崖身亡，孩子的父母悲痛欲绝，便在落崖处给孩子修建了一座坟墓。后因家道衰落，这位父亲不得不转让这片土地，他对新主人提出了一个特殊要求：把孩子坟墓作为土地的一部分永远保留。新主人同意了这个条件，并把它写进了契约。100年过去后，这片土地辗转卖了许多家，但孩子的坟墓仍然留在那里。
>
> 　　1897年，这块土地被选为总统格兰特将军的陵园，而孩子的坟墓依然被完整地保留了下来，成了格兰特陵墓的邻居。又一个100年过去了，1997年7月，格兰特将军陵墓建成100周年时，当时的纽约市长来到这里，在缅怀格兰特将军的同时，重新修整了孩子的坟墓，并亲自撰写了孩子墓地的故事，让它世世代代流传下去。

　　那份延续了200年的契约揭示了一个简单的道理：承诺了，就一定要做到；一个社会的道德风尚，是靠整个社会（国家、企业、个人）从日常生活的点滴做起的。正是这种契约精神，孕育了"诚信"观念，它已经深入骨髓，变成了一种社会风气。

　　然而，市场经济发展的今天，有些人崇尚耍"小聪明"而非诚信。这种崇尚"小聪明"的社会风气，使得人与人之间的信用链条断裂，最明显的表现就是彼此防范、戒备，缺乏应有的安全感。

三、加强诚信修养

　　诚信修养是通过个体修养，把诚信规范由他律转化为自律，从而培养成优良的诚信品德的一种自主活动。

　　加强诚信修养，应做到以下几点：

　　（1）认真学习马克思主义理论，提高修养的自觉性。马克思主义的人性观认为，人性的善恶并非先天的，也不是一成不变的，而是由一定的社会关系决定的。换言之，人的本性具有可塑性。认真学习马克思主义理论，就能使我们提高诚信修养的自觉性，增强获得诚信品质的信心。

（2）在实践中践行诚信品质。大学生应该在基础文明建设中培养良好的日常行为习惯；在校园文化活动中提升自己的诚信意识；在学校和班集体活动中坚定诚信信念；在社会实践中磨炼自己的道德意志，升华道德情感。

（3）做到慎独，即在一个人独处、无外界监督的情况下，仍坚守自己的道德信念，自觉按照道德要求行事，不因为无人监督而产生有违道德规范的思想和行为。其要义在于反对社会生活中的双重人格、两面行为。慎独强调了个体内心信念的作用，体现了严于律己的道德自律精神，不管在人前人后，都能做到"勿以善小而不为，勿以恶小而为之"。

小贴士

诚信是中华民族的传统美德，是中华民族共同的心理归趋。社会主义核心价值观的培育和践行离不开诚信这一道德基石，只有在社会中普遍培育诚信意识，社会主义核心价值观才能内化为人们的自觉追求并转化为其实际行动。践行社会主义核心价值观，要从个人做起，从诚信做起，在认识、改造自然和社会的活动中，尊重客观事实，信守承诺，反对虚妄和欺骗。只有国家、社会和个人都讲诚信，人人都以诚信原则要求和约束自己，社会主义核心价值观才能真正成为社会风尚。

本章小结

在日益激烈的竞争时代，社会的竞争就是人才的竞争，人才的竞争最终取决于人才的职业素养的竞争，而健康的职业意识则是职业素养的核心部分，因为它可以统领职业生涯，对职业生涯起到调节和整合的作用。事实证明，职场中职业意识强的人在职场活动中会表现出较强的主观能动性，有助于职业兴趣的产生和职业抉择，有助于择业成功和提高职业满意度，有助于职业生涯的顺利发展；相反，缺少健康、积极的职业意识的人常常会表现出好高骛远、拈轻怕重、见利忘义、自私自利、推卸责任、不思进取等不利于职场发展，甚至影响整个人生发展的致命弱点。

专业学习是获得专业理论和专业知识的基本途径，专业实习是了解专业、了解职业及其相关岗位规范，培养职业意识，养成良好职业习惯的主要途径。高职院校的学生通过专业学习和实习，增强职业意识、遵守职业规范，这是做好本职工作、实现人生价值的重要前提。

引言

职场礼仪,是指人们在职场上应当遵循的一系列礼仪规范。它展现的是个人职业教养、风度、魅力,体现的是对他人的尊重。

对公司而言,礼仪是企业文化的重要组成部分,体现整个公司的人文风貌;对个人而言,良好的礼仪能够树立个人形象,体现专业素养;对客户而言,良好的礼仪能带来更多美好的享受,能够提升整个商务过程的满意度和忠诚度。

现今,职场的竞争不仅是实力的较量,也是个人职场礼仪、职业形象的比拼。了解、掌握并恰当地应用职场礼仪有助于完善和维护职场人士的职业形象,使你的事业蒸蒸日上,成为一个成功职业人。成功的职业生涯并不意味着你一定要才华横溢,更重要的是在工作中你要有一定的职场技巧,用一种恰当、合理的方式与人沟通和交流,这样你才能在职场中处理好人际关系,赢得别人的尊重和领导的赏识,并在职场中获胜。

总的来说,人无礼则不利,事无礼则不成,国无礼则不宁。学好和熟练运用职场礼仪有助于提升自身素质,塑造良好的个人形象,处理各种人际关系,建立适合自己发展的人际网络,为我们的生活和事业搭建成功的桥梁。

第一节 形象礼仪

> ✱ **案例1：**
> 有位心理学家曾经做过这样的实验，一位是身穿笔挺军服的军官，一位是戴金丝边眼镜的学者，一位是装扮优雅的女郎，一位是神态疲惫的中年妇女，一位是留着怪异长发、穿着邋遢的男子，这些人分别到路边拦车。结果，美女、军官、学者的搭车成功率高，中年妇女次之。而那位邋遢的男子最惨，司机见到他不仅不停车还猛踩油门……
> 这个实验说明了什么？如果是你，你会怎么做？

形象是职场事业成功的助推器，对于那些追求职场晋升和成功的职场新人来说，为自己建立一个值得上司、同事、客户信任的职场形象是首先要注意的事，至少，要让自己看上去像个成功者。

一、仪容要求

在人际交往中，每个人的仪容都会引起对方的特别关注，并将影响到对方对自己的整体评价。仪容修饰的基本要点就是干净、整洁，端庄、大方。

第一，干净、整洁。

干净、整洁是对职场人士的最基本要求。职场人员在职场外的生活里应勤刷牙，勤洗头，勤洗脸，勤洗澡，勤剪指甲，内外衣要勤换；在职场工作中要注意保持服饰的整洁，袜子无破损，鞋面无污迹，鞋跟完好，皮带、皮包外观无磨损。保持面部干净，剃净胡须、鼻毛，特别要注意眼角、嘴角、耳朵内部无残留物，身体各部位没有异味，例如口腔异味、腋下异味、体肤异味都要及时清理。

第二，端庄、大方。

职场人员要注意体现端庄、大方的气质。男士忌梳夸张发型，应不留长发、大鬓角，不涂抹过多的定型产品；女士应前发不遮眼，忌穿着"透、露、薄"，不论什么发型，忌染夸张颜色。女士发卡应朴实无华，发箍应以黑色与藏青色为主，化妆忌浓妆艳抹，不喷浓烈刺鼻的香水。

二、举止要求

在日常交往中,人们不仅"听其言",也"观其行",一个人的站、坐、蹲、走等肢体语言是一种不说话的语言,无声地体现出一个人的教养的程度,是一个人素质、修养的外在表现。因此,与人交往中,举止尤为重要,可以说学礼仪要从学习如何"站"开始。

1. 站姿

站姿是我们日常生活中最常见、最普通的姿势,也是在正式和非正式场合第一个引人注意的姿势。人们都说"立如松",意思是说人的站立姿势要像青松一样端正挺拔。

标准的站姿是:

(1)昂头挺胸,头要正,颈要挺直,双肩展开向下沉。

(2)要把腹部收起,把腰杆立直,臀部提起。

(3)两腿要向中间并拢,膝盖放直,重心靠近前脚掌。

(4)站立时要保持微笑。愉悦的心情可以感染整个氛围。

(5)男士可以适当把两脚分开一些,尽量和肩膀在一个宽度上。

(6)女士要把4根手指并拢,呈虎口式张开,右手搭在左手上,拇指互相交叉,脚跟互靠,脚尖分开,呈V型结构站立。

(7)女性如若穿旗袍可以站成丁字状,颌稍微收一下,双手交叉着放在肚脐左右。

图 3-1 站姿示范

错误的站姿是：

（1）正式场合站立时，不可双手插在裤袋里，这样显得过于随意。

（2）不可双手交叉抱在胸前，这种姿势容易给人傲慢的印象。

（3）不可歪倚斜靠，给人站不直、十分慵懒的感觉。

（4）男性不可双腿大叉，两腿之间的距离以本人的肩宽为宜。

（5）女性不可双膝分开。

2. 坐姿

坐姿是静态的，但也有美与不美、优雅与粗俗之分。良好的坐姿可以给人以庄重安详的印象。坐姿的基本要求是"坐如钟"，指人的坐姿要像座钟般端直，这里的端直指上体的端直。优美的坐姿让人觉得安详、舒适、端正、大方。

标准的坐姿是：

（1）入座时要轻、稳、缓。走到座位前，转身后轻稳地坐下。女子入座时，若是裙装，应用手将裙子稍稍拢一下，不要坐下后再拉拽衣裙，以显得端庄、文雅。正式场合一般从椅子的左边入座，离座时也要从椅子左边离开，这是一种礼貌。女士入座尤其要娴雅、文静、柔美。如果椅子位置不合适，需要挪动，应当先把椅子移至欲就座处，然后入座。坐在椅子上移动位置，是有违社交礼仪的。

（2）神态从容自如（嘴唇微闭，下颌微收，面容平和自然）。

（3）双肩平正放松，两臂自然弯曲放在腿上，亦可放在椅子或是沙发扶手上，以自然得体为宜，掌心向下。

（4）坐在椅子上，要立腰、挺胸，上体自然挺直。

（5）双膝自然并拢，双腿正放或侧放，双脚并拢或交叠或成小"V"字型。男士两膝间可分开一拳左右的距离，脚态可取小八字步或稍分开以显自然洒脱之美，但不可尽情打开腿脚，那样会显得粗俗和傲慢。

（6）坐在椅子上，应至少坐满椅子的 2/3，宽座沙发则至少坐 1/2。落座后至少 10 分钟左右时间不要靠椅背。时间久了，可轻靠椅背。

（7）谈话时应根据交谈者的方位，将上体双膝侧转向交谈者，上身仍保持挺直，不要出现自卑、恭维、讨好的姿态。讲究礼仪要尊重别人但不能失去自尊。

（8）离座时要自然稳当，右脚向后收半步，而后站起。

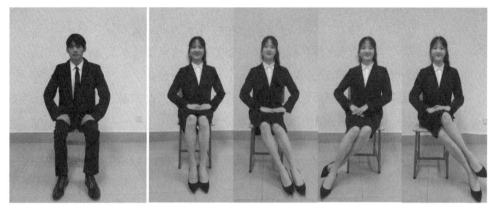

图 3-2 坐姿示范

不适合的坐姿是：

图 3-3 不适合的坐姿

（1）男士双腿叉开过大。双腿如果叉开过大，不论大腿叉开还是小腿叉开，都非常不雅。

（2）女士双膝分开。对于女士来讲任何坐姿都不能分开双膝。特别是身穿裙装的女士更不要忽略了这一点。

（3）双腿直伸出去。这样既不雅，也让人觉得这个人有满不在乎的态度。

（4）抖腿。坐在别人面前，反反复复地抖动或摇晃自己的腿部，不仅会让人心烦意乱，而且也给人以极不安稳的印象。

（5）双手抱在腿上。双手抱腿，本是一种惬意、放松的休息姿势，在工作中不可以这样。

3．走姿

走姿可以体现一个人的精神面貌，女性行姿以轻松、敏捷、健美为好，男性行姿要求协调、稳健、庄重、刚毅。

（1）男性走姿。男性走路的姿态应当是：昂首，闭口，两眼平视前方，挺胸，收腹，上身不动，两肩不摇，两臂在身体两侧自然摆动，两腿有节奏地交替向前迈进，步态稳健有力，显示出男性刚强、雄健、英武、豪迈的阳刚之美。

（2）女性走姿。女性走路的姿势应当是：头部端正，不宜抬得过高，两眼直视前方，上身自然挺直收腹，两手前后摆动幅度要小，以含蓄为美，两腿并拢，碎步前行，走成直线，步态要自如、匀称、轻盈，显示女性庄重、文雅的阴柔之美。

不适合的走姿是：

（1）身体乱摇乱摆，晃肩、扭臀，方向不定，到处张望。

（2）"外八字"或"内八字"迈步。

（3）步子太快或太慢，重心向后，脚步拖拉。

（4）多人行走时，勾肩搭背，大呼小叫。

（5）忌讳弓腰驼背地行走。

（6）忌讳只摆小臂。

（7）忌讳脚蹭地皮行走。

4．蹲姿

基本蹲姿：

（1）下蹲拾物时，应自然、得体、大方，不遮遮掩掩。

（2）下蹲时，两腿合力支撑身体，避免滑倒。

（3）下蹲时，应使头、胸、膝关节在一个角度上，使蹲姿优美。

（4）女士无论采用哪种蹲姿，都要将腿靠紧，臀部向下。

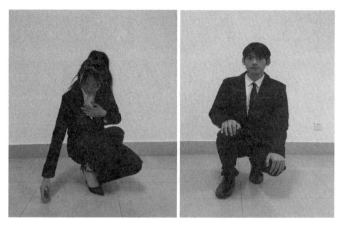

图 3-4　蹲姿示范

不适合的蹲姿是：

弯腰捡拾物品时，两腿叉开，臀部向后撅起，或两腿展开平衡下蹲。

图 3-5　不适合的蹲姿

三、服饰要求

> ✻ 案例 2：
>
> 　　一外商考察团来某企业考察投资事宜，企业领导高度重视，亲自挑选了庆典公司的几位穿着紧身上衣、黑色皮裙的漂亮女模特来做接待工作。但考察团上午见了面，还没有座谈，就找借口匆匆离开了，工作人员被搞得一头雾水。后来通过翻译才知道，他们说通过接待人员的服饰着装，认为这是个工作以及管理制度极不严谨的企业，完全

> 没有合作的必要。原来，该企业接待人员在服饰着装上犯了大忌。根据服饰礼仪的要求，工作场合女性穿着紧、薄服装是极度不严谨的表现；另外，国际公认，黑色皮裙只有妓女才穿……

服饰显示着一个人的个性、身份、角色、涵养、阅历及其心理状态等多种信息。在人际交往中，着装直接影响到别人对你的第一印象，关系到对你个人形象的评价，同时也关系到一个企业的形象。你的形象价值百万，你永远没有第二次机会去建立你的第一印象。越是成功的人，越注意自己的社会形象。李嘉诚之子李泽楷的公司里有4个副总裁专门负责公司形象和他的个人形象。什么场合穿什么服装，表现什么样的风格，都有专门的班子为其策划。一个成功的职业化形象，展示出的是自信、尊严、能力，它不但能使个人赢得同事和领导的尊重，也可以向公众传达公司的价值，职业化的形象是保证公司成功的关键之一。

（一）男士正式场合着装原则

1. 三色原则

三色原则是在国外经典商务礼仪规范中被强调的，国内著名的礼仪专家也多次强调过这一原则，简单说来，就是男士身上的色系不应超过3种，很接近的色彩视为同一种。

2. 有领原则

有领原则说的是，正装必须是有领的，无领的服装，比如T恤、运动衫一类不能成为正装。男士正装中的领通常体现为有领衬衫。

3. 钮扣原则

绝大部分情况下，正装应当是钮扣式的服装，拉链服装通常不能称为正装，某些比较庄重的夹克事实上也不能称为正装。

4. 皮带原则

男士的长裤必须是系皮带的，通过弹性松紧穿着的运动裤不能成为正装，牛仔裤自然也不算。即便是西裤，如果不系腰带，那也是不适合的。

5. 皮鞋原则

正装离不开皮鞋，运动鞋、布鞋、拖鞋是不能成为正装的。最为经典的正装皮鞋是系带式的。

（二）男士西服礼仪规范

交际场合最常见也最受欢迎的西装是一种国际性服饰。在商务交往中，西装穿着、搭配方法上即使出现了小小的错误，也很有可能为此吃大亏。

1. 男士标准正装形象

图 3-6　男士标准正装形象

2. 男士穿着西服规范

（1）西服颜色应以灰、深蓝、黑色为主，以毛纺面料为宜。

（2）西装要合体，上衣应长过臀部，袖子刚过腕部，西裤应刚盖过脚面，达到皮鞋后跟部。

（3）西装要配好衬衫。每套西装一般需有两三件衬衫搭配。衬衫的领子不可过紧或过松，袖口应该长出西装 1~2 厘米。系领带时穿的衬衫要贴身，不系领带时穿的衬衫可宽松一点。和西装一起穿的衬衫，应当是长袖的，以纯棉、纯毛制品为主的正装衬衫。以棉、毛为主要成分的混纺衬衫，也可以酌情选择。正装衬衫必须是单一色彩，最好选择白色衬衫。另外，蓝色、灰色、棕色、黑色，也可以考虑。正装衬衫最好是没有任何图案的。较细的竖条纹衬衫在普通商务活动中也可以穿着，但不要和竖条纹的西装搭配。印花衬衫、格子衬衫，以及带有人物、动物、植物、文字、建筑物等图案的衬衫，都不是正装衬衫。

（4）西装款式不同，穿着方法也有差异。特别是系扣：双排扣西装，扣子要全扣上；单排两粒扣，只扣上边一粒或都不扣；单排三粒扣，只扣中间一粒或都不扣；单排一粒扣，扣不扣均可。

（5）为保证西装不变形，口袋只作为装饰；裤兜也不能装物，以保持裤型美观。胸前口袋可饰以西装手帕。

（6）穿西装一定要穿皮鞋，且上油擦亮，不可穿布鞋、旅游鞋。

（7）穿西装要系领带。领带颜色要与衬衫相协调，通常选用以红、蓝、黄颜色为主的领带。领带以稍长于腰带为宜。领带夹是西装的重要饰品，用于固定领带。在非正式场合，穿西装也可不系领带，衬衫的第一粒扣子可以解开。

3．男士穿西装常犯的错误

（1）通常一件西服的外袋是合了缝的（暗袋），千万不要随意拆开，它可保持西装的形状，使之不易变形。

（2）衬衫一定要干净、挺括，不能出现脏领口、脏袖口。

（3）系好领带后，领带尖千万不要触到皮带上，否则给人一种不精神的感觉。

（4）如果系了领带，绝不可以穿平底便鞋。

（5）西服袖口商标一定要剪掉。

（6）腰部不能别手机、打火机等。（还有钥匙之类）

（7）穿西装时不要穿白色袜子，尤其是深色西装。

（8）衬衫领开口、皮带袢和裤子前开口外侧线不能歪斜，应在一条线上。

图3-7　西装着装错误图示

（三）女士职业着装礼仪

女性的职业装既要端庄，又不能过于古板；既要生动，又不能过于另类；既要成熟，又不能过于性感。

1. 女士标准正装形象

图3-8　女士标准正装形象细节展示图

2. 套裙

现代职业女性流行穿套裙，主要包括一件女式西装上衣，一条半截式的裙子。在正规场合，女士须穿着套裙制服，这样会显得精明、干练、成熟。在穿着套裙时，注意一套在正式场合穿着的套裙，应该由高档面料缝制。上衣和裙子采用同一质地、同一色彩的素色面料，上衣注重平整、贴身，最短可以齐腰，值得注意的是：袖长要盖住手腕。裙子要以窄裙为主，并且裙长要到膝或者过膝，最长不要超过小腿的中部。

3. 色彩

女性职业装的色彩应当以冷色调为主，借以体现出着装者的典雅、端庄。女性职业装色彩搭配原则：

（1）基础色彩是黑白两色，搭配一些含灰量较多的色彩比较适合，另外点缀些小面积的艳丽色彩。

（2）作为内装的搭配展现辛辣的感觉，在配色方面建议以搭配素雅色彩为主。中灰色是做好配色的基础色，不过要注意搭配的色彩不能有"怯"

的感觉。

（3）白衬衫可说是职业装的最佳搭档，以高雅、清晰的风格成为白领丽人的必备单品。它的魅力在于以不变应万变的百搭风格。比如注重内搭的衬衫，尽量选择明亮色的；利用不同色系的腰带或丝巾，使平淡的着装平添一种青春亮丽的亲和感。

4．饰品

女士着装，饰品搭配得好可以起到画龙点睛的作用。而饰品的佩戴首先应符合以下几个原则：

（1）数量原则：全身上下的饰品数量不能超过3件，否则会显得过于凌乱。

（2）色彩原则：饰品的佩戴要讲究风格的统一，各种饰品要尽可能做到同质同色，这样才能给人端庄大方的感觉。如果色彩过于丰富，会让人眼花缭乱。

（3）身份原则：职场人士所佩戴的首饰要符合自己的职业身份。过于昂贵、过于耀眼的首饰是不适合出现在商务场合的，因为职场并不是我们炫富的地方。

5．鞋袜

职业女性与套裙配套的鞋子宜为皮鞋，且以黑色为正统，袜子的颜色以肉色、黑色、浅灰、浅棕为最佳，最好是单色。女士穿着鞋袜，要注意以下几点：

（1）鞋、袜、裙之间的颜色是否协调。鞋、裙的色彩必须深于或略同于袜子的色彩，并且鞋、袜的图案与装饰不宜过多。

（2）鞋、袜的款式也有讲究。鞋子宜为高跟、半高跟的船式皮鞋或盖式皮鞋，长筒袜和连筒袜是与套裙的标准搭配；并且要保证鞋、袜完好无损。

（3）鞋、袜不可当众脱下，也不可以让鞋、袜处于半脱状态，袜口不可暴露在外，或不穿袜子，这些都是公认的既缺乏服饰品位，又失礼的表现。

6．影响职场女性晋升的着装

（1）暴露。在职场，不适合穿暴露的衣服，吊带、短裙、露背、露脐、深开领等服装都不适合穿到办公室。在办公室，要保证上不露肩膀锁骨、中不露肚脐腰身、下不露大腿。

（2）时髦。现代女性彰显个性，追求时尚。但在办公室内，切忌过分

时髦,浓妆艳抹、彩色头发、各色指甲、大片的配饰(包括夸张的耳环、戒指、项链等)等都不适合出现在职场。

(3)随意。时髦的反面就是随意,家居服、运动服、牛仔服、休闲服显然都不适合出现在职场。

(4)不穿丝袜或穿半截丝袜。不穿丝袜在正式场合会给人轻浮之感。丝袜应该根据衣服选择肉色或是黑色,忌穿半截丝袜、彩色丝袜和带花边的丝袜。

(5)露趾。办公室穿鞋,讲究前不露脚趾,后不露脚跟,尤其是露趾鞋是职场大忌。

(6)忌穿黑色皮裙。在国际礼仪中,穿着黑色皮裙意味着从事"特殊"职业。

第二节 办公礼仪

案例3：

小张大学毕业后,成了某贸易公司的职员,工作时间是朝九晚五。公司位于市中心的繁华地段,那里的交通一直比较拥堵。周一上午,时间已过9点15分,小张身穿牛仔裤、脚蹬运动鞋,顶着一头乱发气喘吁吁地跑进办公室,刚一落座就从包里掏出面包、牛奶、茶叶蛋等吃起来。为了尽快开始工作,小张边吃边打开电脑。正在这时,部门主管过来询问上周安排的项目的进度,小张赶紧将食品包装推到桌子一角,手忙脚乱地翻找着文件。主管见状不禁摇了摇头,随即委婉地对小张提出了批评。

小李是A公司新录用的一位员工,她入职后很快就成为同事们"敬而远之"的对象。她只要对哪位上司有意见,马上就会有不少这位上司的小道消息、绯闻和大家"分享";她看不惯哪个同事,就会跟其他同事逐个"我只告诉你,他……"。而她一旦这个月取得不错的业绩,就会对业绩差的同事逐一表达"关心",指出他人的不足……很快她就变成了"人见人烦、花见花谢"的人。

请问为什么小张会受到批评?为什么小李让人"敬而远之"?

一、办公室礼仪

职场人士的工作环境都比较固定，无论是在自己的工作岗位上，还是在公共办公区域，抑或是公共设备的使用上，都要遵守一定的礼仪规范，这既能反映出个人的礼仪修养，也能折射出企业文化和管理水平。

许多上班族的工作地点主要是在单位的办公室，办公室既是办公场所也是公共场所，在办公室开展各项活动时遵循礼仪规范不仅可以构建单位良好的软环境，将工作变成享受，也可以更好地展示个人形象、企业形象。办公室礼仪包括办公环境礼仪和办公室言行举止礼仪。

1. 办公室环境礼仪

办公环境要求干净、整洁、有序。办公室内桌椅、文件柜、茶具的摆放应以方便、安全、高效为原则，要经常开窗换气保持办公场所空气清新。保持地面清洁，经常清理废弃物，不宜在室内长期堆放杂物。

要保持办公桌及办公用品干净、整洁，定期擦拭。需分类摆放办公用品，做到整齐有序，不能摆放太多物品，不要把与工作无关的私人物品摆放在办公桌上，一般只摆放目前正在使用的、常用的工作资料和必备的办公用品。因进餐或去洗手间而暂时离开座位时，应将桌面文件覆盖、收好，设置电脑屏保，注意保密。如果条件许可，可以摆放盆栽以美化环境。下班时要整理办公桌，一律将文件或资料放在抽屉或文件柜中并做好分类归档工作。办公桌虽小，却是一面镜子，整洁的办公桌可以反映出你的干练个性和工作的高效。

2. 办公室言行举止礼仪

首先，应做到仪表仪态大方，符合办公场所要求。一旦进入办公场所，应时刻注意自身的仪表仪态，保持得体整洁的着装、规范严谨的举止和良好的工作姿态。在办公桌前就座时，动作要自然轻缓，坐姿要端庄优美，绝不能趴在桌上或斜躺在座椅中，也不要当众打哈欠、伸懒腰、跷二郎腿。如果觉得精神不振，可以到室外或走廊里走一走，适当调节一下情绪。在办公区域走路时，身体要挺直、步幅要适中，给人庄重、积极、自信的印象，切不可慌慌张张，给人不可信任的感觉。

其次，要严格遵守劳动纪律，准时出勤。严格遵守单位的工作时间规定，准时上班，按时下班。上班时，一般以提前10分钟进办公室为宜，路遇同事时应主动微笑问候。进入办公室后应开窗透气，调整好室内的温度、亮度，准备好当日办公所需的资料、用品和茶水。如遇雨雪天气应先将泥

污水渍清理干净再进入办公室。下班时，以到点完成工作为宜，切忌未到时间就坐等下班。离开时，应整理好办公用品及资料，以便次日继续使用，关闭所有办公设备，确认无误后方可离开。下班时，应向上司、同事致意，千万不要不打招呼就自行离开。如遇特殊情况可能导致缺勤或迟到、提前离开公司，应事先跟主管联系以便安排工作。

再次，注意公私分明，言行规范。规范的职场言行要求在办公期间严格区分公事和私事，遵守工作规范，恪守职业操守。这就要求不在办公时间阅读与工作无关的书籍或资料，不在办公时间上网聊天、刷微信、玩游戏、看影视剧、听音乐、炒股、网购等，不用办公室电话拨打私人电话，尽量少接听私人电话。同时，不在办公时间约朋友到办公室拜访，不用办公设备处理个人事宜。

在职场，与人交流时要时刻注重文明礼貌，与人交谈要音量适中、称呼文雅，多使用谦语、敬语、讲普通话；在办公区域不宜吸烟、大声喧哗、打扮化妆、吃零食、打瞌睡，出入时要轻手轻脚，与同事交流问题应起身走近同事，以不影响他人为宜，要注意保持办公环境的安静；没事不要在办公室来回走动，以免影响他人工作；需出入他人办公室时，切记进入前要轻叩房门，未经允许绝不要贸然进入。如借用公用或他人物品，使用后应及时放还原处或送还；未经许可，不得翻阅不属于自己负责的文件；如需在办公时间离开办公室一段时间，应向主管报告去向、原因、用时、联系方式，若主管不在，应向同事交代清楚，离开之前，还须将离开时间内可能要发生的事情（如某一约定的客人来访）向他人交代清楚，必要时可委托同事代为处理。

二、办公场所公共区域礼仪

1. 楼道电梯礼仪

在楼道或电梯内遇到同事或他人应主动微笑、点头致意，可略作寒暄。上下班时，电梯里人多拥挤，先进入者应主动往里走，以便为后来者腾出空间；后进入者应视情况而行，不要强行挤入。当电梯显示超载时，最后进入的人应主动退出等下一趟，如果最后进入的是年长者，年轻人应主动让出。进入电梯后，应主动为他人按电梯楼层键或开关键，如要请他人代为按键应使用礼貌用语。在电梯内不宜接打电话、大声喧哗，不宜谈论单位或部门的内部事务。

2. 茶水间、洗手间礼仪

在公用茶水间、洗手间应正确、节约使用设备，避免浪费，随时注意保持环境卫生。人多时应礼貌谦让，遇到同事时不要装作没看见或低头不理，应主动跟对方打招呼，稍作寒暄。不要在洗手间、茶水间长时间扎堆聊天，尤其不要在那里议论公事或同事、上司，不要议论他人隐私，成为是非的制造和传播者，影响同事间关系。

3. 会议室礼仪

会议室往往由多部门共用，为使工作顺利进行，安排会议时应事先与管理人员进行预约，使用后要带走相关资料，关闭设备，恢复会议室的整洁，按时交还钥匙。

三、使用公共设备礼仪

在当今职场，打印机、复印机、传真机、电脑都是我们完成工作必备的现代化办公工具。但受条件所限，许多单位的这些办公设备都是公用的，从而产生了相应的职场礼仪规范。

1. 办公设备不可私用

这些办公设备都是为了完成工作而配备的，不可用来打印、复印、传真私人材料。

2. 使用办公设备要遵循先后有序原则

公办设备的使用应遵循先后有序的原则。一般是先到者先使用，并礼貌地请排在后面的同事稍等。如果你手头的资料很多，而轮候在你后面的同事赶时间或只有一两页要打印、复印或发送，应让他先处理，后者应该表示感谢。

3. 使用办公设备要有公德心

如遇纸张用完，应及时添加。如遇机器故障，应处理好再离开。如不会处理，可请别人帮忙，千万不要一声不吭、一走了之，将问题留给下一位同事，造成他人使用不便。

4. 使用办公设备时要注意保密

使用完办公设备后要将原件带走，以免丢失资料，造成泄密。

公司食堂用餐礼仪

如今许多大型公司都有专门的食堂为员工提供午餐，而公司食堂也被

认为是最考验人们的办公室以外的职场场合之一。由于就餐时间集中,往往人多拥挤,员工在公司规定的时间段内可自行选择就餐时间,但不可过早或过迟。就餐时应自觉按先后次序排队点餐,点餐的量要适度,以免造成浪费。取用餐具时要轻拿轻放,就餐后应及时将餐具、剩饭剩菜等分别放到指定位置,保持就餐地点的干净整洁。在就餐高峰时段,同事间要互相礼让关照,用餐结束后及时离座让位,不要在食堂长时间闲聊。

办公室用餐礼仪

有些公司没有统一的餐厅,员工往往会在办公室用午餐。但办公室毕竟不是餐馆,因此,有一些特别事项需要注意:首先,在办公室用餐时,要控制时间,尽快用餐。其次,不要将有强烈气味或吃起来声音很响的食品带到办公室,以免影响他人。再次,进餐完毕后要即时清理餐具,打扫卫生,开窗通风。

四、职场人际关系礼仪

良好的人际关系可以帮助我们顺利开展工作,有助于我们的事业发展。要想避免在职场人际关系方面出差错、闹笑话,对职场人际关系礼仪的了解、掌握是必不可少的。

人际关系礼仪是职场日常工作礼仪中的重要组成部分,主要体现在与上司、同事、下级相处的礼仪这三个方面。

1. 与上司相处的礼仪

很多员工尤其是新晋员工不知如何与上司相处,但在工作中又避无可避,因此,掌握与上司相处的基本礼仪就显得尤为重要了。

(1) 尊重上司,维护上司权威,不越级越位。

职场是一个注重等级的场所,作为下属应该牢记等级差别,切不可忘乎所以、越过上下级界限。该由上司管的事,不要主动插手;在该上司说话的场合,不要抢着说。在工作上,该请示的请示,该汇报的汇报,不要越位。工作上与上司产生分歧时,不要当众与上司争辩;上司对你的工作提出批评时,要专注地倾听、虚心地接受,不应表现得心不在焉。即使你觉得上司的批评有不当之处也不要当面顶撞上司,应该避免与上司正面冲突,事后可以言辞礼貌、委婉地向上司表明自己的看法,与上司沟通解决问题,切不可因此对上司满腹牢骚。

遇到上司出错时,如果只是不起眼的小错,不妨"装聋作哑"。如果是需要纠正的明显失当，可以用眼神、手势暗示或写小纸条、低声耳语提醒，千万不可当众纠正上司的错误，过度表现自己，让上司没面子。

在职场，如果你越过自己的直属主管向高层或老板汇报工作，那无疑是在告诉大家你与上司之间存在问题，别人也会认为你不尊重上司，这是职场大忌。

（2）注重礼节，牢记下属身份，把握好与上司间的距离。

见到上司时下属应面带微笑，热情大方地主动上前打招呼，如果距离远或者上司正与他人谈话，则应微笑点头示意。下属对上司的称呼要分清场合，在正式场合需要使用正式称呼，不要使用简称。与上司握手时一定要等上司先伸手再热情回应，握手的时间和力度都应由上司掌握。当上司出现在你面前，而你正忙于其他工作，应暂停工作并起立；如果正与客户商谈，那么也应对上司的出现做出反应，置之不理或让上司久等，都是不礼貌的表现。无论在公司内外，只要上司在场，下属离开时都应向上司致意。

与上司相处时要时刻牢记自己身为下属的身份，保持适当的距离。即使你比上司年长、资历老，抑或上司原来曾是你的下属，上司也不会接受你倚老卖老地随意指点。同时，下属也不要期望在工作岗位上与上司成为知心朋友，即便你跟上司年龄相仿，私底下是同学、亲戚，那也并不意味着你在职场可以对他毫不避讳地直呼其名、称兄道弟、随意开玩笑，不分场合地勾肩搭背。身为下属还应注意尊重上司的私人空间，不要牵扯到上司的私人生活中，以免带来不必要的麻烦。

（3）注意仪态，遵守汇报的礼仪。

向上司汇报工作时，应该依约准时到达，过早或迟到都不礼貌。进入上司办公室前，应先轻轻地敲门，非请勿入。进入后非请勿坐，做到举止得体、文雅大方、彬彬有礼。汇报前一定要提前准备好汇报的内容和措辞，否则汇报时容易出现内容残缺不全、条理不清、词不达意等问题，那是对上司的不尊重，非常失礼。汇报时，应力求用词准确、语句简练，避免使用口头禅，还要注意语速适中、音量适度。汇报时间不宜过长，一般应控制在半小时以内。如果汇报过程中下属的手机响起，应该按掉，不要接听。如果对方再次来电，可以侧转身体后小声接听，向对方致歉并告知对方此时自己不方便接听电话，稍后会回电。如果汇报过程中，上司接到重要来电，下属应用眼神或动作向上司示意然后回避。汇报结束后应注意礼貌离场。

2. 与同事相处的礼仪

在同一职场工作的同事，彼此相处得如何，直接关系到大家的工作、事业的进步与发展。如果同事之间彼此尊重、以礼相待、关系融洽，就能共同营造和谐的工作氛围，有益于大家的共同成长。处理好同事关系，在礼仪方面应注意以下几点：

（1）平等相待，互相尊重。

相互尊重是处理任何一种人际关系的基础，同事关系也不例外。同事关系是以工作为纽带的，一旦失礼，隔阂难以愈合。所以，处理同事间关系，最重要的是尊重对方。

尊重同事的人格。每个人都有自己独特的生活方式和性格，在公司里我们也会遇到不同的同事，虽然大家的出身、经历有所不同，工作风格也多有差别，但在人格上是平等的。我们不能用同一把尺子衡量每一个人，苛求别人。给同事乱起绰号，拿别人的事情当笑料，讽刺挖苦别人的长相、口音、衣着、习惯、爱好、背景，或将自己的观念、做法强加于人都是极不礼貌的行为。

尊重同事的工作成果。当同事展示自己的工作成果时，要意识到这是他人付出时间、心血、智慧的劳动成果，要懂得欣赏其中的闪光点。如果轻易出言否定会伤害对方的自尊心，很不礼貌。即使你觉得不够好，也不应直接说出来，应该婉转地表达，先肯定其优点，再指出其不足，这样更容易让人接受。

尊重同事间的距离感。对正在办公的同事，无论他在看什么、写什么，只要他不主动跟你聊，最好不要刻意追问，刨根问底。

对于同事的物品，如果同事不在或未经允许不能擅自动用。如果必须要用，最好有第三者在场或留下便条致歉。向同事借用任何物品都应该尽快归还，要保持物品完好，将其摆放在原来的位置，同时不忘以口头或文字的方式表达谢意。

每个人都有不愿为他人所知的隐私，对于同事的私事、秘密，不要窥探，更不要背后议论、传播同事的隐私。如有人找同事谈话，不要"旁听""偷听"。不要揣摩同事与他人的电话内容，同事与异性谈话时更不要去凑热闹。总之，即使是关系密切的同事也没有必要变得"亲密无间"，保持适当的礼仪距离有助于减少同事间的无礼之为。

（2）友好相处，礼貌相待。

尽管同事之间每天都见面，但上班见面时仍应主动问候对方或点头微笑致意。办公期间中途离开办公室应主动告知其他同事，下班时也应向同事道别。

平时与同事交流要使用"请""劳驾""多谢"等文明用语，不要心不在焉，爱理不理。尤其应尊重公司里的前辈、老员工，遇事多虚心请教，交谈时尽量使用"您"等敬语和礼貌用语。

开会或讨论问题时，应认真倾听同事的发言和意见，有分歧时就事论事，不盛气凌人，不随意打断他人讲话进行纠正、补充，不急于反驳，不质问对方，不在同事面前说狠话、过头话，不当众炫耀自己或故意贬低别人抬高自己。

休息闲谈时，同事之间可以开开玩笑，但要注意对象和场合，对长者、前辈和不太熟的同事都不适合开玩笑。闲谈时，说话音量宜低不宜高，忌讲脏话粗话、低俗的笑话。如果谈话中出现了不同意见，不必太当真，可以开个玩笑并转移话题，不要因为闲谈伤了同事间的和气。闲谈应把握尺度，适可而止，绝不能耽误正常工作。

（3）诚心帮助，真诚关心。

当同事工作表现出色时，应予以肯定、祝贺；当同事工作不顺利时，应予以关心、帮助。但在协作过程中，注意不可越俎代庖，以免造成误会，令对方不快。

由于个人生活与专业工作常难以决然划分，同事偶尔会谈到家庭琐事，不妨也留神倾听或主动关心同事的近况，让他感觉到你是在关心，而非打探。如遇同事受伤、生病住院，可邀集其他人一起前去慰问以示关心，还可向对方介绍单位最近发生的事情，让他安心养病。如同事请求帮助，应尽己所能、真诚相助。

（4）把握与异性同事相处的分寸。

对年长的异性同事应保持礼貌，男性青年与年长的女性同事交谈，要避开有关年龄、婚姻及个人隐私的话题。女性青年不要因年龄悬殊而对年长男性同事撒娇，以免出现信息误导，让人产生非分之想。年龄相当的异性同事之间也要保持适当的距离，即使在工作中配合默契、共同话题很多的异性同事，也不宜经常单独在一起。工作时间如果单独相处、交流，应敞开办公室的门，以免引起他人误解。

（5）不要把公事以外的个人情绪带进工作中。

当个人生活或工作不顺心时，不要逢人就诉苦，把同事当成自己的"垃圾桶"，更不应将自己的坏情绪、坏脾气带到职场，把同事当成"出气

筒"，这一方面会影响工作的正常进行，另一方面也会影响人际关系，同事没有理由为你的任性买单。

（6）同事间物质往来应一清二楚。

同事之间可能有相互借钱、借物或馈赠礼品等物质上的往来，但切忌随意，应将每一项都记得清楚明白，即使是小的款项，也应记录下来以提醒自己及时归还，以免遗忘后引起误会。向同事借钱、借物，应主动给对方出具借条，以增进同事对自己的信任。在物质利益方面无论是有意或者无意地占对方的便宜，都会引起对方心理上的不快，从而损害自己在对方心目中的人格地位。

（7）对自己的失误或同事间的误会，应主动道歉说明。

同事之间经常相处，一时的失误在所难免。如果自己出现失误，应主动向对方道歉以获得对方的谅解；对双方之间的误会应主动向对方说明，不可小肚鸡肠，耿耿于怀。

3. 与下属相处的礼仪

（1）尊重下属的人格。每个人都具有独立的人格，上司不能因为在工作中与下属具有领导与服从的关系而损害下属的人格，这是作为上司最基本的修养和对下属的最基本的礼仪。

（2）善于听取下属的意见和建议，了解下属的愿望，认真研究并及时回复。

（3）宽待下属。身为上司，应心胸开阔，用宽容的胸怀对待下属的失礼、失误言行，对事不对人，尽力帮助下属改正错误，而不是一味打击、处罚下属，更不能记恨在心，挟私报复。

（4）一旦工作中出现问题，上司应勇于担当，不推卸责任，不迁怒于下属，不随意对下属发脾气。

第三节 通信礼仪

❋**案例4：**

利华公司最近新招聘了一批大学生，小刘是其中之一。第一天上班，肖经理向同事们介绍了小刘并安排小刘熟悉办公环境，负责接听办公室电话。小刘心想："接电话有何难，我三岁就会了，小菜一碟。"

> 第一个电话铃声刚响起,小刘立刻抓起电话,"喂,你找谁?"紧接着,他朝经理大声喊着:"肖经理,你的电话!"第二次接电话时,小刘一听就告诉对方:"你打错了。"然后直接挂断电话。第三个电话又是找经理的,此时经理已外出公干,小刘回复说:"肖经理去长峰公司谈业务了。"对方说:"你知道肖经理的手机号吗?"小刘热情地告知对方并在对方的道谢声中说了再见。第二天,经理专门找小刘谈话,叮嘱他好好学学电话礼仪。
>
> 请问小刘在通讯礼仪方面有哪些需要改进的地方?

随着科学技术特别是网络技术的不断发展,电话、传真、电子邮件已成为职场通讯的主要手段,QQ、微信等即时通信工具也被越来越多地运用于职场。正确高效地利用这些通信工具不仅有利于工作的开展,还有利于人际沟通的便利,掌握职场通讯礼仪是员工提升职场魅力指数的重要途径。

一、电话礼仪

(一) 电话礼仪的基本要求

打电话看似容易,其实不然,使用电话进行沟通也是一门艺术,其中大有讲究。正确掌握这门艺术需要我们遵循一些电话礼仪的基本要求。

1. 通话时应做到语言文明、规范,勤用礼貌用语

语言是信息传递的载体,语言的使用是电话礼仪中的一项重要内容。用语是否礼貌,是对通话对象尊重与否的直接体现,也是个人修养高低的直观表露。要做到用语礼貌,就应当在通话过程中较多地使用敬语、谦语。如"您好""请""谢谢""麻烦您"等。

通话用语往往具有一定的规范要求,这种规范性主要体现在通话人的问候语和自我介绍、通话结束时的道别语上。通常,致电方在电话接通后应主动问好,询问对方的单位或姓名,得到肯定答复后再报上自己的单位、姓名,其规范模式是:"您好!请问是某某公司某某部吗?我是某某公司某某部李某某,麻烦您请王经理听电话,谢谢!"接听电话一方不能使用:"你有什么事?""你是哪儿?你是谁?你找谁?"等用语,尤其不能一开口就毫不客气地查问对方或者以"喂,喂……"开场,通常应以问候语加上单位、部门名称及个人姓名作为开场语,如:"您好!某某公司某某部张某

某，请讲。"

2. 通话时力求发音清晰、咬字准确、音量适中、语速平缓、语气亲切

通话时，语气的把握至关重要，它直接反映通话人的办事态度。语气温和、亲切、自然，往往能使对方对自己心生好感，从而有助于交流的进行；语气生硬傲慢、拿腔拿调，则无助于工作的顺利开展。语调过高、语气过重，会使对方感到尖刻、严厉、生硬、冷淡；语气太轻、语调太低，会使对方感到无精打采、有气无力；语速过快，会显得应付了事，易造成对方听不清楚或听错；语速过慢，显得懒散拖沓，则容易让对方失去耐心。一般来说，语气语速适中、语调稍高些、尾音稍拖一点才会使对方感到亲切自然。

3. 通话时应全神贯注，举止文明

通话虽然是个"只闻其声，不见其人"的过程，但通话人可以根据声音来判断对方是全神贯注还是心不在焉、是和蔼可亲还是麻木呆板，进而推断对方是否尊重自己，从而微妙地影响交流的进程与效果。因此，通话时应暂时放下手头的工作，集中注意力与对方交流，除了必须执笔做些适当、简短的记录，以及查阅一些与通话内容相关的书面材料外，切不可一心二用。有人使用免提通话以便腾出手来做其他事，殊不知这不仅不能提高工作效率，反而有可能引起对方的误会和不满，进而影响工作。

通话时我们应端坐或端立，不可趴着、仰着、斜靠或双腿架高，也不要将电话夹在脖子上通话，不可边通话边与旁人聊天，切忌边打电话边抽烟、喝茶、吃零食，这是极不礼貌、极不尊重对方的行为。

通话过程中，应轻拿轻放电话，避免过分夸张的肢体动作，以防带来嘈杂之声。若电话中途中断，如中断原因明确，应由失误方重新拨打，并在拨通之后稍作解释。如原因不明，通常由致电方重打。接听方也应守候在电话旁，不宜转做他事，甚至抱怨对方。一旦发现自己拨错了电话，拨打者要立刻向被打扰的一方致歉，不可挂断了事。如果发现对方拨错了电话，也应礼貌地告知本单位或本人是谁，必要而可能时，不妨告诉对方所要找的正确号码或予以其他帮助，切勿恶语相向责备对方。如果对方道歉，要记得礼貌回应。

结束电话交谈时，通常由致电方提出，接听方不宜越位抢先。双方可以将刚才交谈的问题适当回顾总结，然后彼此礼貌致意、道别，再挂断电话。

（二）拨打电话的礼仪

1. 选择恰当的通话时间

通话时间的选择看似平常，实则至关重要。为确保信息的有效传达，我们应根据通话对象的具体情况择时通话，以方便对方为基本原则。一般而言，工作电话应当在工作时间拨打，但应避开刚刚上班、即将下班、午餐前后，更不宜在下班之后或节假日拨打，尤其不应在凌晨、深夜、午休或用餐时间"骚扰"他人。如确有急事不得不打扰别人休息时，在接通电话后首先应向对方致歉。如果是拨打国际长途，则应考虑到本地与目的地之间的时差，然后选择合适的时间。

2. 提前准备，言之有物

通话前我们应做好充分准备，不打无意义的、可打可不打的电话。在拨打电话之前，必须确认通话对象的情况，如姓名、性别、职务、年龄、所属部门等，以免出错造成尴尬，还应明确自己所要表达的内容，可以事先在便笺上列出一个条理清晰的提纲，以免遗漏要点或因一时想不起来而尴尬地停顿。电话接通后要简明扼要地直奔主题，言之有物，切忌东拉西扯、无话找话。

3. 耐心拨打

拨打电话时，要沉住气，耐心等待对方接听电话。一般而言，至少应等铃声响过6遍或是大约半分钟时间，确信对方无人接听后才可以挂断电话。切勿急不可待，铃响未过3遍，就断定对方无人而挂断电话或挂断后反复重拨，更不可在接通电话后责怪对方。

4. 遵循"通话3分钟"原则

使用电话作为通讯工具，其目的在于提高工作效率。因此在通话时，务必要做到"去粗取精"，长话短说，除非有重要问题须反复强调、解释，在正常情况下，一次通话时间应控制在3分钟之内。这一做法在国际上被通称为"通话3分钟"原则，已成为一种共识。

遵循"通话3分钟"原则，我们可以在通话前大致估算一下所需的时间，明确通话内容。通话时直奔主题，抓住要点，言简意赅地表达。如果要传达的信息已陈述清楚，就应当及时结束通话，不再唠叨，以免给人留下做事拖拉、缺乏效率的感觉。

如果预计电话交谈的内容较多、时间较长，那么在通话之初就应告知对方，简短概括要涉及的事务并礼貌地询问对方此时沟通是否方便，如对方表示无碍则可继续交谈，如对方表示不方便则应与对方商量另外约时间。

通话过程中，若通话人需取用相关资料或短暂离开去办重要事宜，则应快速解决。若超过30秒，须征得对方同意并致以歉意，或先暂时挂断电话，事后再拨打过去。当然，"通话3分钟"原则旨在通话时用语简洁、节省时间，并不要求通话人刻意追求3分钟的精确时限。

（三）接听电话的礼仪

1. 及时接听

电话铃一响，应即刻停止手中的工作，拿起记录的纸笔，做好接电话的准备。接电话的最佳时机，以铃响3声为宜，因为此时双方都已做好了通话的准备。如果确有重要原因而耽误了接电话，电话铃响了很久才拿起话筒，则务必向对方解释并表达歉意。

2. 做好记录和补缺准备

任何一次来电都有可能是一次重要的信息传递。因此，我们应当在电话机旁准备好完整的记录工具，要养成一听到电话铃就拿起纸笔的习惯。为了避免记不清致电人所传递的信息甚至遗漏信息要点的情况，接听人应在接听电话时适当地进行要点记录，电话记录既要简洁又要完备，在工作中这些电话记录是十分重要的。

由于种种原因，在办公时间需暂时离开，以致无法接听已预约的来电时，可委托他人代为接听，请受托之人留下致电者的姓名、单位及电话号码，转告致电者自己会及时复电，并致歉意。一般不宜要求对方隔时再来电，以免给人以"摆架子"之嫌。也可请受托之人在对方同意的情况下，代为记录来电内容，但须确保记录准确，以免误事。

3. 合理安排接听顺序

在工作中我们有时会遇到这样的情况，即同时有两个电话待接，而办公室内暂时只有自己一人，这一问题如何应对呢？可先接听第一个打进来的电话，在向其解释并征得同意后，再接听另一个电话，并让第二个电话的通话对象留下电话号码，告之稍后再主动与他联系，然后再迅速转听第一个电话。如果两个电话中有一个较另一个更重要，则应先接听重要的一个。例如应当先听长途来电，再接市内来电；先听紧急电话，再接一般性的公务电话；等等。

不论先接听了哪一个电话，都应当在接听完毕后迅速回拨第二个电话，不宜让对方久等。切不可同时长时间接听两个电话，或只听一个电话而任由另一个来电铃响不止，更不可接通了两个电话后只与其中一个交谈，而让另一个在线上空等。

4. 殷勤转接

如果接电话时发现对方找的是自己的同事，应请对方稍候，然后热忱、迅速地帮对方找寻通话对象，切不可不理不睬、漠然视之或直接挂断电话，也不可让对方久等，存心拖延时间。如果对方要找的人不在或不便接电话，则应向其致歉。如果对方愿意留言，可代为转达信息，并准确做好记录。如对方不愿留言，切勿刨根问底。在解释所找之人为何不在或不便时，不可过于"坦率"，如说"他在厕所""他说他不愿接"之类的话，以免失礼于人或引起误会。

二、手机礼仪

手机是现代化的通讯工具，被称作"第五媒体"。虽然移动电话给我们带来了便捷与效率，但使用手机除了应遵循电话礼仪外，还应注意一些特殊的礼仪规范。

（一）手机的拨打和接听要注意场合

在开会、会客、谈判、签约以及出席重要的仪式、活动时，应将手机设置为振动状态或暂时关机；若有重要来电必须接听，应迅速离开现场，再开始与对方通话；如果实在不能离开，又必须接听，则音量应尽量放轻，一切以不影响在场的其他人为原则。与人共进工作餐（特别是自己做主人请客户）时，如果有电话，最好说一声"对不起""不好意思"，然后去洗手间或走廊接听，而且通话一定要简短，这是对对方的尊重。

（二）应保持手机畅通

告知工作对象自己的手机号码时，务必准确无误。必要时，可再告知对方其他几种联络方式，以求有备无患。看到手机上有未接来电时，一般应及时与对方联络，因故暂时不方便使用手机时，事后应及时回电并致歉。

（三）应将手机放置在适当位置，设置恰当的铃声

一般应将手机置于随身携带的公文包或上衣的内袋里，开会时可将手机置于不起眼的地方，不宜置于桌面上。

手机铃声间接反映了手机使用者的个性形象，设置手机铃声时不宜使用怪异、搞笑、过于幼稚的铃声，否则会降低自己的专业度，影响职业形象。

（四）手机的使用应重视私密性

未经同事、上司、客户的同意，不宜将他们的手机号码随意告诉他人，也不宜随意将本人的手机借与他人使用，当然随意借用他人的手机亦不恰

当。工作中的重要信息、业务往来的具体资料都不宜未经加密就长期存储于手机中，以免手机遗失造成泄密。

（五）正确使用短信

在一切需要手机静音或关机的场合，可以使用短信，但不要在别人注视你的时候查看、编写短信，一边与人交谈、一边收发短信是对他人的失礼；短信内容的选择和编辑反映着发送者的品位和水准，不要编辑或发送不健康的、无聊的短信；发送短信要署名，信息传递要简明扼要，阅读涉密短信后要及时将其删除，以免泄密或引起不必要的误会；收到短信要及时回复，发送短信的时间不能太晚，以免影响对方休息。

三、传真礼仪

传真作为远程通讯的重要工具，因其方便快捷得到广泛应用，使用传真时我们应该做到以下几点。

（一）传真内容要简明、严谨

为确保传真内容简明扼要、严谨准确，发送前须校对。传真首页应包含：传送者和接收者双方的单位名称、人员姓名、日期、总页数。每页纸上都应有页码，这样既方便阅读，也方便补发。若传真含加盖公章的文字材料，需将公章盖得很清晰，以确保传真的效果。

（二）传真信件须规范

传真信件的内容一定要规范，必要的称呼、问候语、签名、敬语、致谢词等均不能少，信尾的签名尤需注意，因为签名代表发信者本人知道并同意发出。若签名被忽略，则任何人都可以轻易冒名发送了。

（三）纸张、字号大小不可随意

规范的传真用纸通常是A4大小的白纸，使用彩色纸张既不规范又浪费传真机扫描的时间，还可能影响发送效果。传真材料的字号应比普通打印件稍大，以保证传真文字清晰、方便阅读。

（四）注意保密

未经事先许可，不应通过公用传真机传送保密性强的文件或材料，因为公共传真机保密性不高，任何刚好经过传真机旁的人，都可以轻易窥得传真纸上的内容。

（五）传真前后勤确认

发送传真前，应先向对方通报，因为很多单位是大家共用一台传真机，如果不通知对方，信件就可能落到他人之手。若传真件页数较多应向对方特别说明，让对方选择是否发送或更改发送时间。发送后要再次与对方确认是否收到、页码是否正确、内容是否清晰。同理，收到传真后如对方没有打电话来确认也要尽快通知对方。

小贴士

在公务往来中，应避免使用传真方式发送感谢信和邀请函，传真感谢信或邀请函无法体现公司对对方的尊重和重视，易给对方留下不正式、不庄重之感。

四、电子邮件礼仪

当前职场中，电子邮件已成为必备、常用的工作工具，越来越多的公司专门设置有工作邮箱，使用内部邮件系统，学会职场中的电子邮件礼仪可以促进交流合作，提高工作效率。

（一）使用工作邮箱的基本要求

工作邮箱的帐号、密码一般都由人事行政部门或网管部门统一设置，员工领取后可以重置密码，但不可以将其帐号、密码转让或出借给他人使用。设置工作邮箱是为了方便工作，员工不应将其用于非工作用途，尤其不能利用工作邮箱上传、展示或传播任何虚假、骚扰性、中伤他人、辱骂性、恐吓性、庸俗淫秽或其他任何非法、侵害他人合法权益的信息资料，否则会对公司的正常运转造成不利的影响。

（二）写邮件的注意事项

1. 明确邮件主题

电子邮件主题是邮件接收者了解邮件的第一信息，它能帮助收件人迅速了解邮件内容并判断其重要性。因此，发送电邮必须有明确的主题，主题空白是极为失礼的，主题行的标题既要简短又要能反映邮件的内容和重要性，发件人应认真填写，通常用邮件内容的关键词作为主题，如果邮箱名与发件人的姓名不符，还需在主题行注明发件人的真实姓名。

2. 礼貌使用称呼和问候

电邮的文体格式类似于信函格式，虽不需要冗长的客套语，但开头要有合适的称呼和礼貌的问候语，如"尊敬的某先生/女士：您好！"结尾要有祝福语，如"祝工作顺利"等。

3. 合理组织正文、添加附件

一封邮件通常只围绕一个主题展开，电邮正文和附件的内容是否简明扼要，行文是否通顺，表述是否明晰，直接影响到这封邮件的有效作用。如果正文内容比较复杂，应分段进行说明并保持每个段落的简短。在不影响精准表达的前提下，多用简单词汇和短句。所用字体和字号要让收件人看起来不费力，写完后检查是否有误。如果邮件有附加的文档、表格、图片，通常应将其以添加附件的方式发出，这既便于收件人阅读，也便于保持源文件的信息、格式。附件的文件名最好能概括附件的主要内容，以便收件人下载后整理归档。附件一般不超过4个，附件数目较多时应打包压缩成一个文件，同时在正文中对附件内容做简要说明。

4. 注意邮件语气、行文方式

根据邮件的对内对外性质、收件人与自己的熟络程度及等级关系等选择适当的语气和行文风格，要尊重对方，应时常使用礼貌用语，以避免引起对方不适，从而增强沟通效果，达到沟通目的。

（三）发送及回复邮件礼仪

发送大邮件时，要确认邮件不会给收件人带来不便，按规定控制邮件的接收范围，避免超范围发送。各收件人（包括收件人、抄送人、密送人）的区分和排列应遵循一定的规则，如可以按部门排列，也可以按职位等级从高到低或从低到高排列，一般来说，如是部门内部的工作安排、工作回复、跨部门沟通等情况，只抄送给相关人员即可。公司层面的通知、报告、公函等，必须由经理级以上人员经过相关主管领导批准后再发送邮件，不得以个人名义发送；如果员工利用工作邮箱群发文章分享的，内容必须符合公司文化和要求，不应分享与工作无关的文章、图片等。

必须定期查看工作邮箱，收到电邮应认真阅读，及时回复。对于有时限要求的邮件，一定要在时限内完成查看和回复。如果正在休假，应设定自动回复功能提示发件人，以免耽误工作。回复邮件不能寥寥几字、过于简短，这是对对方的不尊重。

小贴士

在回复工作邮件时，主题栏不要图省事"RE…"等一长串词语，应当根据实际内容更改标题。回复时，要区分"单独回复"和"回复全部"，绝不能因嫌麻烦而随意使用"回复全部"。这种做法看似省事，但对无关人员来说会造成干扰，更重要的是还可能泄密。

五、QQ、微信等网络即时通信工具礼仪

日益成熟的网络通信技术使人们的生活发生了天翻地覆的变化，随着智能手机、平板电脑等移动设备的普及，QQ、微信等即时通信工具更是让人们的沟通呈现出崭新的模式，人们在享受交流、展示自我的同时，应注意使用的安全性，遵守相应的礼仪。

（一）工作时间使用QQ、微信的基本要求

工作期间最好将工作QQ、微信与个人QQ、微信区别使用，如合用，切忌在工作时间通过QQ、微信与亲朋聊天，使用屏蔽功能要谨慎。工作时段应依照自己的实际情况设定在线忙碌状态，以方便工作中的沟通联络，原则上工作QQ、微信只能用于工作交流，不要交流与本职工作无关的信息。

使用QQ、微信工作群时，应按照统一规则命名群名片，一般为"单位部门+真实姓名"，不要使用昵称，工作QQ、微信的个性签名要积极向上，一般多采用自我激励、鼓舞团队的话语，避免使用消极负面的词句。员工要留意QQ、微信工作群的公告、通知和群文件，及时做出回复并按要求落实相关工作，不应在工作群中聊天和讨论与业务无关的话题。因特殊情况不能在线的，应及时查看当日群内有关工作部署。

（二）通过QQ、微信申请添加好友时应谨慎

在选择同事、上司、客户添加为QQ、微信好友时不能贸然行事，应考虑对方的感受。或许对方并不十分愿意让你看到他在QQ、微信上呈现的较为个人化的信息，但又不便拒绝，这就会使对方陷入尴尬的境地。恰当的做法是事先进行沟通，如果感觉到对方有所勉强就不要提出申请，大家可以继续在QQ、微信群内交流。此外，申请添加好友时，务必表明真实身份，也可通过设置一张微笑的、职业感强的本人头像来增加辨识度，方便对方确认同意。

（三）QQ、微信信息发布及回复的基本礼仪

1. 发布的信息应主题鲜明，内容不违规

在QQ、微信工作群内的发言应围绕工作而展开，必须主题积极、内容健康、语言文明。既不得在群内发布黄色淫秽、血腥暴力、低级趣味的表情、信息、图片、网址链接和虚假信息，也不要随意传播网络和社会上未被证实的言论，更不能讨论有关涉密的信息。群内成员聊天必须把握分寸，不应拿他人的尊严、名誉、私人问题等进行调侃取乐，不进行人身攻击、

不使用污言秽语或侮辱、诋毁、诽谤、嘲讽性质的语言。以上规范在我们与工作伙伴或客户单独交流时也同样适用。

2. 控制信息的发布量，提高信息发布质量，拒绝刷屏

有人每天不分早晚地在 QQ、微信上密集发送信息并频繁更新，还发送带有"如果不转发就……""只有转发……才能得好报"等带强制性的字眼，这样做不仅影响他人休息，干扰他人的正常生活，还容易惹人生厌，甚至让人产生不好的联想，感觉你把时间和精力都花在了玩手机上，从而对你的工作专注度及工作效率产生怀疑。

在发布信息时应控制"量"提高"质"，在发布或回复时应检查图片、文字、视频等是否有误或易引起歧义，避免引起别人的误解。

3. 发布、回复信息时要注重礼貌，慎用表情包、动图等辅助形式，回复一定要及时

工作中使用 QQ 时不宜打扰设置成忙碌状态的人，发起会话和下线时，应与对话人礼貌地打招呼，不要闲聊，将要解决的问题简要说明，发链接时也需简要说明。如果要在 QQ、微信群里找人尤其是找不太熟悉的同事或关联对象，不要直接打出对方姓名，而应以"请问"开头，然后在"你好"等礼貌用语之后与对方沟通，和盘托出你要问的问题。如果对方不在，也可以利用留言功能或小窗私聊，主动礼貌留言，体现你的诚恳态度及不想打扰、追逼对方的善意。看到同事、客户针对自己的发问、咨询或留言，应及时回应，慎用自动回复。

在等待回应时，一般不宜使用 QQ 的"抖动"功能催促对方，"抖动"易使被"抖"的人产生反感，特别是"抖动"与你不太熟悉的同事、客户，就如同在日常生活中，你在某人楼下大喊"某某，你给我下来"，如果彼此不够熟稔，这样是很不合适的。

QQ、微信丰富的个性表情包、图片、动图很受欢迎，使用恰当可以增强交流效果，但如果选择的内容格调不高则易使人心生反感，而过于频繁使用更有恶意刷屏之嫌，表情包、动图等毕竟不可取代语言的沟通，要慎用。

4. 使用 QQ、微信发送问候要用心

当我们使用 QQ、微信与工作伙伴或客户保持情感联络时，总会涉及日常的问候或者节假日的祝福问候。日常问候要有具体内容，避免只发一个表情符号，惜字如金，也不要只选取系统内模板了事，应有个性化祝福语。节庆时，可在微信朋友圈内针对所有微友发祝福微信，但对关系特别密切的同事、重要的合作伙伴、客户、师长等应一对一地单独发送祝福微信，应使用敬称，可在末尾附上自己的职务名称和名字，以便让他人留下印象。

5. 使用QQ、微信的语音功能发布信息要谨慎

由于QQ、微信语音稍不留心就可能转换为外放模式，双方所交流的内容可能会被他人听见，这样不仅容易泄露交谈内容，还易干扰他人。使用语音功能应在安静环境下进行，防止对方无法听清或因背景人多嘈杂导致客户觉得你太过随意，对他不够重视。如果对方是你的重要客户或上司，事先应征求对方的意见，避免发送过长过多的语音消息。处理重要的、紧急的事务，不宜使用语音，以防对方因故不方便听语音，影响回应。此外，发送语音消息时应尽量讲普通话，做到口齿清晰，语速恰当。

（四）QQ、微信传输文件礼仪

发送文件前，应检查文件的完整性、有效性，宜先联系告知对方，询问对方是否方便接收文件，不要一言不发就直接发离线文件或大文件、视频文件、截图。收到文件后需及时回复留言，表示感谢。传输大文件应先将文件进行压缩再进行发送，这样可以节省对方接收文件的时间。如果文件传输过程中出现故障，双方应及时沟通解决。接收文件后及时阅览，如发现文件损坏或存在其他问题应立即与对方联系，礼貌地请对方协助解决。

总之，应充分利用QQ、微信与同事、客户等文明交流、互相尊重、友好相处，共同维护这些交流平台，使之成为提升职场工作效率和水平的"利器"。

本章小结

润物细无声，细处见素养。对于职场人而言，整洁适宜的着装，优雅规范的言行，甚至一次得体亲切的电话沟通、一份简单的传真、一份快捷的电邮及QQ、微信上的一句发言都展示着你的工作态度和礼仪水准。自觉遵守合乎身份的职场礼仪规范，知晓并恰如其分地运用职场日常礼仪技巧，这不仅有利于完成本职工作，构建和谐的工作环境，也关系到职场人未来的发展，对完善个人的职场形象，提升个人的职业素养大有裨益。

引言

职业活动是人类社会生活中最普遍,也是最基本的活动。我们一来到世上,就和职业活动产生了无法割舍的联系。小时候,我们喜欢扮演各种职业角色;上学了,我们学习职业知识与技能;走出校门,我们投身于激烈的职场竞争,争取职业成功;甚至老了,我们还闲不下来,还要发挥职业余热。漫长的职业生涯中,人们总是在不断地思考怎样把职业做得更好、怎样与职业服务对象打好交道、怎样才能延长职业寿命等一系列问题。久而久之,人们总结出其中的规律,认为职业人士应当遵守一定的道德准则,承担相应的道德义务和责任,这就是职业道德。三百六十行,行行有规矩。行规需要行业从业人员共同遵守,违背这些行规,就很难把工作真正做好,严重的还可能在行业中无法立足。这些行规其实就是职业道德的通俗说法。随着社会分工的进一步细化和深化,职业迭代加速加大,人们对职业道德的要求不但没有丝毫降低,反而越来越高。只有那些拥有良好职业道德的职场人士,才能在工作上严格要求、精益求精,才更容易取得事业的成功。从国家角度看,倡导职业道德,不仅是新时代公民道德建设的重要内容,也是培育和践行社会主义核心价值观、弘扬民族精神和时代精神的内在要求,对于推进中国特色社会主义事业、建设社会主义现代化国家具有重要意义。

第一节 职业道德的含义

❖ 案例1：

"英雄机长"刘传健

2018年5月14日早上6点26分，四川航空3U8633航班从重庆飞往拉萨。

起飞后的42分钟内，一切正常。飞机在9 800米的巡航高度飞行，底下是白雪皑皑的青藏高原。航班机长刘传健认为，这次飞行任务会和以往一样顺利。突然，他听到"砰"的爆炸声，副驾驶前面的飞机右前风挡玻璃竟然出现了裂缝。刘传健摸了摸，立刻意识到内层玻璃裂了，于是他第一时间联系了塔台空管，准备返航成都机场。

可是，意外来得太快。刘传健刚挂断和空管的通话，风挡玻璃就整块爆裂成碎片。一下子，副驾驶半个身体被吸出了窗外。外界空气迅速灌入，空气中含氧量极低。驾驶舱温度也骤降至零下40度，50米每秒的风速直面扑来，而此时机长和副驾驶只穿了衬衫。这种感觉就像"你在零下四五十度的大街上，开车以200千米的时速狂奔，你把手伸出窗外，你（的手）能做什么？"刘传健的第一反应是"完了，完了，这一趟要走远了"。当时，飞机驾驶面板已损坏，自动驾驶完全失灵，也无法联系塔台指挥，全靠机长手动驾驶。刘传健去拉操作杆的时候，发现飞机还有反应，还有一丝希望，于是他唯一的念头，就是把飞机控制好，哪怕只有万分之一的机会，"也要试一试"。接下来的几分钟，他所有精神都高度集中在控制飞机上，完全没感到寒冷，甚至副驾驶半个身子被吸出窗外，也没有分神去实施援救。后来当第二机长挤进驾驶舱，用手势告诉他后面的乘客都"OK"时，刘传健一下子就兴奋了，他坚定了一个信念，作为机长，我一定要让他们飞回去。在极其恶劣甚至超越了人类身体极限的环境里，他牢牢控制住了飞机，然后用34分钟返航成都，安全迫降双流机场，119名乘客终于安全回家。

在事后的采访中，刘传健谦虚地说，任何一个经过专业训练的民航飞行员都有能力把飞机开回来。因为危急时刻，能让他坚持下来的，就是身为民航机长的使命感。无论什么时候，都把机长的责任放在第

一位,把"责任和生命"连在一起,就算生死面前也不例外。他说:"创造奇迹的不是一个人、一瞬间,而是一群人和一辈子。我只是完成了自己的职责。"

一、职业道德的由来

职业道德作为一种社会现象,本质上是社会关系在职场中的具体反映。原始社会末期,伴随着生产和交换的发展,出现了最早的农业、手工业、畜牧业等专职劳动者,职业道德开始萌芽。进入阶级社会以后,社会分工进一步细化,出现了大量的商业、政治、军事、教育、医疗等行业和从事这些行业的劳动者。在此基础上,教师、医生、裁缝、会计、工匠、战士、屠夫等人类最古老的职业产生了。这些特定职业不但要求人们具备特定的专业知识和技能,而且要求人们具备相应的道德观念、道德意识和道德品质。公元前6世纪的中国古代兵书《孙子兵法·计》中,就有"将者,智、信、仁、勇、严也"的记载。智、信、仁、勇、严这五德被中国古代兵家视为将德。秉笔直书历来是中国古代史官(秘书)遵循的职业道德,也是他们坚持真理的精神支柱,被誉为中国史学和秘书文化中最重要的职业道德。至于官德,孔子曾云:"政者,正也;子帅以正,孰敢不正。"明代兵部尚书于清端提出了更为具体的封建官吏官德标准,被称为"亲民官自省六戒",其内容有"勤抚恤、慎刑法、绝贿赂、杜私派、严徵收、崇节俭"。此外,中国古代的医生,在长期的医疗实践中形成了优良的医德传统。唐代名医孙思邈是我国第一个系统论述"医德"的人,他对医生提出"精诚"二字的职业要求。"疾小不可云大,事易不可云难,贫富用心皆一,贵贱使药无别",是医界长期流传的医德格言。从西方来看,公元前5世纪古希腊的"希波克拉底誓言",是西方最早的医生职业道德文献,是每一个医学生从医所宣的誓言,是医学生入学第一课的重要内容,其影响重大而深远。

希波克拉底誓言

我要遵守誓约,矢忠不渝。对传授我医术的老师,我要像父母一样敬重,并将行医作为终身的职业。对我的儿子、老师的儿子以及我的门徒,我要悉心传授医学知识。我要竭尽全力,采取我认为有利于病人的医疗措施，不能给病人带来痛苦与危害。我不把毒药给任何人，也决不授意别人使用它。尤其不为妇女施行堕胎手术杀害生命。我要清清白白地行医和生活。无论进入谁家，只是为了治病，不为所欲为，不接受贿赂，不勾引异性。对看到或听到不应外传的私生活，我决不泄露。如果我能严格遵守上面的誓言，请求神祇让我的生命与医术得到无上光荣；如果我违背誓言，天地鬼神一起将我雷击致死。

需要指出的是，职业道德虽然早已有之，但受到分工水平和经济制度的制约，其发展存在着低水平、不全面、不均衡的状态。封建社会某些行业行规、人物的言行举止、职业典故中包含有一些积极向上的职业道德内容，但从整体上看，职业道德的影响力和约束力较为有限，职业道德在整个社会道德中处于边缘的地位。到了资本主义时代，市场经济促进了社会分工的扩大，行业和职业也日益增多、日趋复杂。各种职业集团，为了增强竞争能力，纷纷提倡职业道德，以提高职业影响力和吸引力。在许多国家和地区，还成立了职业协会，制定协会章程，规定职业宗旨和职业道德规范，从而推动了职业道德的大普及和大发展。资本主义社会不但对先前已有的将德、官德、医德、师德等做进一步丰富和完善，而且出现了许多以往没有的新型职业道德，如警察道德、律师道德、科学家道德、编辑道德、作家道德、画家道德、运动员道德，等等。但是，由于资本家逐利和利己的本质，使职业道德的作用在资本主义社会受到很大的局限。

社会主义的职业道德是适应社会主义物质文明和精神文明建设的需要，在共产主义道德原则的指导下，批判地继承了历史上优秀职业道德传统的基础上发展起来的。由于社会主义强调职业没有高低贵贱之分，重视职业发展与个人进步、社会发展和国家繁荣之间的有机联系，因此，不同职业的人们都可以形成职业的归属感、责任感、荣誉感和使命感。中国各行各业制定的职业公约，如商业和其他服务行业的"服务公约"、人民解放军的"军人誓词"、科技工作者的"科学道德规范"以及工厂企业的"职工条例"中的一些规定，都属于社会主义职业道德的内容，它们在职业生活中已经发挥了巨大的作用。

二、职业道德的定义

恩格斯指出，在社会生活中，"实际上，每一个阶级，甚至每一个行业，都有各自的道德"。这里所说的每一个行业的道德就是职业道德。所

谓职业道德，就是指从事一定职业的人在职业活动中应当遵循的具有职业特征的道德要求和行为准则。在现代社会中，职业道德通常以某种"规定""守则""条例"等形式表现，主要在于表明哪些行为在职业活动中是被允许的，属于道德的行为；哪些行为是不允许的，属于不道德的行为。

从来源上看，职业道德随着劳动分工的出现而逐步形成，又随着分工的发展而不断发展。分工推动着职业的兴衰，这意味着没有永恒不变的职业道德。旧的职业如电话接线员、车夫、接生婆等基本消失，新的职业如淘宝卖家、网络主播、快递员等不断涌现，相应地也就产生了新的职业道德。从形式上看，它是一般社会道德的特殊形式，是社会道德的一个有特色的分支。党的十七大报告中把社会道德分成了社会公德、职业道德、家庭美德和个人品德4个部分，职业道德是其中重要的一部分。十八大报告又强调了尊重劳动，营造劳动光荣、创造伟大的社会氛围，培育知荣辱、讲正气、作奉献、促和谐的良好风尚。从内容上来看，各行各业形成了各具特色的职业道德。如不做假账是会计的职业道德，救死扶伤是医生的职业道德，诲人不倦是教师的职业道德，保家卫国是军人的职业道德，秉公执法是法官的职业道德，为官一任、造福一方是官员的职业道德，发生灾难时最后走是船长、机长的职业道德，等等。

职业道德和职业法律紧密联系又相互区分。两者虽然都是关于职业的具体要求和明确规范，在职业活动中都发挥着积极的作用，但是两者作用方式有着显著区别。职业法律是从事一定职业的人在履行本职工作的过程中必须遵循的法律规范。这是通过国家强制力来保障实施的行为规范，对职业活动具有更强的约束力，违背职业法律将会受到法律制裁。而职业道德主要依靠社会舆论、内心信念和传统习俗来维系，属于应当做但不是必须做的一种行为规范。违反职业道德往往会受到社会大众的谴责。现代社会对从业人员的职业道德和职业法律的要求越来越高，职业道德与职业法律的相互交融也日趋凸显，一些原有的职业道德转化为职业法律从而获得了更大的权威性和强制性，同时，职业法律也影响着职业道德的制定与完善。

> ✽ 案例2：
> ### "泰坦尼克号"的船长史密斯为什么不逃生
>
> 1912年4月15日，英国超豪华邮轮"泰坦尼克号"在大西洋上航行时撞上冰山而不幸沉没，船上的2 201人中仅有711人获救。从碰撞到沉没的3小时内，"泰坦尼克号"船长爱德华·史密斯沉着镇定，指挥人们有条不紊地撤退，最后时刻拒绝登上救生船，和"泰坦尼克号"一起沉没在大洋之中。
>
> 为什么史密斯船长有机会逃生却不走？这其实和西方航海传统有关。海上航行风险莫测，遭遇各种风险不足为奇，因此需要所有乘员以船长为核心紧密团结，才能共同战胜困难，赢得生存。在茫茫海洋上，船长就是主心骨，他的一举一动关系到大家的安危，责任重大。西方几千年的航海活动延续到近代就形成了这样一条不成文的规则：当发生海难，船只沉没时，船长应该是最后一个离开船的人。这就是船长的职业道德。
>
> "船长最后一个走"的职业规定，还有一个原因，那就是没有人比船长更了解自己船舶的结构和人员，不管是组织疏散、维持秩序，还是寻求救援、联络接应，都需要船长这个最高领导坐镇指挥。另外，在"船长最后一个走"的紧箍咒约束下，船长不敢拿船只安全当儿戏，航行时务必小心谨慎，依靠自己的智慧和经验，率领船员完成远航，毕竟他很清楚，自己肩负的责任最大，如果不好好开船，万一发生事故，船长生还的概率最小。为了自己，也为了船员，他必然全力以赴。最后试想一下，如果没有"船长最后一个走"的职业规定，也许有人就会这样琢磨，万一发生事故翻船了，大不了我先逃就是了。正是这些原因，才形成了船长的职业道德。

三、职业道德的作用

职业道德究竟有多重要？即将踏入职场的大学生群体对职业道德的认识又处于何种程度？2015年1月29日《光明日报》报道，根据75所部属大学公布的大学生就业率分析报告指出，用人单位对毕业生的个人能力、道德修养及面试表现比较重视，其次是学习成绩、实习经历、身体心理素质和性格特点等。对于性别、学校名气、学历层次等条件的重视程度有所

降低。报告结果还显示，90%的用人单位对大学毕业生表示"满意"或"很满意"，但认为毕业生在实践能力、时间管理能力、集体意识和纪律意识等方面仍有待提高。"集体意识"是目前大学生亟需提高的一个重要方面。

山东人才网经对200家用人单位的人事主管调查发现，用人单位的人事主管在挑选大学毕业生时，看重的因素依次是责任感、团队协作精神、进取心、灵活应变能力、表达能力、独立性、自信心、承受压力能力、待人接物能力、在专业领域的特殊才智等。有责任感的大学毕业生求职最受欢迎。

上海《新闻晨报》报道，在某知名大企业在沪上高校举行的校园招聘会上，把极强的职业道德观念以及丰富的社会实践经验、沟通能力视为招聘的首要条件。该公司人力资源经理表示，拔尖的学习成绩固然重要，但他们更看重应聘者的职业道德观以及倾听他人意见的耐心，因为这两点是一名优秀员工的必备条件。很多500强企业需要大量进行技术开发和从事企业中高层管理的人才，这些研发、销售、管理岗位并不需要最聪明的人，需要的是勤勉、愿定下心来干好一件事的人，这就是通常所说的具备良好职业操守的人。"公司花大量时间和资金培训新人，但有的新人这山看着那山高，往往没在岗位上干熟，就想着往外蹦，这是公司最忌讳的。"

由此可见，用人单位的用人标准包含着职业道德要求。对用人单位而言，想找一个刚毕业的学生，既有高学历，又有社会经验，工作能力还很强，这几乎是不可能的。所以，用人单位主要还是侧重考察大学生的职业态度、职业道德，看他是否工作认真负责，是否有敬业精神。大凡具备这些特点的大学生稍加培养基本上都能够成为人才。对大学生而言，当务之急就是立即转变就业观念，调整发展方向，匹配用人标准，尤其是认识到职业道德在职场中的重大作用。因此，必须清晰地认识到以下三个方面。

1. 职业道德是个人事业成功的有力保证

现代社会，职业道德在人们的事业中所起的作用越来越突出。研究表明，一个人事业的成功，20%取决于专业技术，80%取决于职业精神品质。职业精神品质主要包括敬业、诚信、勤俭、公正、奉献、团队协作等。良好的职业道德能够使求职者符合用人单位的需求和岗位的需要，能够增强个人在激烈竞争中的实力。首先，良好的职业道德有助于个人树立正确的择业观、事业观和创业观。其次，良好的职业道德有利于个人坚定克服困难、做好本职工作的意志。最后，良好的职业道德有助于提高业务素质、思想素质、道德素质在内的个人综合素质,实现个人自由、全面发展。

2. 职业道德是提高企业竞争力的重要因素

职业道德能够提升企业的竞争力,主要表现在以下三个方面:第一,职业道德是维系和调节员工与企业、员工与顾客之间关系的最好纽带。服务大局、光明磊落、宽容理解、同舟共济的人际关系将会有效增强企业凝聚力。第二,职业道德有利于企业提高产品和服务的质量。员工良好的职业道德水平,是产品质量和服务质量的有效保证。第三,职业道德有利于树立良好的企业形象和行业信誉,是企业宝贵的无形资产。

3. 职业道德是提升全社会道德水平的主要力量

从职业道德的特征来看,个人在长达数十年的职业生涯中凝结而成的职业道德是道德发展的成熟阶段,具有较强的稳定性和连续性;同时,绝大多数职业活动都是以其产品或服务面对公众的,具有普遍适用性和公共示范性,这些特性表明职业道德是一种具有强大社会覆盖面和影响力的道德,对社会公德、家庭美德和个人品德具有积极的作用。另外,职业道德也是一个职业的集体道德行为,如果每个行业、每个职业集体都具备优良的道德,那么整个社会的道德水平就必然会得到显著的提高。

四、职业道德的两难选择

今天人们会发现,坚守职业道德往往意味着我们在职业上要投入更多的时间与精力,就往往会导致亲人、朋友、家庭、生活等生命中同样重要的人和事被搁置、忽略甚至遗忘。

1. 职业与生命的选择

1993 年,南非摄影师凯文·卡特来到战乱、贫穷、饥饿的非洲国家苏丹采访。一天,他看到了一个令人震惊的场景:一个瘦得皮包骨头的苏丹小女孩在前往食物救济中心的路上再也走不动了,趴倒在地上。而就在不远处,蹲着一只硕大的秃鹫,正贪婪地盯着地上那个黑乎乎、奄奄一息的瘦小生命,等待着即将到口的"美餐"。凯文没有惊扰秃鹫和女孩,而是在不远处调整好角度静静地等待时机。大约 20 分钟后,他终于拍到了理想的照片,取名为《饥饿的苏丹》。这张照片于 1993 年 3 月 26 日,被美国著名的《纽约时报》首家刊登。接着,其他媒体转载,很快在各国激起了强烈反响,并于 1994 年获得普利策新闻奖(美国新闻界最高奖)。

然而成名的同时,来自各方的批评也不绝于耳,人们纷纷质问,身在现场的凯文·卡特为什么不去救那个小女孩一把?人们指责说,他当时应

当马上放下摄影机去帮助小女孩。事实上，凯文·卡特当时望着小女孩的身影，内心充满了矛盾、愧疚和痛苦。他后来曾对人说："当我把镜头对准这一切时，我心里在说'上帝啊！'可我必须先工作。如果我不能照常工作的话，我就不该来这里。"作为一名新闻工作者，凯文能冒着战火和危险来到苏丹采集新闻事件，本身就体现了他的敬业奉献精神，而忠实记录每个事件镜头又是新闻工作者的起码要求。从工作角度看，凯文的举动无可非议。然而，除了新闻工作者这个职业外，凯文也是一个普通人，作为人，就应该有最根本的人道主义关怀，对弱者施以同情和帮助是最起码的要求。凯文显然遇到了职业道德和社会道德的两难困境。想要拍出最优秀的作品，他就要放下同情心；想要救出小女孩，他就很难拍到令人震撼的照片。这个矛盾几乎无解。

最后，在普利策颁奖仪式后两个月，1994年7月27日夜里，凯文·卡特在家里用一氧化碳自杀身亡。他的遗言写道："真的，真的对不起大家，生活的痛苦远远超过了欢乐的程度。"

2. 职业与家庭的选择

1958年，黄旭华和20多个年轻人一起响应毛主席号召，隐名埋姓开始了我国第一代核潜艇的研制任务。领导要求："时刻严守国家机密，不能泄露工作单位和任务；一辈子当无名英雄，隐姓埋名；进入这个领域就准备干一辈子，就算犯错误了，也只能留在单位里打扫卫生。"黄旭华毫不犹豫地答应了。30年间，父母与儿子的联系只能通过一个信箱。父母多次写信问他在哪个单位、在哪里工作，身不由己的黄旭华均避而不答。这期间，父亲病重了，黄旭华怕组织上为难，忍住没提休假申请；父亲去世了，黄旭华工作任务正紧，也没能腾出时间奔丧。直至离开人世，父亲依然不知道他的三儿子到底在做什么。兄弟姐妹们逐渐和黄旭华断绝了来往，母亲只当没有这个儿子。

直到1988年，我国第一代核潜艇在南海下水试验，黄旭华奉命前往，他才得以顺道回到老家看望母亲。32岁正值壮年离家，归来时已是两鬓白发的62岁老人，而黄旭华的母亲此时也已经95岁高龄，等了30年的母亲，终于在生命的最后阶段等来了儿子，母子见面，相顾无言，唯有抱头痛哭。这一幕感动了很多国人，也招来非议之声。有人批评黄旭华不孝，30多年从未孝敬过父母，不值得尊敬。

"我到现在还感觉很内疚，很想念我的父母。"当别人问起黄旭华对孝的理解时，黄旭华淡然答道："对国家的忠，就是对父母最大的孝。"如果当年黄旭华一直陪伴在父母身边尽孝的话,他就不可能带领团队在一穷二白的条件下研制出我们第一艘核潜艇,使中国成为世界上第五个拥有核潜艇的国家。"我这辈子没有虚度,一生属于核潜艇、属于祖国,无怨无悔!"

第二节　职业道德的内容

❋案例3:

排雷英雄杜富国

他是普通一兵,也是合格党员,舍我其谁的责任担当,使他被边疆人民称为"新时代最可爱的人"。

他就是杜富国。2015年6月,杜富国报名参加了云南边境的扫雷行动,三年来先后进出雷场1 000余次,累计排雷排爆2 400余枚,处置险情20余次,多次荣获嘉奖。

扫雷兵是与死神较量的工种。我国云南边境雷场,是典型的喀斯特地貌地区,作业区最高坡度达到80度,即使世界上最先进的扫雷设备也派不上用场,只能人工用探雷器扫、用手排。"扫雷兵脚一滑,甚至一块石头滚过,都可能引爆地雷",他们"每天走的是阴阳道,过的是鬼门关,拔的是虎口牙,使的是绣花针"。在这样险象环生的雷场,谁多排一颗雷,就多承受一分危险。

2018年10月11日,正在执行任务的杜富国,遭遇了一枚重型手榴弹的突然爆炸。在紧急关头,杜富国下意识地扑向身体左后侧的战友艾岩,用身体护住了战友。最终杜富国的防护服被炸成了棉絮,两只手被当场炸碎,面部损毁,两只眼睛成了血窟窿。而被他护在身下的战友艾岩,仅受皮外伤。直到人们发现他时,他残缺的臂膀还紧紧压着战友的身躯……

受伤后,面对记者采访,他用残缺的手臂颤巍巍地敬了一个标准的军礼:"如果可以让时光倒流,我依然会选择从事扫雷工作,依然会在危险前说出那一句:你退后,让我来!"

11月18日,杜富国被南部战区陆军党委授予一等功。在和平年代,想拿到解放军的一等功勋章简直是太难了,只有"功勋卓著,有重大贡献和影响"的人才可以获得。用基层战士的话来讲,三等功站

着领,二等功躺着领,一等功家属领。活着的一等功,实属罕见,但杜富国实至名归。

杜富国所在的扫雷部队,在完成了云南省麻栗坡县猛硐乡扫雷任务后,邀请了当地政府代表和老百姓。然后他们当着大家的面,手拉手、肩并肩唱着激昂的军歌把雷区完完整整给走了几遍,用这种特殊的方式向老百姓证明这块土地每一寸都是安全的。看到这一幕,我们才会真正明白:他们离危险越近,我们才离幸福越近。

一、职业道德的基本内容

社会主义制度的建立为职业道德的完善提供了更为广阔的空间。在社会主义条件下,职业成为体现人际平等、人格尊严和个人价值的重要舞台,职业和岗位的不同,只是分工的差别,而不是地位高低贵贱的区别。社会主义的职业道德体现了以为人民服务为核心、以集体主义为原则的社会主义道德要求,同时继承了传统职业道德的优秀成分,体现了社会主义职业的基本特征,具有崭新的内涵,其基本要求是:爱岗敬业(乐业、勤业、精业)、诚实守信(诚信无欺、讲究质量、信守合同)、办事公道(客观公正、照章办事)、服务群众(热情周到、满足需要、技能高超)、奉献社会(尊重公众利益、讲究社会效益)。

(一) 爱岗敬业

爱岗敬业反映的是从业人员对待自己职业的一种态度,也是一种内在的道德需要。它体现的是从业者热爱自己的工作岗位、对工作极端负责、敬重自己所从事的职业的道德操守,是从业者对工作勤奋努力、恪尽职守的行为表现。爱岗敬业就是要干一行爱一行,爱一行钻一行,精益求精,尽职尽责。爱岗敬业的具体要求如表4-1所示。

表4-1 爱岗敬业的要求

内容	基本要求	更高要求
乐业	对工作抱有浓厚兴趣,倾注满腔热情	把工作看作一种乐趣,看作是生活中不可缺少的内容,并在艰苦奋斗后,取得成就时,感到无比的兴奋和快乐
勤业	忠于职守的责任感、认真负责、心无旁骛、一丝不苟、刻苦勤奋	遇到困难不轻言放弃并不懈努力,具有战胜困难的工作精神

续表

内容	基本要求	更高要求
精业	对本职工作业务纯熟、精益求精，力求使自己的技能不断提高，使工作成果尽善尽美	不断有所进步、有所发明、有所创造

（二）诚实守信

诚实守信既是做人的准则，也是对从业者的道德要求。它不仅是从业者步入职业殿堂的通行证，体现着从业者的道德操守和人格力量，也是在行业中扎根立足的基础。职业道德中的诚实守信，要求从业者在职业活动中诚实劳动、合法经营、信守承诺、讲求信誉。诚实守信的基本要求如表4-2所示。

表4-2 诚实守信的基本要求

内容	基本要求	反对
诚信无欺	市场交易中，买卖双方要货真价实、明码标价、合理定价，提供真实的商品信息	反对和杜绝各种各样的欺骗服务对象的职业行为
讲究质量	把讲质量放在第一位，以质量求生存，以质量求发展	不以次充好，不生产、销售假冒伪劣产品
信守合同	签订合同时，诚心诚意，认真负责；履行合同时，一丝不苟，不折不扣。如遇困难或意外，应想办法克服。一旦不能履约，应承担责任	不以欺诈、强迫等不平等方式签订合同，不随意违约毁约

（三）办事公道

以公道之心办事，是职业活动所必须遵守的道德要求。办事公道，就是要求从业人员做到公平、公正，不损公肥私，不以权谋私，不假公济私。在社会主义制度下，从业者之间以及从业者与服务对象之间都是平等的。他们的职业差别只是所从事的工作不同，而不是个人地位高低贵贱的象征。在职业生活中，无论对人对己都要出于公心，以遵循道德和法律的规范来处事待人。办事公道的基本要求如表4-3所示。

表4-3　办事公道的基本要求

内容	基本要求
客观公正	在办理事情、解决问题时，要客观判断事实，重视证据，公正地对待所有当事人，不偏袒某一方，更不能作为某一方代表去介入
照章办事	严格按照章程、制度办事，不打折扣，不徇私情。要求待人公平，以人为本，理解人、尊重人，不以好恶待人，不以貌取人，不以年龄看人

（四）服务群众

为人民服务是社会主义道德建设的核心，各行各业的从业人员都要以服务群众为宗旨。在社会主义社会，每个人无论从事什么工作、能力如何，都应该在本职岗位上通过不同形式为群众服务。如果每一个从业人员都能自觉遵循服务群众的要求，社会就会形成人人都是服务者、人人又都是服务对象的良好秩序与和谐状态。服务群众的基本要求如表4-4所示。

表4-4　服务群众的基本要求

内容	基本要求
热情周到	为服务对象考虑周全、细致，不怕麻烦，使服务对象有"宾至如归"的感受
满足需要	心中装着群众，急群众所急，想群众所想，充分尊重群众的意愿，以群众的需要作为自己的工作需要，满足群众提出的合理、正当要求
技能高超	勤学苦练，不断提高服务技能，使服务工作尽善尽美

（五）奉献社会

奉献社会就是要求从业人员在自己的工作岗位上树立起奉献社会的职业精神，兢兢业业为社会和他人做贡献。这是社会主义职业道德中最高层次的要求，体现了社会主义职业道德的最高目标指向。爱岗敬业、诚实守信、办事公道、服务群众，都体现了奉献社会的精神。奉献社会的基本要求如表4-5所示。

表4-5　奉献社会的基本要求

内容	基本要求
尊重群众利益	反对形式主义、官僚主义、享乐主义和奢靡之风，充分维护群众的利益，倾听群众的呼声，将以人为本的理念融于社会管理的制度设计和执行中
讲究社会效益	在公共生活中爱护公共设施，积极参加公益活动，倡导无私奉献精神

二、职业道德的具体内容

上述5项职业道德是面向所有职场人士的最基本的行为规范，它为我们提供了职业道德的原则与框架。然而在每个行业、每种职业的具体实践活动中，仅仅依靠这5项基本规范是不够的，人们还得依据自身职业的特点和需要进一步形成一系列各具特色、富有针对性的职业道德规定。下面是一些常见职业的具体道德要求。

（一）科学技术和工程技术人员的职业道德规范

1. 科学技术人员的职业道德

2007年1月，中国科学技术协会七届三次常委会议审议通过了《科技工作者科学道德规范（试行）》，共28条，其具体内容包括：（1）坚持科学真理、尊重科学规律、崇尚严谨求实的学风，勇于探索创新，恪守职业道德，维护科学诚信。（2）科技以发展科学技术事业、繁荣学术思想、推动经济社会进步、促进优秀科技人才成长、普及科学技术知识为使命，以国家富强、民族振兴、服务人民、构建和谐社会为己任。（3）诚实严谨地与他人合作，耐心诚恳地对待学术批评和质疑。（4）公开研究成果、统计数据等，必须实事求是、完整准确。不得利用科研活动谋取不正当利益。（5）正确对待科研活动中存在的直接、间接或潜在的利益关系。（6）科技工作者有义务负责任地普及科学技术知识，传播科学思想、科学方法。反对捏造与事实不符的科技事件及对科技事件进行新闻炒作。

2. 工程技术人员的职业道德

我国对工程师的职业道德是这样规定的：（1）热爱科技，献身事业。（2）深入实际，勇于攻关。（3）一丝不苟，精益求精。（4）以身作则，培育新人。（5）严谨求实，坚持真理。

3. 计算机技术人员的职业道德

根据《计算机软件保护条例》《互联网信息服务管理办法》《互联网电子公告服务管理办法》等法律法规，计算机从业人员的道德要求是：（1）热爱计算机事业，愿为计算机技术的发展、为社会和人类的美好生活贡献自己的智慧和力量。（2）严格遵守国家有关的法律法规。（3）严格执行持证上岗制度。（4）严格执行网络管理规则，确保网络处于有效监管状态下运行。（5）遵守保密制度，尊重用户隐私，不泄漏网络上的相关信息。（6）不制作、复制和传播有害的软件和信息，坚决杜绝利用计算机技术的犯罪行为。

（二）教育、文化、医务类人员的职业道德规范

1. 教师的职业道德

1994年起实施的《教师法》对教师职业道德的具体规定有：（1）教师应当忠诚于人民的教育事业。（2）遵守宪法、法律和职业道德，为人师表。（3）关心、爱护全体学生，尊重学生人格，促进学生在品德、智力、体质等方面全面发展。（4）制止有害于学生的行为或者其他侵犯学生合法权益的行为，批评和抵制有害于学生健康成长的现象。

教育部制定的《中小学教师职业道德规范（2008年修订）》共有6条内容：（1）爱国守法。（2）爱岗敬业。（3）关爱学生。（4）教书育人。（5）为人师表。（6）终身学习。

2011年年底，教育部、中国教科文卫体工会全国委员会研究制定了《高等学校教师职业道德规范》，其内容有6条：（1）爱国守法。（2）敬业爱生。（3）教书育人。（4）严谨治学。（5）服务社会。（6）为人师表。

2. 新闻工作者的职业道德

《中国新闻工作者职业道德准则（2009年版）》规定如下：（1）全心全意为人民服务。要忠于党、忠于祖国、忠于人民，把体现党的主张与反映人民心声统一起来，把坚持正确导向与通达社情民意统一起来，把坚持正面宣传为主与加强和改进舆论监督统一起来，发挥党和政府联系人民群众的桥梁纽带作用。（2）坚持正确舆论导向。要坚持团结、稳定、鼓劲，正面宣传为主，唱响主旋律，不断巩固和壮大积极、健康、向上的舆论。（3）坚持新闻真实性原则。要把真实作为新闻的生命，坚持深入调查研究，报道做到真实、准确、全面、客观。（4）发扬优良作风。要树立正确的世界观、人生观、价值观，加强品德修养，提高综合素质，抵制不良风气，接受社会监督。（5）坚持改革创新。要遵循新闻传播规律，提高舆论引导能力，创新观念、创新内容、创新形式、创新方法、创新手段，做到体现时代性、把握规律性、富于创造性。（6）遵纪守法。要增强法治观念，遵守宪法和法律法规，遵守党的新闻工作纪律，维护国家利益和安全，保守国家秘密。（7）促进国际新闻同行的交流与合作。要努力培养世界眼光和国际视野，积极搭建中国与世界交流沟通的桥梁。

3. 播音主持人的职业道德

国家广播电视总局发布的《广播电视播音员主持人职业道德准则》，对播音员、主持人的职业道德规定如下：（1）热爱祖国和人民，珍视国家和

人民赋予的权利，全心全意为人民服务，为社会主义服务，为党和国家工作的大局服务。（2）忠诚党的新闻事业，坚持党性原则，坚定执行党的路线、方针、政策。（3）自觉遵守宪法和法律、法规。（4）保守国家秘密。（5）恪守敬业奉献、诚实公正、团结协作、遵纪守法的职业道德，谦虚谨慎，追求德艺双馨。（6）坚持播出内容与播出形式的高品质、高品位，不迎合低级趣味，拒绝有害于民族文化、社会公德的庸俗报道。（7）努力营造有利于未成年人健康成长的文化环境。（8）采访意外事件，应顾及受害人及亲属的感受，在提问和录音、录像时应避免对其心理造成伤害。（9）尊重公民和法人的名誉权、荣誉权，尊重个人隐私权、肖像权。不揭人隐私，避免损害他人名誉的报道。（10）尊重和保护未成年人、妇女、老人和残疾人的合法权益。报道违法犯罪的未成年人和性侵犯的受害者时，录音、图像应经过特殊处理，使之不可辨认；不公布其真实姓名，不描述犯罪过程。

4．翻译人员的职业道德规范

中国译协翻译服务委员会2005年印发的《翻译服务行业道德规范》规定：（1）严格遵守法律法规，模范执行相关标准和规范。（2）恪守职业道德，严格自律，诚信为本。（3）不断完善质量保证体系，把好质量关。（4）明确计量标准，杜绝欺诈行为。（5）礼貌待客，热情周到，严守顾客秘密，提供优质服务。对顾客提出的不能满足的要求，实事求是地说明情况；对不合理的要求，提出令人信服的理由。（6）自觉接受顾客监督，认真处理顾客意见和投诉，切实维护顾客利益。（7）尊重同行，真诚合作，互惠互利，共同发展。（8）遵循公平公正、平等自愿的原则，尊重译者劳动，维护译者权益。

5．广告人员的职业道德

国家工商行政管理总局1997年颁布的《广告活动道德规范》，从广告主、广告经营者、广告发布者的角度规定了广告从业人员的职业道德，主要内容有：（1）广告主应当自觉维护消费者的合法权益，本着诚实守信的原则，真实科学地介绍自己的产品和服务。（2）广告主发布商业广告，应当自觉遵守和维护社会公共秩序和社会良好风尚，不应以哗众取宠、故弄玄虚、低级趣味等方式，片面追求广告的感官刺激和轰动效应，对社会造成不良影响。（3）广告经营者在广告创意、设计、制作中应当依照有关广告管理法律、法规的要求，运用恰当的艺术表现形式表达广告内容，避免怪诞、离奇等不符合社会主义精神文明要求的广告创意。（4）广告经营者

在广告创作中应当坚持创新与借鉴相结合，继承中华民族优秀传统文化，汲取其他国家和地区广告创作经验，自觉抵制和反对抄袭他人作品的行为。（5）广告发布者应当严格遵守国家关于禁止有偿新闻的有关规定，坚持正确的经营观念，杜绝新闻形式的广告。（6）广告发布者应当严格执行国家有关广告服务价格的管理规定，根据媒介的发行量、收视率等科学依据制定合理的收费方法和收费标准。

6. 医务人员的职业道德

卫生部制定的《中华人民共和国医务人员医德规范及实施办法（2010年版）》提出了7项要求：（1）救死扶伤，实行社会主义的人道主义。时刻为病人着想，千方百计为病人解除病痛。（2）尊重病人的人格与权利，对待病人，不分民族、性别、职业、地位、财产状况，都应一视同仁。（3）文明礼貌服务。举止端庄，语言文明，态度和蔼，同情、关心和体贴病人。（4）廉洁奉公。自觉遵纪守法，不以医谋私。（5）为病人保守医密，实行保护性医疗，不泄露病人隐私与秘密。（6）互学互尊，团结协作。正确处理同行同事间的关系。（7）严谨求实，奋发进取，钻研医术，精益求精。不断更新知识，提高技术水平。

（三）法律、商务类人员的职业道德规范

1. 法官的职业道德

最高人民法院颁布的《中华人民共和国法官职业道德基本准则（2001年版）》规定，法官应遵守以下6项基本准则：（1）保障司法公正。（2）提高司法效率。（3）保持清正廉洁。（4）遵守司法礼仪。（5）加强自身修养。（6）约束业外活动。

2. 律师的职业道德

中华全国律师协会制定的《律师职业道德和执业纪律规范（1993年版）》提出了如下律师职业道德规范：（1）律师在执业中必须坚持为社会主义经济建设和改革开放服务，为社会主义民主和法制建设服务，为巩固人民民主专政和国家长治久安服务，为维护公民的合法权益服务。（2）律师必须遵守宪法，遵守法律、法规，在全部业务活动中坚持"以事实为根据，以法律为准绳"，严格依法执行职务。（3）律师必须忠于职守，坚持原则，不畏权势，敢于排除非法干预，维护国家法制与社会正义。（4）律师必须热情勤勉、诚实守信、尽职尽责地为当事人提供法律帮助，积极履行为有经济困难的当事人提供法律援助的义务，努力满足当事人的正当要求，维护当事人的合法权益。（5）律师之间以及与其他法律服务工作者之间应当

互相尊重，同业互助，公平竞争，共同提高执业水平。（6）律师在执业中必须廉洁自律，敬业勤业，严密审慎，讲求效率，注重仪表，礼貌待人，自觉遵守律师执业规章和律师协会章程。（7）律师应当忠于律师事业，努力钻研和掌握执业所应具备的法律知识和服务技能，注重陶冶品德和职业修养，自觉维护律师的名誉。

3. 商务人员的职业道德

商业系统的《服务公约》要求的商务人员的职业道德如下：（1）文明经商，讲究礼貌，主动热情，服务周到。（2）诚恳介绍，当好参谋，执行政策，买卖公平。（3）明码标价，计量准确，唱收唱付，货款交清。（4）包扎敏捷，牢固美观，符合规定，合理退还。（5）商品陈列，艺术美观，整洁卫生，欢迎监督。

4. 会计师的职业道德

中国注册会计师协会2009年10月发布了《中国注册会计师职业道德守则》，其中规定：（1）诚信。注册会计师应当在所有的职业活动中，保持正直、诚实、守信。（2）独立性。注册会计师在执行审计和审阅业务以及其他鉴证业务时，应当从实质上和形式上保持独立性，不得因任何利害关系影响其客观性。（3）客观和公正。注册会计师应当公正处事、实事求是，不得由于偏见、利益冲突或他人的不当影响而损害自己的职业判断。（4）专业胜任能力和应有的关注。注册会计师应当通过教育、培训和执业实践获取和保持专业胜任能力。（5）保密。注册会计师应当对职业活动中获知的涉密信息保密。（6）良好的职业行为。注册会计师应当遵守相关法律法规，避免发生任何损害职业声誉的行为。

5. 审计人员的职业道德

国家审计署2001年制定的《审计机关审计人员职业道德准则》规定：（1）审计人员应当依照法律规定的职责、权限和程序进行审计工作，并遵守国家审计准则。（2）审计人员办理审计事项，应当客观公正、实事求是、合理谨慎、保守秘密、廉洁奉公、恪尽职守。（3）审计人员在执行职务时，应当保持应有的独立性，不受其他行政机关、社会团体和个人的干涉。（4）审计人员办理审计事项，与被审计单位或者审计事项有直接利害关系的，应当按照有关规定回避。（5）审计人员在执行职务特别是做出审计评价、提出处理处罚意见时，应当做到依法办事，实事求是，客观公正，不得偏袒任何一方。（6）审计人员应当合理运用审计知识、技能和经验，保持职业谨慎，不得对没有证据支持的、未经核清事实的、法律依据不当的和超越审计职责范围的事项发表审计意见。

6. 艺术设计师的职业道德

《设计师职业道德公约》对艺术设计师的职业道德做了7项规定：（1）尊重客户，提供优质服务。（2）敬职敬业，提高专业设计能力。（3）自觉追求完美，勇于创新。（4）尊重同事，团结互助。（5）与业务伙伴友好合作。（6）遵守纪律，维护集体利益。（7）禁止不正当竞争。

第三节　职业道德的提升

❋案例4：

大国工匠是怎样炼成的

高凤林出生于1962年，1980年技校毕业参加工作，成为中国航天科技集团公司第一研究院211厂一名特种焊接工。40多年来，高凤林先后为90多发火箭焊接过"心脏"，占我国火箭发射总数近四成；130多发长征系列运载火箭在他焊接的发动机的助推下，成功飞向太空，这个数字，占到我国发射长征系列火箭总数的一半以上。他在平凡的岗位上，追求职业技能的完美和极致，先后攻克了航天焊接200多项难关。高凤林的双手，可以在牛皮纸一样薄的钢板上焊接而不出一个漏点，可以把密封精度控制在头发丝的五十分之一，他被誉为"中国火箭焊接第一人""大国工匠第一人"。

20世纪90年代，为"长三甲"系列运载火箭设计的新型大推力氢氧发动机，其大喷管的焊接一直是个技术难题。火箭大喷管延伸段由248根壁厚只有0.33毫米的细方管组成，全部焊缝长达900米，焊枪多停留0.1秒就有可能把管子烧穿或者焊漏。在首台大喷管的焊接中，高凤林连续一个多月昼夜奋战，腰和手臂麻木了，每天晚上回家都要用毛巾热敷才能减轻疼痛。凭借着高超的技艺，高凤林攻克了烧穿和焊漏两大难关，终于焊接出第一台大喷管。

"长征五号"大推力火箭发动机的喷管上，有数百根空心管线，管壁的厚度只有0.33毫米，高凤林需要通过3万多次精密的焊接操作，才能把它们编织在一起。这些细如发丝的焊缝加起来，长度达到了

> 1 600多米。而最要紧的是，每个焊点只有0.16毫米宽，完成焊接允许的时间误差是0.1秒。这样严苛的技术指标，让人望而生畏。为保证一条细窄而"漫长"的焊缝在技术指标上首尾一致，整个操作过程中高凤林必须发力精准，心平手稳，呼吸轻缓，保持住焊条与母件的恰当角度，这样才能让焊液在焊缝里均匀分布，不出现气孔、沙眼，保证焊接面平整光滑。所有这一切的前提，就是眼睛必须盯住。这段时间如果是10分钟，那就10分钟不眨眼。而人的正常眨眼频率是每分钟大约15次，眨眼基本是很难自主控制的生理活动。高凤林能做到10分钟不眨眼正是超常自我训练培育成的超常自控力。

一、热爱本职工作

为什么高凤林会说车间的日出是最美的？我们相信这个世上没有任何一部职业法律会要求他们这样去做，因为这样的要求显然太高，是绝大多数人承受不了的，正如我们无法要求每个人都成为雷锋一样。事实上，他们这样做的根本原因就是出于对自身职业的热爱，出于对这个职业所服务的对象的热爱。这种伟大而强烈的爱让他们甘于奉献，甚至无惧危险。

爱岗是职业道德的首要和最基本的规定，是其他职业道德的基础，不爱岗就很难做到遵守其他道德规范。我们每个人都应该学会热爱自己的职业，并凭借这种热爱去发掘内心蕴藏的活力、热情和巨大的创造力。真正热爱工作的人，会认为自己的工作是一项神圣的天职，并对此怀着浓厚深切的兴趣。这种状态能有效鼓舞和激励一个人对所着手的工作采取积极的行动。一个人对自己的职业越热爱，决心就越大，工作效率就越高。被誉为"世界上最伟大的推销员"的乔·吉拉德被问及如何成为一名好的推销员时脱口而出："要热爱自己的职业"，"不要把工作看成是别人强加给你的负担，虽然是打工，但多数情况下，我们都是在为自己工作。只要是你自己喜欢，就算你是挖地沟的，这又关别人什么事呢"。石油大王洛克菲勒说过："如果你视工作是一种乐趣，人生就是天堂。如果你视工作是一种义务，人生就是地狱。"我们从事的职业是单调乏味，还是充实有趣，往往取决于我们对待它的心境，因此，只有热爱自己的职业，才能把工作做到最好。事实上，热爱自己的工作，拥有一个快乐、积极的工作心态是无价的。许许多多的外部条件固然是我们生存的必需品，但对具有良好修养的人而

言，更有价值的是在工作中体现自己的价值、找到快乐。

现实中，很多人是以一种受苦受难的心态面对每一个工作日的8小时，或10小时，熬到下班。对工作中的新任务能推则推、不能推则消极应付了事，这样，不但无法实现自己的职业理想，也浪费了宝贵的光阴。要想拥有一个充实的人生，你只有两种选择：一种是"从事自己喜欢的工作"，另一种则是"让自己喜欢上工作"。一个人能够碰上自己喜欢的工作的几率，恐怕不足"千分之一""万分之一"。而且，即使进了自己所期望的公司，要能分配到自己所期望的职位、从事自己所期望的工作，这样幸运的机会也几乎没有。大多数人初出茅庐，只能从"自己不喜欢的工作"做起。问题是，多数人对这种"不喜欢的工作"抱着勉强接受、不得不干的消极态度，因此对分配给自己的工作总是感到不满意，总是怪话连篇、牢骚满腹。这样下去，本来潜力无限、前程似锦的人生只会白白虚度。对此，日本著名管理大师稻盛和夫以他的经历劝诫我们："正因为迷恋工作、热爱工作，所以我就能长期坚持艰苦的工作，一以贯之，无怨无悔。人就是这样，对于自己喜欢的事情，再辛苦也无怨言，也能忍受。而只要忍受艰苦、不懈努力，任何事情就都能成功。喜欢自己的工作——仅仅这一条就能决定人的一生，我想这么说一点也不过分。"

要学会热爱自己的职业，至少要做到以下3个方面：

首先，要学会把职业当成事业去做。事业和职业，虽然只有一字之差，但却是两种完全不同的概念和心态。"职业"是指个人在社会中所从事的作为主要生活来源的工作。"事业"指人所从事的具有一定目标、规模和系统，对社会影响重大的活动。事业是终生的，而职业是阶段性的。职业往往仅是作为一个人谋生的手段而已。事业是自觉的，是由奋斗目标和进取心促成的，是愿为之付出毕生精力的一种"职业"。当我们把工作当成终生为之奋斗的事业来做的时候，我们才会把自己的注意力全部放在工作上，这时候我们自身的潜力才能最大限度地被激发出来，才会深入地思考工作中出现的问题，找到最好的解决问题的办法，才会推陈出新做出新的业绩。也只有在这个时候，我们才能通过工作这个平台，充分展示我们自己的能力和水平。苹果公司创始人乔布斯也这样劝告我们："成就一番伟业的唯一途径就是热爱自己的事业。如果你还没能找到让自己热爱的事业，继续寻找，不要放弃。跟随自己的心，总有一天你会找到的。"

案例5：

三个石匠的故事

山脚下准备建一座教堂，有三个石匠在干活。一天，有人走过去问他们在干什么，第一个石匠说："我在混口饭吃。"第二个石匠一边敲打石块一边说："我在做世界上最好的石匠活。"第三个石匠带着想象的光辉，仰望天空说："我在建造一座大教堂。"

十年之后，第一个石匠手艺毫无长进，被老板炒了鱿鱼；第二个石匠勉强保住了自己的饭碗，但只是普普通通的泥水匠；第三个石匠却成了著名的建筑师。

在这里，我们不必为前面两个人的命运而感到惊诧。因为从他们回答问题的答案中就可以看出，他们只顾眼前的利益，对于未来并没有一个明确的目标，而且，对待工作的态度与第三个人也是截然不同的。可以说，第一个和第二个人之所以会有这样的遭遇，完全是因为他们对于工作没有明确的定位，更别说明确的目标了。因此，第一个人对待工作毫无感情，"做一天和尚，撞一天钟"；第二个人呢，对待工作缺乏热情，只是把它当作一种谋生的手段；而第三个人呢，不仅热爱自己的工作而且充满激情，并且朝着这个目标不懈努力，希望有一天能干出一番理想的成绩。正是这种目标明确的激情和成就事业的理想激励着他不断努力，不断实现自我，实现梦想。所以，最终才造就了他的成功。

其次，要学会竭尽全力地工作。人们对待工作的态度往往可以从低到高分为3个层次：敷衍了事、尽力而为和竭尽全力。在这个竞争激烈、挑战与机遇并存的时代，敷衍了事显然不可取，而很多问题仅仅尽力而为也是远远不够的，只有竭尽全力才可能将工作做好。100%和10分的付出已经不够了，而是需要付出120%和12分的努力。无论事情大小，工作难易，我们都应本着竭尽全力的精神和干劲，拉满弓，用满力，尽己所能，把工作做到完美极致，不留一点瑕疵和缺憾。竭尽全力是一种态度，更是一种责任；是一种付出，更是一种奉献。竭尽全力是我们奋发工作的价值体现，是大家为理想而奋斗所保持的工作常态。很多员工对待工作满腔热情，不管什么时候、什么地点，只要工作需要，总是以工作为先，抛开自己的事情，殚精竭虑，不浮躁、不虚荣，默默无闻投入工作，只有这样，才会有卓越

的工作业绩，才会脱颖而出，得到领导的赏识和重用。

最后，要学会忠诚于工作。现代社会，忠诚不再是所谓的从一而终，毕竟职员的流动频率越来越高。忠诚也不再是老板让我做什么我就做什么，那只是一种简单的盲从。忠诚就是坚持做我们要做的事情，对自己的职业负责，学会忠诚于自己的工作，对自己的工作有强烈的责任感，用自己的全部智慧和精力专注于工作，真正地喜欢工作。一个员工可能会频繁跳槽，但他身在其位一定谋其事，表达出对所从事的职业高度的责任感。这种对待工作的态度，就是对工作的忠诚。一位老板曾经公开对自己的员工说："你不必忠诚于我，甚至都不必忠诚于企业，你只要忠诚于自己的工作就行了。只要你尽心尽力地做好自己的本职工作，全心全意地提高自己的能力，这就是对老板我最大的忠诚。如果你随时离开公司，都会有企业眼巴巴地双手捧着好的职位请你，那我会非常高兴，也是我对你们最大的期望。因为这说明你是人才，别人都抢着要你。"

对企业来说，忠诚能带来效益，增强凝聚力，提升竞争力，降低管理成本；对员工来说，忠诚能带来稳定的收入和可靠的安全感。忠诚，既强调考虑企业的利益，也不回避个人的利益；既强调个人服从，也强调个人的独立。所以，忠诚让我们在职场中更有信心。

二、创新工作方法

提升职业道德的方法除了要热爱本职工作以外，工作中的创新已成为越来越重要的因素。创新是一个民族永恒的灵魂，也是我们做好工作的最大法宝。一个认真工作的员工充其量也只是个合格的员工，只有能够进行创造性工作的员工才是最优秀的员工。

创新是我们时代的伟大要求。党中央提出坚持以科学发展观为指导，树立新观念，强化创新意识，与时俱进，运用创新的思维和方法对在工作中可能出现的问题加以分析、解决，并把这一思路贯穿到整个工作中去。

从职业道德的特征来看，和强制性的职业法规不同的是，职业道德更加突出主体的自我选择。人是道德的主体，道德为人的需要而产生。人创造了道德并不仅仅是为了约束自己，而是为了确证、肯定和发展自己。所以，道德在本质上是一个高度自主、能动的人的领域。而创新的实践正来源于人的主观能动性，创新精神的体现和实践也主要来源于人的主观能动性，所以看来，职业道德领域的创新具有天然的广阔空间。因此，应当主动挖掘自身的创造性潜力，寻找自身进步的源泉，创新职业道德领域的工作方法。为此，我们应努力实现以下3个方面：

（1）认识到学习是创新的源泉。党的十六大报告提出"形成全民学习、终身学习的学习型社会，促进人的全面发展"。因此，这就要求我们培养良好的学习习惯，善于学习新东西，接受新事务。没有学习，创新就是无本之木、无源之水。每个人身上都有很多潜力可挖，一个良性社会就是要给每一个人都提供良好的机会，能让他们发挥自身潜力去为社会创造财富，通过个体潜能的开掘和发展，实现全体国民、整个经济社会的协调发展。

（2）认识到敬业是创新的原动力。敬业，就是敬重自己从事的事业，专心致力于事业，千方百计将事情办好。中华民族历来有"敬业乐群""忠于职守"的传统。敬业十分重要，社会的生存和发展都要依靠它。人类历史上记载着很多科学家兢兢业业、至死方休的攻坚精神。牛顿75岁还在解决数学难题，李时珍经过20多年的探索才完成了《本草纲目》。他们都是敬业的典范。世界上所有的财富，都是劳动者用自己的心血和汗水创造出来的。离开持之以恒的劳动，没有敬业精神的灌注，没有对创新的执着追求，财富从何而来？不论是一个时代，还是一个民族，敬业的人越多，敬业精神越强，这个时代进步就越快，这个民族发展就越迅速。所以说，敬业是创新、改革、发展的原动力。

（3）认识到奉献是创新的要件。要做到忘我工作讲奉献，俯首甘为孺子牛，淡泊官欲为事业，甘为绿叶扶红花。要认识岗位之重要，珍惜岗位之不易；要有非常强烈的奉献精神，安心定志，躬身做事，恪尽职守，殚精竭虑地工作；要有高度的责任感，对于领导交办的事情，要尽心尽力地办好，做到事事讲质量、项项能落实、件件有回音，让组织放心，让领导放心；要淡泊名利、淡泊官欲、淡泊权位，宁静以致远，过好名位关、权欲关；为了党的事业和企业的发展，要比干劲、比付出、比质量、比业绩、比贡献，做到不计个人得失荣辱，真正忘我工作，默默奉献，鞠躬尽瘁，创造性地、出色地完成领导交给的各项任务。所以说，没有奉献就没有创新。

> ✽ **案例6：**
>
> ### 北京"最帅交警"孟昆玉
>
> 孟昆玉，北京市公安局公安交通管理局西城支队广安门大队民警。从警15年以来，他始终把职业当事业，每天脸上挂着微笑，心里装着责任，以勤奋敬业、真诚服务打动了身边每一个人，在平凡的岗位上做出了不平凡的业绩，被网民们亲切地称为"最帅交警"。

在长期的执法过程中,孟昆玉不断创新工作方法,为百姓带来了极大的便利。

方法一:给司机发卡片。2004年起,为了保证道路畅通及乘客安全,北京市地铁主路不允许出租车随意停车。由于地铁线路客流多,出租车在地铁线上揽客的现象还是时有发生,后来,交通部门设置了专门的停车位,但利用率不高,且经常发生出租车司机违章的事情。出租车司机也是有苦难言,"我不知道该在哪儿停啊"!

面对被处罚司机的一脸无辜,孟昆玉下决心解决这一问题。他自己出资做了一批小卡片,标示了地铁口附近所有的出租车停靠点,命名为"宣武地区地铁路出租停车位示意图"。每次执法时,他都向被处罚的出租车司机递上这样一张卡片。此种做法一经推出,马上受到了司机们的普遍欢迎,该路段出租车乱停车的情况大幅减少。

方法二:随身携带速效救心丸。2006年的一天,一辆公交车停在马路中间,造成了道路拥堵。孟昆玉赶到现场后发现,车里有位50多岁的女士突发心脏病,经和这位女士简单沟通之后,他掏出了自己随身携带的速效救心丸让她服下。由于抢救及时,这位女士保住了性命。孟昆玉曾协助过救护车把一名心脏病患者送往医院抢救。从那时起他就想,如果我随身携带速效救心丸,或许能为患者争取时间。从那以后他就自己买了药,一直带着。

八年来,孟昆玉随身携带的速效救心丸拯救了5名患者的生命。在他的带动下,宣武支队为所有交警都配备了急救箱,里面有一些常规的药品,比如速效救心丸、绷带、藿香正气水、创可贴等。

孟昆玉从警以来,没有请过一天假,没有发生过一起投诉。他用耐心、热心、责任心、爱心为群众服务,先后荣立个人一等功3次,二等功2次,三等功6次,荣获"全国特级人民警察"、公安部"全国公安机关爱民实践模范个人"等称号。

三、加强道德实践

提升职业道德除了热爱本职工作、创新工作方法以外,还需要加强道德实践。"德者,本也。"蔡元培先生说过:"若无德,则虽体魄智力发达,适足助其为恶。"道德之于个人、之于社会,都具有基础性意义,做人做事第一位的就是崇德修身。用人标准为什么是德才兼备、以德为先呢？因为德是首要、是方向，一个人只有明大德、守公德、严私德，其才方能用得其所。修德，既要立意高远，又要立足平实。要立志报效祖国、服务人民，这是大德；养大德者方可成大业。同时，还要从做好小事、管好小节开始起步，"见善则迁，有过则改"，踏踏实实修好公德、私德，学会劳动、学会勤俭，学会感恩、学会助人，学会谦让、学会宽容、学会自省、学会自律。

良好道德的养成关键在于实践，重在行动，贵在坚持。大学生要积极投身于道德实践活动，修身律己、崇德向善，讲道德、遵道德、守道德，以高尚的道德品质引领社会道德风尚，利用各种载体进行道德实践活动，提升全民道德觉悟。

一是践行社会主义荣辱观。社会主义荣辱观是社会主义核心价值体系的重要组成部分，对大学生成长成才具有重要的规范、激励和指导作用，也是大学生崇德向善的重要渠道。大学生应该准确把握社会主义荣辱观的基本内涵，坚持知与行的统一，坚持自律与他律的统一，坚持知荣与明耻的统一，时时处处对照检查自己的言行举止，自省自警、自珍自爱、知荣求善、知耻改过。

二是参加志愿服务和学雷锋活动。参加志愿服务活动，弘扬和传承雷锋精神，有利于大学生更好地深入社会、体察民情、关注民生，牢固树立为人民服务的思想观念，在实践活动中更好地锤炼道德品质，提升个人能力。

三是培养诚实守信的良好品质。诚实守信既是中华民族的传统美德，也是对每一个公民的道德要求。大学生要以诚信为本、操守为重，守信光荣、失信可耻，把诚信作为高尚的人生追求、优良的行为品质、立身处世的准则，自觉做到言必信、行必果，诚心做事、诚实做人，言行一致、表里如一，努力培养诚实守信的优良品质。

四是自觉学习道德模范。道德模范是道德实践的榜样。榜样的力量是无穷的。要深入开展宣传学习活动，创新形式、注重实效，把道德模范的榜样力量转化为亿万群众的生动实践，在全社会形成崇德向善、见贤思齐、德行天下的浓厚氛围。要持续深化社会主义思想道德建设，弘扬中华传统美德，弘扬时代新风，用社会主义核心价值观凝魂聚力，更好构筑中国精神、中国价值、中国力量，为中国特色社会主义事业提供源源不断的精神动力，为职业道德提供最丰富的精神滋养。

案例7：

时代楷模黄大年

黄大年，1958年8月生。2009年，他放弃了在英国优厚的待遇，返回祖国出任吉林大学地球探测科学与技术学院教授。他带领团队取得了一系列重大科技成果，填补了多项国内技术空白。2017年1月8日，黄大年因病去世，年仅58岁。

黄大年旅居英国18年，成为航空地球物理领域的顶级科学家，他主持研发的许多成果都处于世界领先地位。他曾经住在剑桥大学旁边的花园别墅里，妻子还经营着两家诊所。2009年，他说服妻子放弃英国的一切，作为国家"千人计划"特聘专家回到祖国，选择了到母校吉林大学做全职教授，负责"深部探测关键仪器装备研制与实验项目"以及相关领域的科研攻关。他带着先进技术，重点攻关国家急需的"地球深部探测仪器"。这种设备就像一只"透视眼"，能"看清"深层地下的矿产、海底的隐伏目标，对国土安全具有重大价值。而这样的高端装备，国外长期对华垄断或封锁。

从零开始的黄大年，带着研究团队争分夺秒日夜奋战。他的办公室在吉林大学一座被称为"地质宫"的老建筑内，自从2009年黄大年来到这里，每天都会有一盏灯一直亮到凌晨两三点钟。如果哪一天没亮，那一定是他出差了。七年间，黄大年平均每年出差130多天，最多的一年达160多天。出差回来，不论多晚，他不是先回家，而是一头扎进办公室。通宵工作有点累了，他休息一会儿就继续工作。体检查出了问题，他也没有时间去医院复检。

2016年11月28日，黄大年由北京前往成都开会，在飞机上突发疼痛至休克，下飞机简单处置后，第二天又出现在会场。12月4日，他在长春做完检查后，又急着赶去北京出差。12月8日，他因胆管癌住进医院。即便在病床上，打着吊瓶的黄大年还在改方案，给学生答疑解难。2017年1月8日，那个不知疲倦的黄大年永远地离开了我们，年仅58岁。

习近平总书记强调，我们要以黄大年同志为榜样，学习他心有大我、至诚报国的爱国情怀，学习他教书育人、敢为人先的敬业精神，学习他淡泊名利、甘于奉献的高尚情操，把爱国之情、报国之志融入祖国改革发展的伟大事业之中、融入人民创造历史的伟大奋斗之中，从自己做起，从本职岗位做起，为实现"两个一百年"奋斗目标、实现中华民族伟大复兴的中国梦贡献智慧和力量。

本章小结

现代社会，职业道德已经成为一种有代表性的、起中坚作用的主导性道德，它对个人的发展，对企业的成功，乃至对于整个社会的进步都具有不可替代的重要作用和意义。大学生作为未来的员工，应紧紧把握时代要求，从我做起，从小事做起，不断提高自己的职业道德修养水平，努力成为优秀的高素质劳动者，为社会主义建设事业做出自己的贡献。

第五章 职业法律

引言

本书所指的职业法律是职业活动中涉及的相关法律的统称。与职业活动密切相关的法律很多，广义的有《劳动法》《劳动合同法》《劳动争议调解仲裁法》《社会保险法》《工资支付暂行条例》《职工带薪年休假条例》《女职工劳动保护特别规定》等。狭义的职业法律与具体职业直接对应，如《警察法》《公务员法》《医师法》《教师法》《律师法》等。在市场经济劳资关系中，劳动者相对于用人单位处于弱势和被支配地位，因此，劳动者只有熟悉和掌握一定的法律专业知识，合理运用法律手段保护自身，才能切实保障自身合法的劳动权益。虽然职业法律的内容纷繁复杂，专业性极强，对于大多数劳动者而言，显然不可能凭一己之力全部掌握，但是劳动者适当了解一些常见的职场法律常识，如劳动合同的订立与解除、工资支付、加班工资计算、经济补偿金赔偿、社保缴纳、劳动争议解决等，还是非常有必要的。大学生学习和掌握基本的职业法律知识，将大大有利于大学生的求职、就业和职业生涯发展。学会正确处理有关职业的法律关系和法律行为，对社会大众学法、知法、懂法、守法具有非常重要的意义。

第一节 劳动合同

✤ **案例 1：**
"996 工作制"引发的争议

"996 工作制"指的是早上 9 点上班、晚上 9 点下班，中午和傍晚休息 1 小时（或不到），一天工作 12 小时，并且一周工作 6 天的工作制度，它代表着中国互联网企业盛行的加班文化。2019 年 3 月 27 日，一个名为"996ICU"的项目在网络上传开了。一批程序员们揭露和抵制互联网公司的 996 工作制度，京东、华为、阿里这些头部企业均在其中。

"如果年轻的时候不 996，你什么时候可以 996？""如果给我那么高的薪水，我也愿意 996！"当 996 和高薪、奋斗、个人成长结合在一起后，就引发了全社会较大的争议。

有支持者称，在当今社会竞争压力如此大的情况下，要成功，要奋斗，不能光拼爹，还要拼时间，只要是自愿，就应该支持。一些阿里员工表示，他们根本没有意识到自己是在 996，因为他们都是在为了自己的兴趣干活，为了自己的梦想干活，家人理解，自己充实。还有人认为，找到自己喜欢的事，就不存在 996 这个问题；如果不喜欢不热爱，上班每分钟都是折磨。

反对者声称："996 了收入却没有增长""996 就是强制加班、不加班就会被鄙视""996 就是资本家对员工的残忍剥削"。只有工作没有生活，这样的状态下，员工哪怕拿着高薪，也是用命换来的，所谓的幸福感又从何而来。

在大讨论中，人民日报也站了出来，《强制加班不应成为企业文化》（2019 年 4 月 11 日，19 版）一文认为，"996 工作制"意味着劳动者每周要工作 72 个小时，这超出了劳动法所规定的工作时间——国家实行劳动者每日工作时间不超过 8 小时、平均每周工作时间不超过 40 小时的工时制度。而且，《劳动合同法》第四十一条规定：用人单位由于生产经营需要，经与工会和劳动者协商后可以延长工作时间，

一般每日不得超过1小时;因特殊原因需要延长工作时间的,在保障劳动者身体健康的条件下延长工作时间每日不得超过3小时,但是每月不得超过36小时。"996工作制"的加班时间远远超过了这一规定,已经涉嫌违法。

在激烈的市场竞争中,企业要拼的是技术、质量、管理,而不是员工的体力与耐力。企业文化首先要讲法治、恪守法律精神、严守法律红线,在法律的框架内营造积极向上的企业文化。那种以牺牲员工的休息权和健康权为代价换取发展的企业文化,将很难有凝聚力和生命力。

没有人喜欢在一个强制996的企业里工作,既不人道,也不健康,更难以持久,而且员工、家人、法律都不允许。长期那样,即使你付再多工资,员工也会跑光。想让员工通过996而获利的公司是愚蠢的,也是不可能成功的。员工会用脚投票,离开那些毫无前途、希望,瞎折腾员工的996公司的,哪怕它们曾经风光一时。

劳动合同是劳动者与用人单位之间确立劳动关系,明确双方权利和义务的协议。劳动合同对于保护劳动者的合法权益,构建和发展和谐稳定的劳动关系具有十分重要的作用。

一、劳动合同的订立

劳动合同分为固定期限劳动合同、无固定期限劳动合同和以完成一定工作任务为期限的劳动合同。固定期限劳动合同,是指用人单位与劳动者约定合同终止时间的劳动合同。用人单位与劳动者协商一致,可以订立固定期限劳动合同。这是最普遍使用的劳动合同。无固定期限劳动合同,是指用人单位与劳动者约定无确定终止时间的劳动合同。用人单位与劳动者协商一致,可以订立无固定期限劳动合同。有下列情形之一,劳动者提出或者同意续订、订立劳动合同的,除劳动者提出订立固定期限劳动合同外,应当订立无固定期限劳动合同:(1)劳动者在该用人单位连续工作满十年的;(2)用人单位初次实行劳动合同制度或者国有企业改制重新订立劳动合同时,劳动者在该用人单位连续工作满十年且距法定退休年龄不足十年的;(3)连续订立二次固定期限劳动合同,续订劳动合同的。用人单位自用工之日起满一年不与劳动者订立书面劳动合同的,视为用人单位与劳动者已订立无固定期限劳动合同。以完成一定工作任务为期限的劳动合同，是指用人单位与劳动者约定以某项工作的完成为合同期限的劳动合同。用人单位与劳动者协商一致，可以订立以完成一定工作任务为期限的劳动合同。

用人单位招用劳动者时，应当如实告知劳动者工作内容、工作条件、工作地点、职业危害、安全生产状况、劳动报酬，以及劳动者要求了解的其他情况；用人单位有权了解劳动者与劳动合同直接相关的基本情况，劳动者应当如实说明。用人单位招用劳动者，不得扣押劳动者的居民身份证和其他证件，不得要求劳动者提供担保或者以其他名义向劳动者收取财物。用人单位与劳动者建立劳动关系，应当订立书面劳动合同。已建立劳动关系，未同时订立书面劳动合同的，应当自用工之日起一个月内订立书面劳动合同。用人单位与劳动者在用工前订立劳动合同的，劳动关系自用工之日起建立。用人单位未在用工的同时订立书面劳动合同，与劳动者约定的劳动报酬不明确的，新招用的劳动者的劳动报酬按照集体合同规定的标准执行；没有集体合同或者集体合同未规定的，实行同工同酬。

劳动合同由用人单位与劳动者协商一致，并经用人单位与劳动者在劳动合同文本上签字或者盖章生效。劳动合同文本由用人单位和劳动者各执一份。劳动合同应当具备以下条款：（1）用人单位的名称、住所和法定代表人或者主要负责人；（2）劳动者的姓名、住址和居民身份证或者其他有效身份证件号码；（3）劳动合同期限；（4）工作内容和工作地点；（5）工作时间和休息休假；（6）劳动报酬；（7）社会保险；（8）劳动保护、劳动条件和职业危害防护；（9）法律、法规规定应当纳入劳动合同的其他事项。劳动合同除上述规定的必备条款外，用人单位与劳动者可以约定试用期、培训、保守秘密、补充保险和福利待遇等其他事项。

二、试用期的约定

劳动合同期限3个月以上不满1年的，试用期不得超过1个月；劳动合同期限1年以上不满3年的，试用期不得超过2个月；3年以上固定期限和无固定期限的劳动合同，试用期不得超过6个月。同一用人单位与同一劳动者只能约定1次试用期。以完成一定工作任务为期限的劳动合同或者劳动合同期限不满3个月的，不得约定试用期。试用期包含在劳动合同期限内。劳动合同仅约定试用期的，试用期不成立，该期限为劳动合同期限。劳动者在试用期的工资不得低于本单位相同岗位最低档工资或者劳动合同约定工

资的80%，并不得低于用人单位所在地的最低工资标准。在试用期中，除特殊情形外，用人单位不得解除劳动合同。用人单位在试用期解除劳动合同的，应当向劳动者说明理由。

三、违约金的规定

用人单位为劳动者提供专项培训费用，对其进行专业技术培训的，可以与该劳动者订立协议，约定服务期。劳动者违反服务期约定的，应当按照约定向用人单位支付违约金。违约金的数额不得超过用人单位提供的培训费用。用人单位要求劳动者支付的违约金不得超过服务期尚未履行部分所应分摊的培训费用。用人单位与劳动者约定服务期的，不影响按照正常的工资调整机制提高劳动者在服务期期间的劳动报酬。

> ❋ 案例2：
> 　　王先生是甲公司员工，甲公司派王先生到国外参加某先进技术的培训，并签订培训服务协议，约定王先生培训结束后须为甲公司服务5年。如果提前离开甲公司，王先生就须承担违约金30万。据统计，甲公司为王先生培训共花费20万元，现王先生培训结束回甲公司服务1年后离职。请问王先生须承担多少违约金？

四、保密条款

用人单位与劳动者可以在劳动合同中约定保守用人单位的商业秘密和与知识产权相关的保密事项。对负有保密义务的劳动者，用人单位可以在劳动合同或者保密协议中与劳动者约定竞业限制条款，并约定在解除或者终止劳动合同后，在竞业限制期限内按月给予劳动者经济补偿。劳动者违反竞业限制约定的，应当按照约定向用人单位支付违约金。竞业限制的人员限于用人单位的高级管理人员、高级技术人员和其他负有保密义务的人员。竞业限制的范围、地域、期限由用人单位与劳动者约定，竞业限制的约定不得违反法律、法规的规定。竞业限制期限，不得超过2年。

五、合同的履行和变更

用人单位与劳动者应当按照劳动合同的约定，全面履行各自的义务。用人单位应当按照劳动合同约定和国家规定，向劳动者及时足额支付劳动报酬。用人单位拖欠或者未足额支付劳动报酬的，劳动者可以依法向当地人民法院申请支付令，人民法院应当依法发出支付令。用人单位应当严格执行劳动定额标准，不得强迫或者变相强迫劳动者加班。劳动者拒绝用人单位管理人员违章指挥、强令冒险作业的，不视为违反劳动合同。劳动者对危害生命安全和身体健康的劳动条件，有权对用人单位提出批评、检举和控告。

用人单位变更名称、法定代表人、主要负责人或者投资人等事项，不影响劳动合同的履行。用人单位发生合并或者分立等情况，原劳动合同继续有效，劳动合同由承继其权利和义务的用人单位继续履行。用人单位与劳动者协商一致，可以变更劳动合同约定的内容。变更劳动合同，应当采用书面形式。变更后的劳动合同文本由用人单位和劳动者各执一份。

六、合同的解除和终止

用人单位与劳动者协商一致，可以解除劳动合同。劳动者提前30日以书面形式通知用人单位，可以解除劳动合同。劳动者在试用期内提前3日通知用人单位，可以解除劳动合同。用人单位有下列情形之一的，劳动者可以解除劳动合同：（1）未按照劳动合同约定提供劳动保护或者劳动条件的；（2）未及时足额支付劳动报酬的；（3）未依法为劳动者缴纳社会保险费的；（4）用人单位的规章制度违反法律、法规的规定，损害劳动者权益的；（5）劳动合同无效的；（6）法律、行政法规规定劳动者可以解除劳动合同的其他情形。用人单位以暴力、威胁或者非法限制人身自由的手段强迫劳动者劳动的，或者用人单位违章指挥、强令冒险作业危及劳动者人身安全的，劳动者可以立即解除劳动合同，不需事先告知用人单位。

劳动者有下列情形之一的，用人单位可以解除劳动合同：（1）在试用期间被证明不符合录用条件的；（2）严重违反用人单位的规章制度的；（3）严重失职，营私舞弊，给用人单位造成重大损害的；（4）劳动者同时与其他用人单位建立劳动关系，对完成本单位的工作任务造成严重影响，或者经用人单位提出，拒不改正的；（5）劳动合同无效的；（6）被依法追究刑事责任的。

有下列情形之一的，用人单位提前30日以书面形式通知劳动者本人或者额外支付劳动者一个月工资后，可以解除劳动合同：（1）劳动者患病或者非因工负伤，在规定的医疗期满后不能从事原工作，也不能从事由用人单位另行安排的工作的；（2）劳动者不能胜任工作，经过培训或者调整工

作岗位，仍不能胜任工作的；（3）劳动合同订立时所依据的客观情况发生重大变化，致使劳动合同无法履行，经用人单位与劳动者协商，未能就变更劳动合同内容达成协议的。

七、经济补偿金的规定

用人单位应当在解除或者终止劳动合同时出具解除或者终止劳动合同的证明，并在15日内为劳动者办理档案和社会保险关系转移手续。劳动者应当按照双方约定，办理工作交接。用人单位依照有关规定应当向劳动者支付经济补偿的，在办结工作交接时支付。经济补偿按劳动者在本单位工作的年限，每满1年支付1个月工资的标准向劳动者支付。6个月以上不满1年的，按1年计算；不满6个月的，向劳动者支付半个月工资的经济补偿。劳动者月工资高于用人单位所在直辖市、设区的市级人民政府公布的本地区上年度职工月平均工资3倍的，向其支付经济补偿的标准按职工月平均工资3倍的数额支付，向其支付经济补偿的年限最高不超过12年。

八、合同不能解除的情形

劳动者有下列情形之一的，用人单位不得解除劳动合同：（1）从事接触职业病危害作业的劳动者未进行离岗前职业健康检查，或者疑似职业病病人在诊断或者医学观察期间的；（2）在本单位患职业病或者因工负伤并被确认丧失或者部分丧失劳动能力的；（3）患病或者非因工负伤，在规定的医疗期内的；（4）女职工在孕期、产期、哺乳期的；（5）在本单位连续工作满15年，且距法定退休年龄不足5年的；（6）法律、行政法规规定的其他情形。用人单位单方解除劳动合同，应当事先将理由通知工会。用人单位违反法律、行政法规规定或者劳动合同约定的，工会有权要求用人单位纠正。用人单位应当研究工会的意见，并将处理结果书面通知工会。

❋**案例3：**

2019年11月，网上一篇文章爆料：游戏公司一名策划人员2014年从上海交大毕业后进入网易工作，5年来加班4 000小时，请病假次数屈指可数，绩效也一直很不错。但最近他查出了扩张型心肌炎。公司知道后，就用各种手段逼迫他辞职。

先是主管给他打D的绩效，逼他尽早辞职。然后，公司想方设法不让他拿"N+1"的经济补偿金（工作5年，有6个月工资的补偿）。

随后，他被踢出了工作群，撤掉了工位。人力资源经理还说，如果他再不请年假辞职就算他旷工。如果是旷工，公司是直接可以开除且不需要支付补偿金的。

疾病加上主管的威胁，他住进了医院。人力资源经理不依不饶打电话到医院，让他签收辞职文件。"如果你觉得现在收不方便，那我们寄回你老家，让你家人帮你收也可以的。"

11月25日，公司对暴力裁员事件发表回应称，确实存在简单粗暴、不近人情等诸多行为，向相关前同事及家人道歉。

请问，公司能开除生病的员工吗？

九、裁员的有关规定

有下列情形之一，需要裁减人员20人以上或者裁减不足20人但占企业职工总数10%以上的，用人单位提前30日向工会或者全体职工说明情况，听取工会或者职工的意见后，裁减人员方案经向劳动行政部门报告，可以裁减人员：(1) 依照企业破产法规定进行重整的；(2) 生产经营发生严重困难的；(3) 企业转产、重大技术革新或者经营方式调整，经变更劳动合同后，仍需裁减人员的；(4) 其他因劳动合同订立时所依据的客观经济情况发生重大变化，致使劳动合同无法履行的。裁减人员时，应当优先留用下列人员：(1) 与本单位订立较长期限的固定期限劳动合同的；(2) 与本单位订立无固定期限劳动合同的；(3) 家庭无其他就业人员，有需要扶养的老人或者未成年人的。用人单位依照本条第一款规定裁减人员，在六个月内重新招用人员的，应当通知被裁减的人员，并在同等条件下优先招用被裁减的人员。

十、工资的支付

工资是指用人单位根据国家规定或者劳动合同的约定，依法以货币形式支付给劳动者的劳动报酬，包括计时工资、计件工资、奖金、津贴和补贴、加班加点工资以及特殊情况下支付的工资等，不包括用人单位承担的社会保险费、住房公积金、劳动保护、职工福利和职工教育费用。用人单位应当按照政府工资分配的宏观调控指导政策的要求，结合劳动力市场价格和本单位经济效益，合理确定本单位的工资水平。工资分配应当遵循按

劳分配的原则,实行同工同酬;工资支付应当遵循诚实信用的原则,按时以货币形式足额支付。县级以上地方人民政府人力资源和社会保障行政部门负责对本行政区域内的工资支付行为进行指导和监督检查。工会、妇联等组织依法维护劳动者获得劳动报酬的权利。

用人单位应当自劳动者实际履行劳动义务之日起计算劳动者工资。工资支付周期最长不得超过1个月。确定工资支付周期应当遵守下列规定:(1)实行月、周、日、小时工资制的,工资支付周期可以按月、周、日、小时确定;(2)实行年薪制或者按考核周期支付工资的,应当每月预付部分工资,年终或者考核周期期满后结算并付清;(3)实行计件工资制或者其他相类似工资支付形式的,工资支付周期可以按计件完成情况约定;(4)以完成一定工作任务计发工资的,在工作任务完成后结算并付清。结算周期超过一个月的,用人单位应当每月预付工资;(5)建筑施工企业经与劳动者协商后实行分批支付工资的,应当每月预付部分工资,每半年至少结算一次并付清,第二年一月份上旬前结算并付清上年度全年工资余额。

用人单位应当在与劳动者约定的日期支付工资;没有约定工资支付日期的,按照用人单位规定的日期支付工资。工资支付日期如遇法定节假日或者休息日,应当在此之前的工作日提前支付。用人单位应当以货币形式支付劳动者工资,不得以实物、有价证券等形式替代,不得规定劳动者在指定地点、场合消费,也不得规定劳动者的消费方式。用人单位可以与银行签订代为支付工资协议,在银行设立工资专用账户,并在本单位工资支付日前将劳动者工资足额纳入工资专用账户,由银行在协议约定的时间内代为支付劳动者工资。

✷ 案例4:

今天,比特币已经被越来越多的人所熟悉和持有。但用比特币支付工资可能还是很稀罕的事。早在2015年,美国知名的网上购物平台和品牌折扣销售平台进货多(Overstock)公司开始用比特币发工资,总部安装了比特币ATM机。2018年,日本第一大互联网集团,也是日本最大的域名注册服务机构吉姆欧(GMO)公司用比特币支付其超过4 700名员工的部分工资。同年,国内互联网公司火币网用比特币给其首席战略官蔡凯龙发工资,人事任命通知文件上写着"薪资核定为10个比特币/月(基本工资5个比特币/月,绩效工资5个比特币/月)"。

比特币是过去几年里全球最热的话题之一。十年前不到5块人民币一枚的比特币，到今天已经涨到了 350 000 元一枚，涨幅高达 70 000 倍。目前，我国民法典虽然承认了国内比特币具有财产属性，受法律保护，可以继承，但不能和人民币一样交易使用，日常仍然受到众多限制。

如果有一天你的工资用比特币支付怎么办？你能接受吗？

十一、加班的规定

《劳动合同法》第四十一条规定：用人单位由于生产经营需要，经与工会和劳动者协商后可以延长工作时间，一般每日不得超过 1 小时；因特殊原因需要延长工作时间的，在保障劳动者身体健康的条件下延长工作时间每日不得超过 3 小时，但是每月不得超过 36 小时。

第四十四条规定用人单位应当按照下列标准支付高于劳动者正常工作时间工资的工资报酬：（1）工作日延长劳动时间的，按照不低于本人工资的 150% 支付加点工资；（2）在休息日劳动又不能在 6 个月之内安排同等时间补休的，按照不低于本人工资的 200% 支付加班工资；（3）在法定休假日劳动的，按照不低于本人工资的 300% 支付加班工资。用于计算劳动者加班加点工资的标准，应当按照下列原则确定：（1）用人单位与劳动者双方有约定的，从其约定；（2）双方没有约定的，或者双方的约定标准低于集体合同或者本单位工资支付制度标准的，按照集体合同或者本单位工资支付制度执行；（3）前两项无法确定工资标准的，按照劳动者前 12 个月平均工资计算，其中劳动者实际工作时间不满 12 个月的按照实际月平均工资计算。

十二、带薪年休假

为了维护职工休息休假权利，调动职工工作积极性，职工连续工作 1 年以上的，享受带薪年休假。单位应当保证职工享受年休假。职工在年休假期间享受与正常工作期间相同的工资收入。职工累计工作已满 1 年不满 10 年的，年休假 5 天；已满 10 年不满 20 年的，年休假 10 天；已满 20 年的，年休假 15 天。年休假天数根据职工累计工作时间确定。职工在同一或者不同用人单位工作期间，以及依照法律、行政法规或者国务院规定视同工作期间，应当计为累计工作时间。职工新进用人单位的，当年度年休假天数，按照在本单位剩余日历天数折算确定，折算后不足 1 整天的部分不享受年休假。

国家法定休假日、休息日不计入年休假的假期。职工依法享受的探亲假、婚丧假、产假等国家规定的假期以及因工伤停工留薪期间不计入年休假假期。职工有下列情形之一的，不享受当年的年休假：（1）职工依法享受寒暑假，其休假天数多于年休假天数的；（2）职工请事假累计20天以上且单位按照规定不扣工资的；（3）累计工作满1年不满10年的职工，请病假累计2个月以上的；（4）累计工作满10年不满20年的职工，请病假累计3个月以上的；（5）累计工作满20年以上的职工，请病假累计4个月以上的。

单位根据生产、工作的具体情况，并考虑职工本人意愿，统筹安排职工年休假。年休假在1个年度内可以集中安排，也可以分段安排，一般不跨年度安排。单位因生产、工作特点确有必要跨年度安排职工年休假的，征得职工本人同意，可以跨1个年度安排。用人单位经职工同意不安排年休假或者安排职工年休假天数少于应休年休假天数，应当在本年度内对职工应休未休年休假天数，按照其日工资收入的300%支付未休年休假工资报酬，其中包含用人单位支付职工正常工作期间的工资收入。

用人单位安排职工休年休假，但是职工因本人原因且书面提出不休年休假的，用人单位可以只支付其正常工作期间的工资收入。计算未休年休假工资报酬的日工资收入按照职工本人的月工资除以月计薪天数（21.75天）进行折算。月工资是指职工在用人单位支付其未休年休假工资报酬前12个月剔除加班工资后的月平均工资。在本用人单位工作时间不满12个月的，按实际月份计算月平均工资。

用人单位与职工解除或者终止劳动合同时，当年度未安排职工休满应休年休假的，应当按照职工当年已工作时间折算应休未休年休假天数并支付未休年休假工资报酬，但折算后不足1整天的部分不支付未休年休假工资报酬。用人单位当年已安排职工年休假的，多于折算应休年休假的天数不再扣回。劳动合同、集体合同约定的或者用人单位规章制度规定的年休假天数、未休年休假工资报酬高于法定标准的，用人单位应当按照有关约定或者规定执行。

❋ 案例5：

　　小陈同学2018年6月大学毕业后在A公司工作了两年，于2020年5月1日跳槽至B公司。在B公司的薪水为5 000元/月，请问2019年度小陈在B公司应享受带薪年休假多少天？带薪年休假期间的工资待遇为多少？如果他放弃休假，那么未休的带薪年假期间工资待遇为多少？

十三、非全日制用工

非全日制用工，是指以小时计酬为主，劳动者在同一用人单位一般平均每日工作时间不超过 4 小时，每周工作时间累计不超过 24 小时的用工形式。这也是我们经常所说的兼职。非全日制用工双方当事人可以订立口头协议。从事非全日制用工的劳动者可以与一个或者一个以上用人单位订立劳动合同；但是，后订立的劳动合同不得影响先订立的劳动合同的履行。非全日制用工双方当事人不得约定试用期。非全日制用工双方当事人任何一方都可以随时通知对方终止用工。终止用工，用人单位不向劳动者支付经济补偿。非全日制用工小时计酬标准不得低于用人单位所在地人民政府规定的最低小时工资标准。非全日制用工劳动报酬结算支付周期最长不得超过 15 日。

十四、劳务派遣

劳务派遣单位应当履行用人单位对劳动者的义务。劳务派遣单位与被派遣劳动者订立的劳动合同，应当载明被派遣劳动者的用工单位以及派遣期限、工作岗位等情况。劳务派遣单位应当与被派遣劳动者订立二年以上的固定期限劳动合同，按月支付劳动报酬；被派遣劳动者在无工作期间，劳务派遣单位应当按照所在地人民政府规定的最低工资标准，向其按月支付报酬。劳务派遣单位派遣劳动者应当与接受以劳务派遣形式用工的单位订立劳务派遣协议。劳务派遣协议应当约定派遣岗位和人员数量、派遣期限、劳动报酬和社会保险费的数额与支付方式以及违反协议的责任。劳务派遣一般在临时性、辅助性或者替代性的工作岗位上实施。用人单位或者其所属单位不得设立劳务派遣单位向本单位或者所属单位派遣劳动者。劳务派遣单位不得以非全日制用工形式招用被派遣劳动者。

用工单位应当根据工作岗位的实际需要与劳务派遣单位确定派遣期限，不得将连续用工期限分割订立数个短期劳务派遣协议。劳务派遣单位应当将劳务派遣协议的内容告知被派遣劳动者。劳务派遣单位不得克扣用工单位按照劳务派遣协议支付给被派遣劳动者的劳动报酬。劳务派遣单位和用工单位不得向被派遣劳动者收取费用。劳务派遣单位跨地区派遣劳动者的，被派遣劳动者享有的劳动报酬和劳动条件，按照用工单位所在地的标准执行。

用工单位应当履行下列义务：（1）执行国家劳动标准，提供相应的劳

动条件和劳动保护；（2）告知被派遣劳动者的工作要求和劳动报酬；（3）支付加班费、绩效奖金，提供与工作岗位相关的福利待遇；（4）对在岗被派遣劳动者进行工作岗位所必需的培训；（5）连续用工的，实行正常的工资调整机制。用工单位不得将被派遣劳动者再派遣到其他用人单位。被派遣劳动者享有与用工单位的劳动者同工同酬的权利。用工单位无同类岗位劳动者的，参照用工单位所在地相同或者相近岗位劳动者的劳动报酬确定。被派遣劳动者有权在劳务派遣单位或者用工单位依法参加或者组织工会，维护自身的合法权益。

第二节 社会保险

从无到有 从有到优

人力资源和社会保障部宣布，截至2021年3月末，全国基本养老保险参保人数已超10亿，达到10.07亿人，失业、工伤保险参保规模分别为2.18亿人、2.67亿人。三项社会保险基金总收入1.6万亿元，总支出1.46万亿元，累计结余6.4万亿元，基金运行总体平稳。截至3月末，全国社会保障卡持卡人数13.4亿人，电子社保卡累计签发4.6亿张。社保业务跨省通办加快推进，全国统一的社会保险公共服务平台可提供9类28项全国性统一服务。

6月14日，国家医保局公布《2020年全国医疗保障事业发展统计公报》，统计公报显示：2020年全国基本医疗保险参保人数136 131万人，参保率稳定在95%以上。2020年，全国基本医保基金（含生育保险）总收入24 846亿元，比上年增长1.7%，占当年GDP比重约为2.4%。总支出21 032亿元，比上年增长0.9%，占当年GDP比重约为2.1%。

我国最早实行缴纳养老保险，是1986年开始的国企单位试点，到了1993年，才开始全部缴纳养老保险，至今不过30年。而医疗保险制度，建立的时间则更晚。1998年国务院颁布《关于建立城镇职工基本医疗保险制度的决定》。2001年起实施的城镇职工基本医疗保险制度，覆盖辖区所有党政群机关、企事业单位；2005年起实施的新型农村合作医疗制度，覆盖辖区农业人口（含外出务工人员）；2007年起实施的城镇居民基本医疗保险制度，覆盖辖区未纳入城镇职工基本医疗保险的非农业户口城镇居民。到今天，大部分省份实现了新农合和城镇居民医保合并，看病再不分"城里人"与"农村人"的区别，农民与城镇居民一样享受同等的医疗待遇。

短短30年不到的时间，我国建成了包括养老、医疗、低保、住房在内的世界最大最全的社会保障体系。全国居民预期寿命由1981年的67.8岁提高到2019年的77.4岁。我国社会大局保持长期稳定，成为世界上最有安全感的国家之一。这一切都离不开社会保障体系的坚强支撑作用。

社会保险是政府强制举行的，强制某一群体缴纳其收入的一部分作为社会保险基金，被保险人从中受益的一项经济制度和法律制度。在中国，社会保险是社会保障体系的重要组成部分，主要项目包括养老保险、医疗保险、失业保险、工伤保险和生育保险。

一、基本养老保险

职工应当参加基本养老保险，由用人单位和职工共同缴纳基本养老保险费。无雇工的个体工商户、未在用人单位参加基本养老保险的非全日制从业人员以及其他灵活就业人员可以参加基本养老保险，由个人缴纳基本养老保险费。基本养老保险实行社会统筹与个人账户相结合。

用人单位应当按照国家规定的本单位职工工资总额的比例缴纳基本养老保险费，记入基本养老保险统筹基金。职工应当按照国家规定的本人工资的比例缴纳基本养老保险费，记入个人账户。无雇工的个体工商户、未在用人单位参加基本养老保险的非全日制从业人员以及其他灵活就业人员参加基本养老保险的，应当按照国家规定缴纳基本养老保险费，分别记入基本养老保险统筹基金和个人账户。基本养老保险基金出现支付不足时，政府给予补贴。个人账户不得提前支取，记账利率不得低于银行定期存款利率，免征利息税。参加职工基本养老保险的个人死亡后，其个人账户中的余额可以全部依法继承。

基本养老金由统筹养老金和个人账户养老金组成。基本养老金根据个人累计缴费年限、缴费工资、当地职工平均工资、个人账户金额、城镇人口平均预期寿命等因素确定。参加基本养老保险的个人，达到法定退休年龄时累计缴费满15年的，按月领取基本养老金。参加职工基本养老保险的个人达到法定退休年龄时，累计缴费不足15年的，可以延长缴费至满15年；社会保险法实施前参保、延长缴费5年后仍不足15年的，可以一次性缴费至满15年，按月领取基本养老金；也可以转入新型农村社会养老保险

或者城镇居民社会养老保险，按照国务院规定享受相应的养老保险待遇；个人可以书面申请终止职工基本养老保险关系，社会保险经办机构收到申请后，应当书面告知其转入新型农村社会养老保险或者城镇居民社会养老保险的权利以及终止职工基本养老保险关系的后果，经本人书面确认后，终止其职工基本养老保险关系，并将个人账户储存额一次性支付给本人。

参加基本养老保险的个人，因病或者非因工死亡的，其遗属可以领取丧葬补助金和抚恤金；在未达到法定退休年龄时因病或者非因工致残完全丧失劳动能力的，可以领取病残津贴。所需资金从基本养老保险基金中支付。国家建立基本养老金正常调整机制。根据职工平均工资增长、物价上涨情况，适时提高基本养老保险待遇水平。个人跨统筹地区就业的，其基本养老保险关系随本人转移，缴费年限累计计算。个人达到法定退休年龄时，基本养老金分段计算、统一支付。

职工基本养老保险个人账户不得提前支取。个人在达到法定的领取基本养老金条件前离境定居的，其个人账户予以保留，达到法定领取条件时，按照国家规定享受相应的养老保险待遇。其中，丧失中华人民共和国国籍的，可以在其离境时或者离境后书面申请终止职工基本养老保险关系。社会保险经办机构收到申请后，应当书面告知其保留个人账户的权利以及终止职工基本养老保险关系的后果，经本人书面确认后，终止其职工基本养老保险关系，并将个人账户储存额一次性支付给本人。

小贴士

早在1999年，我国60周岁以上老年人口占到总人口的10%，按照国际通行标准，我国人口年龄结构已进入老龄化阶段。进入新世纪后，我国人口老龄化速度持续加快。据第七次全国人口普查数据，截至2020年年底，我国60岁及以上老年人口达到1.85亿，占总人口的比重达13.7%。

2020年苏州市户籍人口统计年报显示，苏州0—17岁占总人口比例为17.52%，18—34岁占总人口比例为19%，35—59岁占总人口比例为38.16%，60岁以上占总人口比例为25.32%。目前，苏州人口年龄构成还是以35—59岁的青壮年为主，但60岁以上的老年人的占比较重，人口老龄化问题突出。

二、基本医疗保险

职工应当参加职工基本医疗保险，由用人单位和职工按照国家规定共同缴纳基本医疗保险费。无雇工的个体工商户、未在用人单位参加职工基本医疗保险的非全日制从业人员以及其他灵活就业人员可以参加职工基本医疗保险，由个人按照国家规定缴纳基本医疗保险费。

参加职工基本医疗保险的个人，达到法定退休年龄时累计缴费达到国家规定年限的，退休后不再缴纳基本医疗保险费，按照国家规定享受基本医疗保险待遇；未达到国家规定年限的，可以缴费至国家规定年限。符合基本医疗保险药品目录、诊疗项目、医疗服务设施标准以及急诊、抢救的医疗费用，按照国家规定从基本医疗保险基金中支付。参保人员医疗费用中应当由基本医疗保险基金支付的部分，由社会保险经办机构与医疗机构、药品经营单位直接结算。

社会保险行政部门和卫生行政部门应当建立异地就医医疗费用结算制度，方便参保人员享受基本医疗保险待遇。参加职工基本医疗保险的个人跨统筹地区就业的，基本医疗保险关系随本人转移接续，基本医疗保险缴费年限累计计算。下列医疗费用不纳入基本医疗保险基金支付范围：(1) 应当从工伤保险基金中支付的；(2) 应当由第三人负担的；(3) 应当由公共卫生负担的；(4) 在境外就医的。

医疗费用依法应当由第三人负担，第三人不支付或者无法确定第三人的，由基本医疗保险基金先行支付。基本医疗保险基金先行支付后，有权向第三人追偿。

社会保险经办机构根据管理服务的需要，可以与医疗机构、药品经营单位签订服务协议，规范医疗服务行为。医疗机构应当为参保人员提供合理、必要的医疗服务。参保人员确需急诊、抢救的，可以在非协议医疗机构就医；因抢救必须使用的药品可以适当放宽范围。参保人员急诊、抢救的医疗服务具体管理办法由统筹地区根据当地实际情况制定。

> ✤ **案例6：**
>
> 　　2019年，德云社演员吴帅（艺名吴鹤臣）于4月8日突发脑出血住院1个月，其家人焦急之下在"水滴筹"平台发起了最高金额100万的众筹。
>
> 　　网友对于100万众筹金额提出3点质疑：一是吴鹤臣是德云社的相声演员，德云社应该为其交了医保，医保可以报销大部分费用；二是这么大的数字不太合理，难道还包含了今后的养老钱；三是德云社

> 没有伸出援手吗？更有网友发现其在北京有两套房、一辆车，质疑其在有房有车的情况下还进行众筹。一时之间众说纷纭。
>
> 5月3日晚，吴鹤臣妻子张泓艺微博发长文回应质疑，称发起100万的众筹是因为不懂平台规则输了一个上限额度，截至目前一共筹到148 184元；家里的两套房分别在父母和爷爷的名下，均无法出售；车辆因家中有瘫痪病人出行不便，也不能变卖。
>
> 最后，德云社在情况说明中表示：家属对现行医疗保险政策了解不足，经了解相关政策内容后，对后续治疗抱有信心。

三、工伤保险

职工应当参加工伤保险，由用人单位缴纳工伤保险费，职工本人不缴纳工伤保险费。国家根据不同行业的工伤风险程度确定行业的差别费率，并根据使用工伤保险基金、工伤发生率等情况在每个行业内确定费率档次。行业差别费率和行业内费率档次由国务院社会保险行政部门制定。社会保险经办机构根据用人单位使用工伤保险基金、工伤发生率和所属行业费率档次等情况，确定用人单位缴费费率。用人单位应当按照本单位职工工资总额，根据社会保险经办机构确定的费率缴纳工伤保险费。

职工因工作原因受到事故伤害或者患职业病，且经工伤认定的，享受工伤保险待遇；其中，经劳动能力鉴定丧失劳动能力的，享受伤残待遇。职工因下列情形之一导致本人在工作中伤亡的，不认定为工伤：（1）故意犯罪；（2）醉酒或者吸毒，醉酒标准按照《车辆驾驶人员血液、呼气酒精含量阈值与检验》（GB19522—2004）执行，公安机关交通管理部门、医疗机构等有关单位依法出具的检测结论、诊断证明等材料，可以作为认定醉酒的依据；（3）自残或者自杀；（4）法律、行政法规规定的其他情形。工伤职工有下列情形之一的，停止享受工伤保险待遇：（1）丧失享受待遇条件的；（2）拒不接受劳动能力鉴定的；（3）拒绝治疗的。

因工伤发生的下列费用，按照国家规定从工伤保险基金中支付：（1）治疗工伤的医疗费用和康复费用；（2）住院伙食补助费；（3）到统筹地区以外就医的交通食宿费；（4）安装配置伤残辅助器具所需费用；（5）生活不能自理的，经劳动能力鉴定委员会确认的生活护理费；（6）一次性伤残补助金和一至四级伤残职工按月领取的伤残津贴；（7）终止或者解除劳动合同时，应当享受的一次性医疗补助金；（8）因工死亡的，其遗属领取的丧葬补助金、供养亲属抚恤金和因工死亡补助金，工亡补助金标准为工伤发生时上一年度全国城镇居民人均可支配收入的 20 倍；（9）劳动能力鉴定费。因工伤发生的下列费用，按照国家规定由用人单位支付：（1）治疗工伤期间的工资福利；（2）五级、六级伤残职工按月领取的伤残津贴；（3）终止或者解除劳动合同时，应当享受的一次性伤残就业补助金。工伤职工符合领取基本养老金条件的，停发伤残津贴，享受基本养老保险待遇。基本养老保险待遇低于伤残津贴的，从工伤保险基金中补足差额。

职工所在用人单位未依法缴纳工伤保险费，发生工伤事故的，由用人单位支付工伤保险待遇。用人单位不支付的，从工伤保险基金中先行支付。从工伤保险基金中先行支付的工伤保险待遇应当由用人单位偿还。用人单位不偿还的，社会保险经办机构可以依照规定追偿。职工（包括非全日制从业人员）在两个或者两个以上用人单位同时就业的，各用人单位应当分别为职工缴纳工伤保险费。职工发生工伤，由职工受到伤害时工作的单位依法承担工伤保险责任。由于第三人的原因造成工伤，第三人不支付工伤医疗费用或者无法确定第三人的，由工伤保险基金先行支付。工伤保险基金先行支付后，有权向第三人追偿。

四、失业保险

职工应当参加失业保险，由用人单位和职工按照国家规定共同缴纳失业保险费。失业人员符合下列条件的，从失业保险基金中领取失业保险金：（1）失业前用人单位和本人已经缴纳失业保险费满一年的；（2）非因本人意愿中断就业的；（3）已经进行失业登记，并有求职要求的。失业人员失业前用人单位和本人累计缴费满一年不足五年的，领取失业保险金的期限最长为 12 个月；累计缴费满 5 年不足 10 年的，领取失业保险金的期限最长为 18 个月；累计缴费 10 年以上的，领取失业保险金的期限最长为 24 个月。失业人员领取失业保险金后重新就业的，再次失业时，缴费时间重新计算，领取失业保险金的期限与前次失业应当领取而尚未领取的失业保险金的期限合并计算，最长不超过 24 个月。失业人员因当期不符合失业保险金领取条件的，原有缴费时间予以保留，重新就业并参保的，缴费时间累计计算。

失业保险金的标准，由省、自治区、直辖市人民政府确定，不得低于城市居民最低生活保障标准。失业人员在领取失业保险金期间，参加职工基本医疗保险，享受基本医疗保险待遇。失业人员应当缴纳的基本医疗保

险费从失业保险基金中支付,个人不缴纳基本医疗保险费。职工跨统筹地区就业的,其失业保险关系随本人转移,缴费年限累计计算。失业人员在领取失业保险金期间死亡的,参照当地对在职职工死亡的规定,向其遗属发给一次性丧葬补助金和抚恤金。所需资金从失业保险基金中支付。个人死亡同时符合领取基本养老保险丧葬补助金、工伤保险丧葬补助金和失业保险丧葬补助金条件的,其遗属只能选择领取其中的一项。

用人单位应当及时为失业人员出具终止或者解除劳动关系的证明,并将失业人员的名单自终止或者解除劳动关系之日起十五日内告知社会保险经办机构。失业人员应当持本单位为其出具的终止或者解除劳动关系的证明,及时到指定的公共就业服务机构办理失业登记。失业人员凭失业登记证明和个人身份证明,到社会保险经办机构办理领取失业保险金的手续。失业保险金领取期限自办理失业登记之日起计算。

失业人员在领取失业保险金期间有下列情形之一的,停止领取失业保险金,并同时停止享受其他失业保险待遇:(1)重新就业的;(2)应征服兵役的;(3)移居境外的;(4)享受基本养老保险待遇的;(5)无正当理由,拒不接受当地人民政府指定部门或者机构介绍的适当工作或者提供的培训的。失业人员在领取失业保险金期间,应当积极求职,接受职业介绍和职业培训。失业人员接受职业介绍、职业培训的补贴由失业保险基金按照规定支付。

五、生育保险

职工应当参加生育保险,由用人单位按照国家规定缴纳生育保险费,职工本人不缴纳生育保险费。用人单位已经缴纳生育保险费的,其职工享受生育保险待遇;职工未就业配偶按照国家规定享受生育医疗费用待遇。所需资金从生育保险基金中支付。生育保险待遇包括生育医疗费用和生育津贴。生育医疗费用包括下列各项:(1)生育的医疗费用;(2)计划生育的医疗费用;(3)法律、法规规定的其他项目费用。职工有下列情形之一的,可以按照国家规定享受生育津贴:(1)女职工生育享受产假;(2)享受计划生育手术休假;(3)法律、法规规定的其他情形。生育津贴按照职工所在用人单位上年度职工月平均工资计发。

用人单位不得因女职工怀孕、生育、哺乳降低其工资、予以辞退、与其解除劳动或者聘用合同。女职工在孕期不能适应原劳动的,用人单位应当根据医疗机构的证明,予以减轻劳动量或者安排其他能够适应的劳动。

对怀孕 7 个月以上的女职工，用人单位不得延长劳动时间或者安排夜班劳动，并应当在劳动时间内安排一定的休息时间。怀孕女职工在劳动时间内进行产前检查，所需时间计入劳动时间。女职工生育享受 98 天产假，其中产前可以休假 15 天；难产的，增加产假 15 天；生育多胞胎的，每多生育 1 个婴儿，增加产假 15 天。女职工怀孕未满 4 个月流产的，享受 15 天产假；怀孕满 4 个月流产的，享受 42 天产假。女职工产假期间的生育津贴，对已经参加生育保险的，按照用人单位上年度职工月平均工资的标准由生育保险基金支付；对未参加生育保险的，按照女职工产假前工资的标准由用人单位支付。

女职工生育或者流产的医疗费用，按照生育保险规定的项目和标准，对已经参加生育保险的，由生育保险基金支付；对未参加生育保险的，由用人单位支付。对哺乳未满 1 周岁婴儿的女职工，用人单位不得延长劳动时间或者安排夜班劳动。用人单位应当在每天的劳动时间内为哺乳期女职工安排 1 小时哺乳时间；女职工生育多胞胎的，每多哺乳 1 个婴儿每天增加 1 小时哺乳时间。

县级以上人民政府人力资源社会保障行政部门、安全生产监督管理部门按照各自职责负责对用人单位遵守女职工特殊保护的情况进行监督检查。工会、妇女组织依法对用人单位遵守女职工特殊保护的情况进行监督。用人单位侵害女职工合法权益的，女职工可以依法投诉、举报、申诉，依法向劳动人事争议调解仲裁机构申请调解仲裁，对仲裁裁决不服的，依法向人民法院提起诉讼。

六、住房公积金

住房公积金制度不是社会保险，而是一种住房保障制度。把它和社会保险相提并论是因为现实生活中我们经常讲到"五险一金"。

住房公积金制度是住房分配货币化的一种保障形式，是国家法律规定的重要社会保障制度，具有强制性、互助性、保障性。单位和职工个人必须依法履行缴存住房公积金的义务。根据 2019 年第 2 次修订的国务院《住房公积金管理条例》第 13 条第 2 款规定："单位应当向住房公积金管理中心办理住房公积金缴存登记，并为本单位职工办理住房公积金账户设立手续。每个职工只能有一个住房公积金账户。"第 15 条规定："单位录用职工的，应当自录用之日起 30 日内向住房公积金管理中心办理缴存登记，并办理职工住房公积金账户的设立或者转移手续。""单位与职工终止劳动关系

的,单位应当自劳动关系终止之日起 30 日内向住房公积金管理中心办理变更登记,并办理职工住房公积金账户转移或者封存手续。"

此外,《住房公积金管理条例》还规定了单位不缴交住房公积金的法律责任。第 37 条规定:"单位不办理住房公积金缴存登记或者不为本单位职工办理住房公积金账户设立手续的,由住房公积金管理中心责令限期办理;逾期不办理的,处 1 万元以上 5 万元以下的罚款。"第 38 条规定:"单位逾期不缴或者少缴住房公积金的,由住房公积金管理中心责令限期缴存;逾期仍不缴存的,可以申请人民法院强制执行。"可见,住房公积金不是可有可无的,不遵纪守法,将付出沉重代价。

中国的住房公积金制度是 90 年代初借鉴自新加坡中央公积金制度(Central Provident Fund)经验基础上,结合我国九十年代初的城镇住房制度改革经验逐步建立起来的。1991 年 2 月,上海市九届人大常委会第二十四次会议通过决议,原则批准《上海市住房制度改革实施方案》,住房公积金制度由此诞生。1994 年 7 月,国务院出台《国务院关于深化城镇住房制度改革的决定》(国发〔1994〕43 号),明确把"建立住房公积金制度"列为城镇住房制度改革的基本内容,要求所有行政和企事业单位及其职工均应按照"个人存储、单位资助、统一管理、专项使用"的原则交纳住房公积金,建立住房公积金制度,并对住房公积金缴纳主体、缴纳方法与管理办法等进行了初步规定。住房公积金制度由此正式在全国范围推广实行。1997 年 9 月,党的十五大报告中第一次把住房公积金写入,强调"建立城镇住房公积金,加快改革住房制度",有力地促进了公积金制度在全国推广。2020 年 5 月,中共中央、国务院印发《关于新时代加快完善社会主义市场经济体制的意见》,再次强调要"改革住房公积金制度"。

根据《全国住房公积金 2019 年年度报告》显示,截至 2019 年年底,全年住房公积金实缴单位 322.40 万个,实缴职工 14 881.38 万人,分别比上年增长 10.57%和 3.08%。全国住房公积金缴存职工中,城镇私营企业、其他城镇企业、外商投资企业、民办非企业单位等非公有制经济缴存职工占比 49.04%,比上年增加 1.93 个百分点。全年共发放个人住房贷款 286.04 万笔,提取人数 5 648.56 万人,分别比上年增长 13.25%、8.72%。住房公积金贷款和提取人数占实缴职工人数接近 40%。支持 1 013.82 万人住房租赁提取住房公积金 937.83 亿元,支持人数比上年增长 32.28%。住房公积金贷款重点支持了职工基本住房需求,减轻了职工住房贷款利息负担。2019 年发放的个人住房贷款中,首套住房贷款占 86.96%。住房公积金个人住房贷款利率比同期商业性个人住房贷款基准利率低 1.65~2 个百分点，偿还期内可为贷款职工节约利息支出 2 617.14 亿元，平均每笔贷款可节约利息支出 9.13 万元。可见，住房公积金制度为广大职工解决住房问题提供了极大的便利。

第三节　劳动争议

❋ **案例 7：**

在苏某高校大学生王某于 2016 年 9 月 3 日入职物业公司，于 2018 年 5 月 8 日离职。2018 年 6 月，王某请求当地劳动仲裁部门认定该段时期内物业公司与其存在劳动关系，并要求支付未签订劳动合同 2 倍工资差额。物业公司认为，王某系在校学生，不具备劳动关系主体资格，并提供教育部学籍在线验证报告加以佐证。王某认可其在校学生的事实，但主张其当时处于休学状态，并提供了休学证明。仲裁机关认为，我国劳动法律、法规并未明确禁止在校大学生成为劳动关系的主体。但原劳动部《关于贯彻执行〈中华人民共和国劳动法〉若干问题的意见》明确，在校学生利用业余时间勤工助学，不得视为就业，不具备劳动关系。本案中，王某与物业公司建立关系时已满 20 周岁，具有完全民事行为能力，其在休学期间不属"利用业余时间勤工助学"情形，依法具有劳动关系的主体资格。王某从事的工作内容为物业公司业务范围，接受物业公司管理，为物业公司服务，物业公司按月向其发放报酬，构成了雇佣关系，因此，王某与物业公司之间符合劳动关系认定的标准，应认定双方之间存在明确的劳动关系。这一劳动纠纷案例有力地证明了在校大学生休学期间可以与用人单位建立劳动关系。

用人单位与劳动者发生的下列争议属于劳动争议：（1）因确认劳动关系发生的争议；（2）因订立、履行、变更、解除和终止劳动合同发生的争议；（3）因除名、辞退和辞职、离职发生的争议；（4）因工作时间、休息休假、社会保险、福利、培训以及劳动保护发生的争议；（5）因劳动报酬、工伤医疗费、经济补偿或者赔偿金等发生的争议；（6）法律、法规规定的其他劳动争议。发生劳动争议，当事人不愿协商、协商不成或者达成和解

协议后不履行的,可以向调解组织申请调解;不愿调解、调解不成或者达成调解协议后不履行的,可以向劳动争议仲裁委员会申请仲裁;对仲裁裁决不服的,可以向人民法院提起诉讼。发生劳动争议,当事人对自己提出的主张,有责任提供证据。与争议事项有关的证据属于用人单位掌握管理的,用人单位应当提供;用人单位不提供的,应当承担不利后果。

一、调解

发生劳动争议,当事人可以到下列调解组织申请调解:(1)企业劳动争议调解委员会;(2)依法设立的基层人民调解组织;(3)在乡镇、街道设立的具有劳动争议调解职能的组织。企业劳动争议调解委员会由职工代表和企业代表组成。职工代表由工会成员担任或者由全体职工推举产生,企业代表由企业负责人指定。企业劳动争议调解委员会主任由工会成员或者双方推举的人员担任。

劳动争议调解组织的调解员应当由公道正派、联系群众、热心调解工作,并具有一定法律知识、政策水平和文化水平的成年公民担任。当事人申请劳动争议调解可以书面申请,也可以口头申请。口头申请的,调解组织应当当场记录申请人基本情况、申请调解的争议事项、理由和时间。调解劳动争议,应当充分听取双方当事人对事实和理由的陈述,耐心疏导,帮助其达成协议。

经调解达成协议的,应当制作调解协议书。调解协议书由双方当事人签名或者盖章,经调解员签名并加盖调解组织印章后生效,对双方当事人具有约束力,当事人应当履行。自劳动争议调解组织收到调解申请之日起15日内未达成调解协议的,当事人可以依法申请仲裁。达成调解协议后,一方当事人在协议约定期限内不履行调解协议的,另一方当事人可以依法申请仲裁。因支付拖欠劳动报酬、工伤医疗费、经济补偿或者赔偿金事项达成调解协议,用人单位在协议约定期限内不履行的,劳动者可以持调解协议书依法向人民法院申请支付令。人民法院应当依法发出支付令。

二、仲裁

劳动争议由劳动合同履行地或者用人单位所在地的劳动争议仲裁委员会管辖。双方当事人分别向劳动合同履行地和用人单位所在地的劳动争议仲裁委员会申请仲裁的,由劳动合同履行地的劳动争议仲裁委员会管辖。劳动争议仲裁不收费。劳动争议仲裁委员会的经费由财政予以保障。劳动争议仲裁公开进行，但当事人协议不公开进行或者涉及国家秘密、商业秘密和个人隐私的除外。劳动争议申请仲裁的时效期间为1年。仲裁时效期间从当事人知道或者应当知道其权利被侵害之日起计算。仲裁时效因当事人一方向对方当事人主张权利，或者向有关部门请求权利救济，或者对方当事人同意履行义务而中断。从中断时起，仲裁时效期间重新计算。因不可抗力或者有其他正当理由，当事人不能在规定的仲裁时效期间申请仲裁的，仲裁时效中止。从中止时效的原因消除之日起，仲裁时效期间继续计算。劳动关系存续期间因拖欠劳动报酬发生争议的，劳动者申请仲裁不受仲裁时效期间的限制；但是，劳动关系终止的，应当自劳动关系终止之日起1年内提出。

申请人申请仲裁应当提交书面仲裁申请，并按照被申请人人数提交副本。仲裁申请书应当载明下列事项：（1）劳动者的姓名、性别、年龄、职业、工作单位和住所，用人单位的名称、住所和法定代表人或者主要负责人的姓名、职务；（2）仲裁请求和所根据的事实、理由；（3）证据材料。劳动争议仲裁委员会收到仲裁申请之日起5日内，认为符合受理条件的，应当受理，并通知申请人；认为不符合受理条件的，应当书面通知申请人不予受理，并说明理由。对劳动争议仲裁委员会不予受理或者逾期未作出决定的，申请人可以就该劳动争议事项向人民法院提起诉讼。

劳动争议仲裁委员会受理仲裁申请后，应当在5日内将仲裁申请书副本送达被申请人。被申请人收到仲裁申请书副本后，应当在10日内向劳动争议仲裁委员会提交答辩书。劳动争议仲裁委员会收到答辩书后，应当在5日内将答辩书副本送达申请人。被申请人未提交答辩书的，不影响仲裁程序的进行。

劳动争议仲裁委员会裁决劳动争议案件实行仲裁庭制。仲裁庭由3名仲裁员组成，设首席仲裁员。简单劳动争议案件可以由一名仲裁员独任仲裁。仲裁庭应当在开庭5日前，将开庭日期、地点书面通知双方当事人。当事人有正当理由的，可以在开庭3日前请求延期开庭。是否延期，由劳动争议仲裁委员会决定。申请人收到书面通知，无正当理由拒不到庭或者未经仲裁庭同意中途退庭的，可以视为撤回仲裁申请。被申请人收到书面通知，无正当理由拒不到庭或者未经仲裁庭同意中途退庭的，可以缺席裁决。

当事人在仲裁过程中有权进行质证和辩论。质证和辩论终结时，首席仲裁员或者独任仲裁员应当征询当事人的最后意见。劳动者无法提供由用人单位掌握管理的与仲裁请求有关的证据，仲裁庭可以要求用人单位在指定期限内提供。用人单位在指定期限内不提供的，应当承担不利后果。当事人申请劳动争议仲裁后，可以自行和解。达成和解协议的，可以撤回仲裁申请。仲裁庭在作出裁决前，应当先行调解。调解达成协议的，仲裁庭应当制作调解书。调解书经双方当事人签收后，发生法律效力。调解不成或者调解书送达前，一方当事人反悔的，仲裁庭应当及时作出裁决。

仲裁庭裁决劳动争议案件，应当自劳动争议仲裁委员会受理仲裁申请之日起 45 日内结束。案情复杂需要延期的，经劳动争议仲裁委员会主任批准，可以延期并书面通知当事人，但是延长期限不得超过 15 日。逾期未作出仲裁裁决的，当事人可以就该劳动争议事项向人民法院提起诉讼。当事人对仲裁裁决不服的，可以自收到仲裁裁决书之日起 15 日内向人民法院提起诉讼；期满不起诉的，裁决书发生法律效力。当事人对发生法律效力的调解书、裁决书，应当依照规定的期限履行。一方当事人逾期不履行的，另一方当事人可以向人民法院申请执行。受理申请的人民法院应当依法执行。

仲裁庭对追索劳动报酬、工伤医疗费、经济补偿或者赔偿金的案件，根据当事人的申请，可以裁决先予执行，移送人民法院执行。仲裁庭裁决先予执行的，应当符合下列条件：（1）当事人之间权利义务关系明确；（2）不先予执行将严重影响申请人的生活。劳动者申请先予执行的，可以不提供担保。

下列劳动争议仲裁裁决为终局裁决，裁决书自作出之日起发生法律效力：（1）追索劳动报酬、工伤医疗费、经济补偿或者赔偿金，不超过当地月最低工资标准 12 个月金额的争议；（2）因执行国家的劳动标准在工作时间、休息休假、社会保险等方面发生的争议。劳动者对上述终局裁决不服的，可以自收到仲裁裁决书之日起 15 日内向人民法院提起诉讼。用人单位有证据证明上述终局裁决有下列情形之一，可以自收到仲裁裁决书之日起 30 日内向劳动争议仲裁委员会所在地的中级人民法院申请撤销裁决：（1）适用法律、法规确有错误的；（2）劳动争议仲裁委员会无管辖权的；（3）违反法定程序的；（4）裁决所根据的证据是伪造的；（5）对方当事人隐瞒了足以影响公正裁决的证据的；（6）仲裁员在仲裁该案时有索贿受贿、徇私舞弊、枉法裁决行为的。

个人的法律素质对于将来的职业生涯显然具有非常重要的作用。大学生应当通过职业法律知识的学习和积累,逐步掌握职业活动中法律要求的基本内容,有意识地不断提高自身职业法律意识和职业法律素质,为今后的职业生活打下扎实的基础。

引言

自我管理,从广义角度理解,是指大学生为了实现高等教育的培养目标、满足社会日益发展对个人素质的要求,充分地调动自身的主观能动性,卓有成效地利用和整合自我资源(价值观、时间、心理、身体、行为和信息等),而开展的自我认识、自我计划、自我组织、自我控制和自我监督的一系列自我学习、自我教育、自我发展的活动,从而趋向于自我完善。从狭义角度来理解,自我管理、自我学习、自我教育、自我发展呈金字塔形,处在金字塔最底部的自我管理是开展其他活动的基础,其他活动的实现都应建立在有效的自我管理的基础之上。

个体在自我发展和自我实现的过程中,无论是目标的树立、方向的确定、计划的制订,还是具体行为、行动的选择、实施、调整和控制,每一个步骤的顺利完成,都离不开个体的自我控制与调节,即自我管理能力的具体表现。因此,自我管理是自我发展和自我实现的根本保证。

自我管理所涉及的内容非常广泛,包括时间管理、自我效能管理、情绪管理、生涯管理、角色管理、压力管理、学习管理、健康管理等许多领域。本章将对部分重点内容进行详细阐述。

第一节 时间管理

> ✲案例1：
> 在对某公司董事长进行日常时间安排的调研时，该董事长非常肯定地回答："我的时间分布情况大致为，1/3用于与公司高级管理人员研讨业务，1/3用于接待重要客户，其余1/3用于参加各种社会活动。"但是，通过跟踪记录发现，该董事长在上述3个方面，几乎没有花什么时间，他所说的三类工作，只不过是他认为"应该"花时间的工作而已，实际记录显示，他的时间大部分都花在协调工作上，如处理顾客的订单、打电话给工厂催款等。

时间是世界上最稀缺、最宝贵的一种资源，时间的稀缺性体现了生命的有限性。科学地分析时间、利用时间、管理时间、节约时间，进而在有限的时间里，最大化地创造自身职业价值，是追求自我完善和自我超越的一种重要能力。

一、时间管理概述

（一）时间

人的时间感觉是不可靠的。日常生活中，我们常常会觉得时间很紧张，都用在了工作中的重要事情上，但是如果仔细分析，我们会发现事实并非如此，案例1的现象就是一个很好的佐证。因此，管理好时间，是管理好其他事情的前提，而分析认识自己的时间，是系统地分析自己的工作、鉴别工作主要性的方法，也是通向成功的有效途径。

如何利用这有限的时间？我们需要从了解事件的特征着手。首先，时间具有固定性。时间对于每个人来说都是固定的，不管是成功的人，还是不成功的人，在任何情况下时间都不会增加，也不会减少，一天都只能是24小时。并且，任何人都无法阻止其持续流逝，也无法将其暂时储存。人与人之间，成功与不成功的差别仅在于如何利用这24小时。其次，时间具有不可替代性。时间是任何东西都不能替代的，是任何活动必不可少的基本资源。

（二）时间管理

时间管理是指为了达到某种目的，人们通过有效的方法和途径，安排自己和他人的活动，合理、有效地利用可以支配的时间。其所探索的是如何减少时间浪费，以便有效地完成既定目标。时间管理的关键在于如何选择、支配、调整、驾驭单位时间里所做的事情。

时间管理源于你不满足现状，或是想要有更好的时间管理。我们首先通过测试，了解一下自己的时间管理现状。

下列题目，请你回答"是"或"不是"，然后计算回答"是"的个数。

1. 你通常工作很长时间吗？
2. 你通常把工作带回家吗？
3. 你感到很少花时间去做你想做的事情吗？
4. 如果你没有完成你所希望做的工作，你是否有负罪感？
5. 即使没有出现严重问题或危机，你是否也经常感到工作有很多压力？
6. 你的案头有许多并不重要但长时间未处理的文件吗？
7. 你时常在做重要工作时被打断吗？
8. 你在办公室用餐吗？
9. 在上个月里，你是否忘记一些重要的约会？
10. 你时常把工作拖到最后一分钟吗？
11. 你觉得找借口推延你不喜欢做的事容易吗？
12. 你总是感到需要做一些事情而保持繁忙吗？
13. 当你长休了一段时间，你是否有负罪感？
14. 你长期无暇阅读与工作有关的书籍吗？
15. 你是否太忙于解决一些琐碎的事而没有去做与目标一致的大事？
16. 你是否沉醉于过去的成功或失败之中而没有着眼于未来？

结果分析： 回答 12~16 个"是"，说明你在时间管理上急需改进；8~12 个"是"，说明你需要重新审视你的实践行动指南；4~8 个"是"，说明还不错，方向正确，但需要提高冲劲；0~4 个"是"，说明非常好，坚持并保留你的方法。

二、时间管理陷阱

所谓时间管理的陷阱是指导致时间浪费的各种因素。在现实生活中，我们常常会出现习惯性拖延时间、不擅长处理不速之客的打扰、不擅长处理无端电话的打扰，以及被泛滥的"会议病"困扰等情况，这些都影响我们对时间的有效管理。常见的时间管理陷阱有以下5类。

（一）拖延

"明日复明日，明日何其多；我生待明日，万事成蹉跎。"这首大家耳熟能详的《明日歌》，形象地刻画了拖延的特征及后果。拖延是时间浪费的主要原因，下面通过"时间拖延商数测验"，进行一下自评。如果自评结果表明你有拖延的毛病，那就需要分析造成拖延的原因，并寻求对策。

下列题目，请根据自己的真实感受，选择最适合自己的答案。

(1) 为了避免对棘手的难题采取行动，我于是寻找理由和借口

  A. 非常同意 B. 略表同意 C. 略表不同意 D. 极不同意

(2) 为使困难的工作能被执行，对执行者下压力是必要的

  A. 非常同意 B. 略表同意 C. 略表不同意 D. 极不同意

(3) 采取折中办法以避免或延缓不愉快的事是困难的工作

  A. 非常同意 B. 略表同意 C. 略表不同意 D. 极不同意

(4) 我遭遇了太多足以妨碍完成重大任务的干扰与危机

  A. 非常同意 B. 略表同意 C. 略表不同意 D. 极不同意

(5) 当被迫从事一项不愉快的决策时，我避免直截了当地答复

  A. 非常同意 B. 略表同意 C. 略表不同意 D. 极不同意

(6) 我对重要的行动计划的追踪工作一般不予理会

  A. 非常同意 B. 略表同意 C. 略表不同意 D. 极不同意

(7) 试图令他人为管理者执行不愉快的工作

  A. 非常同意 B. 略表同意 C. 略表不同意 D. 极不同意

(8) 我经常将重要工作安排在下午处理，或者携回家里，以便在夜晚或周末处理它

  A. 非常同意 B. 略表同意 C. 略表不同意 D. 极不同意

(9) 我在过分疲劳（或过分紧张、或过分生气、或太受抑制）时，无法处理所面对的困难任务

  A. 非常同意 B. 略表同意 C. 略表不同意 D. 极不同意

(10) 在着手处理一件艰难的任务之前，我喜欢清除桌上的每一个物件

  A. 非常同意 B. 略表同意 C. 略表不同意 D. 极不同意

评分标准：每一个"非常同意"得4分，"略表同意"得3分，"略表不同意"得2分，"极不同意"得1分。

结果分析：将10道题的得分相加，总分小于20，表示你不是拖延者，你也许有偶尔拖延的习惯；总分在21~30分，表示你有拖延的毛病，但不太严重；总分大于30分，表示你或许已患上严重的拖延毛病。

（二）缺乏计划

培根说过："合理安排时间，就等于节约时间。"工作缺乏计划，将导致目标不明确，不能有效地归类工作，也就很难按照事情轻重缓急的顺序，有效地分配时间。我们可以通过下面的情境测试来理解计划的重要性。

情境测验题（限时3分钟）

1. 请先阅读完本文
2. 在这张纸的右上角写下你的名字
3. 将第二句中的名字两个字圈起来
4. 在这张纸的左上角画5个正方形
5. 在刚才画的正方形中各画一个十字
6. 在正方形的四周画一个圆圈
7. 在这张纸的右下角签上你的名字
8. 在签名下写3个"好"字
9. 在右上角的签名下画一道线
10. 在这张纸的左下角画一个十字
11. 把刚才所画的十字周围加画一个三角形
12. 在第八句的好字画一个圆圈
13. 当你做到这里请大喊一声"我最快"
14. 如果你完全遵守规定，请大声说"我最好"
15. 在这张纸的背面计算23+32+23
16. 将刚刚的答案减去23，再减去13等于多少
17. 在以上所有"双数"题的题号上画圈
18. 假如你做到这里，请拍一下桌子并大声说"遵从指示我第一"
19. 在这张纸的背面计算一下25×13的答案
20. 现在你已经全部看完，请只做第一题和第二题即可

（三）文件满桌

你很难在最短的时间内，从一个杂乱无章、堆满文件的办公桌上，准确获取所需要的资料，这就可能会浪费很多的时间。

请快速地找到以下 12 个文件，如你无法即刻找到某些题目要求的文件，请在题目前打"×"。

1. 订购文具后所得的账单；
2. 收到一本管理杂志，其中可能具有值得阅读的文章；
3. 来自上司的会议通知（下周一举行会议）；
4. 某大学企管系学生寄来的问卷；
5. 下属交来的（或是你个人的）一份用于准备下一个月业务报告的有关资料；
6. 一封需要尽快回复的信；
7. 一位你经常接触的人告知新地址及新电话号码的电子邮件；
8. 组织内其他平行部门的来函，要求取得你的部门的市场（或其他）调查报告；
9. 某管理顾问公司中寄来的出版物宣传单，你认为其中一两本书也许值得订购，但你无法确定是否真正值得订购；
10. 客户寄来一封投诉信；
11. 人事部门发出的有关员工考核程序的函件；
12. 提醒自己明年及早准备财务预算的备忘录。

结果分析：假如你在以上 12 个问题的前面写上了两个或两个以上的"×"，则表示你欠缺一套完整的文件处置系统。你最好尽快设计一套完整的文件处置系统（包括你的纸面文件夹和计算机的文件夹）。

（四）事必躬亲

人的时间和精力都是有限的，如果亲自处理每一件事情，势必会"眉毛胡子一把抓"，无法节约时间去做最重要的工作。

（五）不会拒绝

我们不可能满足所有人的要求，因为每个人的时间都是有限的。在日常工作中，我们经常会遇到各种请求，往往会碍于面子而答应下来，但又没有时间来完成，这对自己和他人来说，都将是一种伤害。

三、时间管理策略

（一）目标原则

目标的功能在于让你在面临各种选择时，有一个清晰的认识，使你的行动更有效率。哈佛大学的一项对智力、学历、环境相似的人的跟踪研究发现，3%的人有十分清晰的长期目标；10%的人有比较清晰的短期目标；60%的人目标模糊；27%的人没有目标。25年后，那3%的人，几乎都成了社会各界的成功人士；那10%的人，大多生活在社会的中上层；那60%的人，几乎都生活在社会的中下层；那27%的人，几乎都生活在社会的最底层。由此可见，清晰的目标，可以使人在同样的时间内，更高效率地完成工作，也最能刺激我们奋勇前进、引导我们发挥潜能。

根据SMART原则，有效的目标应遵循具体明确（Specific）、可衡量（Measurable）、可实现但有挑战性（Achievable and challenging）、有意义（Rewarding）、有明确期限（Time-Bounded）5项原则。同时，还必须具有书面性和可操作性。

需要清楚的是，任何一个目标的设定，时间限定是一个重要内容，很多目标实现不了的重要原因，就是没有时间上的限定。如果我们仔细回顾一下自己，可以发现，因没有时间限定而实现不了目标的例子，在我们现实生活中不胜枚举。

（二）四象限原则

在我们开始工作前，如何在一系列以目标为导向的待办事项中，选择孰先孰后呢？一般来说，优先考虑重要和紧迫的事情，但是在很多情况下，重要的事情不一定紧迫，紧迫的事情不一定重要。因此，处理事情的优先秩序的判断依据是轻重缓急，常用四象限原则作为判断依据（图6-1）。

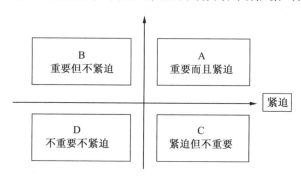

图6-1　时间管理"四象限"

第一类（A）是重要而且紧迫的事情。这类事情包括紧急事件、有期限要求的项目或需要立即解决的问题，需要引起高度重视。

第二类（B）是重要但不紧迫的事情。这类事情包括策划、建立关系、网络工作、个人发展。

第三类（C）是紧迫但不重要的事情。这类工作包括应付干扰、处理一些电话及电子邮件、参加会议、处理其他人关心的事情。

第四类（D）是不重要不紧迫的事情。这类工作包括处理垃圾邮件、直销信件、浪费时间的工作、与同事的社交活动以及个人感兴趣的事。

通过四象限原则，我们可以清楚地看到，事情处理的优先顺序依次为第一类、第二类、第三类、第四类。但是，对于一个善于管理时间的人来说，通常会重点关注第二类事情，做好提前准备，以免将其拖延成第一类事情，从而措手不及，影响成效。

（三）二八原则

"二八原则"，又称帕累托定律。意大利经济学家帕累托在对19世纪英国社会各阶层的财富和收益统计分析后发现，80%的社会财富集中在20%的人手里，而剩余的80%的人只拥有20%的社会财富。随后，哈佛大学语言学教授吉普夫和罗马尼亚裔的美国工程师朱伦进一步完善了"二八原则"（图6-2）。"二八原则"提示我们，并不是所有的产品都一样重要，并不是所有的顾客都同等重要，并不是所有的投入都同样重要，并不是所有的原因都同样重要。在任何一组事物中，最重要的只占一小部分，即20%，而其余80%虽然占多数，却是次要的。如果想取得人生的辉煌和事业的成就，你就必须学会找出你心中的优先顺序，抓住重点。

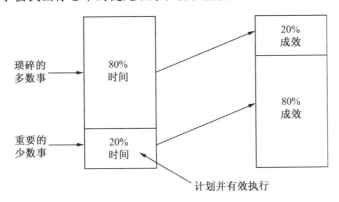

图6-2 时间管理"20/80"

（四）避免干扰原则

凡是没有规定日程的拜访或电话都是干扰。虽然干扰未必都是不必要或不利的，但是，干扰会中断计划中的事情，影响正常的工作。那么，常见的干扰及对策有哪些呢？

1．来自上司的干扰

对策：（1）让上司清楚知道你的工作目标；（2）主动地约见你的上司。

2. 来自同事的干扰

对策：（1）如果有人找你，就站起来接待他；（2）建议公司设立人人安静一小时制度。

3. 来自下属的干扰

对策：（1）安排固定时间让下属汇报工作；（2）保留固定时间供下属讨论问题；（3）安排其他时间处理非紧急事件。

（五）黄金时间法则

通常人一天的变化规律为：早上思维最敏捷，下午精力有所减退，晚上精力得到恢复但没有达到高峰。在实际生活中，人的生物钟有个体差异，最常见的是"百灵鸟"和"夜猫子"，从名称上我们可以看出，有人白天效率高，有人夜晚效率高，但是，不管何种类型，其生物钟的模式设定规律是一致的，即思维敏捷、精力减退、精力恢复。了解自己生物钟的变化规律，认真根据自己的精力周期进行日程安排，可提高工作效率。

根据生物钟一般规律的黄金时间法则，可以按如下顺序安排日程：（1）智力任务：安排在思维敏捷阶段，这是制定决策的最佳时间，通常是早上；（2）思考性或创造性工作：精力减退期是思考、处理信息和长期记忆的理想时间，这一时期通常是在下午；（3）日常工作：精力恢复期适合做需要集中精力的日常工作或重复性工作，这个时期通常在晚上。

（六）大块时间法则

大块时间法则是培养工作情绪的法则，即用前30分钟做容易做的事情，让事情看起来有进度；后90分钟做最重要的事情。具体方法包括：

（1）列举今天所有要做的事情，分成容易的、重要的及其他事情，用"二八原则"排出事情的优先顺序；

（2）在前30分钟完成最容易的事情，时间一到，不管是否完成都要将手里的工作告一段落；

（3）在后90分钟完成最重要的事情，如果顺利，可以持续工作；

（4）空余时间再完成遗留的容易事情。

小贴士

十个节约时间的方法

1. 事先规划时间步骤，收事半功倍之效；
2. 分析工作优先秩序，处置轻重缓急；
3. 选择最有效率时段，安排重要工作；

4. 办公场所案头组织,提升工作效率;
5. 授权部属助理秘书,充分合理分配;
6. 活用记事本簿,有效时间管理;
7. 运用有效方法,易得所需资讯;
8. 改变拖延习惯,即时采取行动;
9. 巧妙应对访客,自我掌控时间;
10. 练就健康身体,身心愉悦健康。

第二节　效能管理

> ✽ 案例2:
> 某部门主管患有心脏病,遵照医嘱,每天只上班三四个小时。结果他很惊讶地发现,他在这三四个小时所做的事,在质和量方面与以往花费八九个小时所做的事几乎没有差别。他所能提供的唯一解释便是,他将被缩短的工作时间用于最重要的工作上,这或许是他得以维护工作效能以提高工作效率的主要原因。

一、效能与效率

效率的本义是指在单位时间里完成的工作量,或者说是某一工作所获的成果与完成这一工作所花人力、物力的比值。从经济意义上讲,效率指的是投入与产出或成本与收益的对比关系,但并不能反映人的行为目的和手段是否正确。简言之,效率就是把事情很快地做完。效能则强调人在行为目的和手段方面的正确性与效果方面的有利性,即把事情很快、很对地做完。效率与效能的另一个区别是获取的途径、方法不同。世界著名管理学家、诺贝尔奖获得者西蒙对"效率与效能的区别"做过较全面的剖析,他认为:"效率的提高主要靠工作方法、管理技术和一些合理的规范,再加上领导艺术;但是要提高效能必须有政策水平、战略眼光、卓绝的见识和运筹能力。"

二、自我效能概述

(一)自我效能内涵

人们总是努力控制影响其生活的事件,通过对可控的领域进行操纵,

能够更好地实现理想,防止不如意的事件发生。班杜拉认为,人是行动的动因,个体与环境、自我与社会之间的关系是交互的,人既是社会环境的产物,又影响形成他的环境。自我效能就是个体对自己作为动因的、具有组织和取得特定成就的能力信念,它控制着人们所处的环境条件。

自我效能是构成人类动因的关键因素,如果人们相信自己没有能力引起一定后果,他们将不会控制之前发生的事情。人类的适应和改变以社会为基础,因而个人动因是在一个社会结构性影响的大网络中发挥作用的。在动因的作用中,人既是社会系统的生产者,又是社会系统的产物。

(二) 自我效能的本质特征

1. 自我效能是一种生成能力

人的自我效能是一种生成能力,它结合认知、社会、情绪及行为方面的亚技能,并能把它们组织起来,有效地结合运用于多样目的。比如,只知道一堆单词和句子,不能被视为有语言效能,同样,拥有亚技能和能把它们综合运用于适当的行为中,并在逆境中加以实现有显著不同。因此,人们即使完全明白做什么,并有必需的技能去做某些事情的时候,由于自我效能不高,也常常不能把事情做到最好。

2. 自我效能是行为的积极产生者和消极预言者

自我效能影响思维过程、动机水平和持续性以及情感状态,对各种行为的产生起着重要作用。那些怀疑自己是否在特殊活动领域具有能力的人,会回避这些领域中的困难任务,他们很难激励自己,因而遇到障碍时易松懈斗志或很快放弃。他们对选定的目标往往并不是很投入,在艰难的环境中,他们常停留于自己的不足和任务的严峻以及失败的负面后果之中,遇到失败和挫折后,易把未完成目标归咎于能力缺陷,因而,即使很少的失败,也会使他们失去对自己能力的信念。而具有很强能力信念的人,往往视困难为挑战对象,不回避威胁,他们对活动产生兴趣后会完全投入活动,并对此富有强烈的责任感,面对困难仍然以任务为中心,想方设法克服困难;在遇到失败或挫折时,常常把失败归因于努力不够,注重提高自身的努力程度,因而,这会促使他们不断地走向成功。

三、自我效能的影响因素

人们对自我效能的认识,是自我认识的一个主要组成部分。自我效能有4个主要的影响因素是:(1) 作为能力指标的动作性掌握经验;(2) 通过能力传递及与他人成就比较而改变效能信念的替代经验;(3) 使个体知道自己拥有某些能力的言语说服及其他类似的社会影响;(4) 一定程度上人们用于判断自己能力、力量和机能障碍脆弱性的身体和情绪状态。

（一）动作性掌握经验

动作性掌握经验是最具影响力的自我效能影响因素，因为它可以就一个人是否能够调动成功所需的一切提供最可靠的证明。成功使人建立起对自我效能的积极信念；失败，尤其是在自我效能尚未牢固树立之前发生的失败，对自我效能产生消极影响。当人们相信自己具备成功所需的条件时，面对困难会坚持不懈，遭遇挫折也会很快走出低谷。有了咬紧牙关走出低谷的经验，人们就会变得更加强大而有力。

然而，通过掌握经验建立个人的自我效能，并不是一件按部就班的事，它需要获取认知、行为和自我调节工具来创立和执行有效的行为过程，以控制不断变化的生活环境。其中，认知和自我调节两方面为有效行为表现创造了条件。

（二）替代经验

替代经验是指以榜样为中介进行推论性比较，从而对自我效能的评价产生一定程度的影响。由于大多数活动，我们对自己的胜任程度没有绝对的度量方法，因此必须根据自己与他人成就的关系来评价自己的能力。比如当我们考试得了85分，如果不知道其他同学的成绩如何的话，就很难推断这个分数的高低程度。日常生活中，人们常常在同一条件下，与特定他人，如同学、同事、对手等进行比较，自己胜出，则自我效能提高；反之，自己落后，则自我效能削弱。因此，根据所选择的社会比较对象的不同，自我效能会发生较大的变化。

此外，替代因素还可通过由比较性自我评价引起的情感状态来影响自我效能。

（三）言语说服

言语说服影响人们实现所追求的信念的能力。当重要的他人对个体的能力表示信任时，个体比较容易维持一种积极的效能，尤其是在面对困难时更加明显。但是，言语说服在建立持续增长的自我效能上，作用比较有限；并且，如果言语说服的内容是提高对个人能力的不现实信念时，则反而会降低说服者的权威性，进一步削弱接受者的自我效能。

（四）生理和心理状态

人们在判断自身能力时，一定程度上会依赖生理和心理状态所传达的身体信息。人们常把自己在紧张、疲劳情况下的生理活动理解为功能失调的征兆，回想起有关自己的无能和应激反应的不利想法后，就会唤起自己

更高的痛苦水平，而这恰好能导致他们所担心的失调，进一步削弱自我效能。

心情由于常常与活动性质的改变相伴，成为自我效能的另一个影响因素。如果人们学习的内容与他们当时的心情相符合，就会学得比较快；如果人们复习时，与当时习得时所处的心情一样，回忆效果也会好，强烈的心情比微弱的心情具有更大的影响力。鲍尔研究显示，情绪记忆与不同时间相联系，在关联网络中创设了多重联系，激活记忆网络中的特定情绪单元，将促进对相关事情的回忆。消极心情激活人们对过去缺憾的关注，积极心情则使人们回想起曾经的成就。自我效能评价因选择性回忆以往的成功而提高，因回忆失败而降低。

不同形式的效能影响因素往往很少单独发挥作用。人们不仅看到自己努力的结果，而且也看到他人在类似活动中的行为，还不时接受有关自己行为是否恰当的社会评价。这些因素彼此影响，并共同影响着自我效能。

四、自我效能提升策略

（一）设置明确而合适的目标

学习动机对学习的推动作用主要表现在学习目标上。美国著名教育心理学家奥苏伯尔认为，学生的学习动机由三方面的内驱力（需要）所构成：认知内驱力（以获取知识、解决问题为目标的成就动机）、自我提高内驱力（通过学习而获得地位和声誉的成就动机）和附属内驱力（为获得赞许、表扬而学习的成就动机）。一个人的求知欲越旺盛，越想得到别人的赞许和认可，则他在有关的目标指向性行为上就越想获得成功，其行为的强度就越大。因此，不管是为了获得知识、能力，或者是为了获得良好的地位、声誉，学习目标定向明确，个体学习行为的积极性将更高。一个没有学习目标的人，在学习上是缺乏进取性、主动性、自觉性的，即使获得好成绩，其成功感也不强。但是，对于不同的学习目标定向，学习动机的推动作用存在一定的差别，学业成绩上也会有一定的差异。其一，以获得知识、能力为学习目标的个体在乎的是自己在学习中学会了多少知识，获得了哪些能力。当他们遇到困难时，会不断地尝试以求解决。在这一过程中，其学习动机进一步增强，学习成绩又得以提高，这来之不易的成功会让其有更强烈的愉快体验。其二，以获得赞许、良好声誉等为学习目标的个体，则更多地选择回避挑战性的学习情境，以避免失败或较低的学习成绩。尤其是那些自我能力归因较低的个体，当遇到困难或遭遇失败时，学习会更加消极。因此，明确而合适的学习目标定向，有助于激发个体的学习动机，从而获得强烈的成功体验。

（二）与成功者为伍

由替代经验可知，相似群体的示范作用是非常大的。当看到别人成功时，个体内在的动力也会被激发出来。因此，主动寻求积极的榜样，有利于自我效能的提升。

然而，成败经验对自我效能的影响还受到个体归因方式的左右。只有当成功被归因于自己的能力这种内部的、稳定的因素时，个体才会产生较高的自我效能，如果把成功感都归因于运气、机遇之类的外部的、不稳定的因素，则不影响个体的自我效能；同样地，只有当失败被归因于自己的能力不足这种内部的、稳定的因素时，个体才会产生较低的自我效能。也就是说，自我效能高的个体会认为可以通过努力改变或控制自己，而自我效能低的个体则认为行为结果完全是由环境控制的，自己无能为力。因此，在对成败进行归因时，个体还应持积极、客观的态度，以增强自我效能感，保持持续的动力。

> **案例3：**
> 心理学家以算术成绩极差的小学高年级儿童为测试对象，为这些差生安排了一个星期的训练，在每次训练中他先让儿童分别学习算术的自学教材，然后由榜样演示如何解题，榜样在解题时一面算一面大声地说出正确的解题过程，最后再让学生自己解题。在学生自己解题之前，他让儿童把所有的题看一遍，并判断一下他们能有多大把握来解每一道题，以此来了解学生解题的自我效能感。结果发现，经过训练，儿童的自我效能感逐渐得到增强，与之相应，儿童解题的正确性和遇到难题时的坚持性也得到了提高。

（三）自我竞赛

自我竞赛即同自己的过去比，从自身进步、变化中认识和发现自己的能力，体验成功，提高自我效能。如果总是与班上的优秀生相比，学生尤其是中下水平的学生会觉得自己样样不如别人，越比自信心越低。

（四）保持良好的身心状态

身体效能管理就是对身体进行医学、运动学、心理学、营养学、物理治疗学等多种学科的系统干预，促使个体在工作中始终保持精力充沛、头

脑清晰、身体舒适的高效能状态，并且能自如应对工作和生活中的各类突发事件。

自我效能可以激活各种各样作为人类健康和疾病中介的生物过程。自我效能的许多生物学效应是在应对日常生活中急性和慢性的应急源时产生的，而应急被看成是许多躯体机能失调的重要来源。面临能力控制的应激源时，个体不会产生有害的躯体效应；而面临相同的应激源，个体却没有能力控制时，神经激素、儿茶酚胺和内啡肽系统则会被激活，并给免疫系统的机制造成损害。因此，保持良好的身心状态，也是提高自我效能的有效途径。

第三节　情绪管理

> ❋ 案例4：
> 　　某公司要裁员了，根据规定，在公布名单中的人员，一个月后离岗；内勤部的孙艳和何灿都在裁员名单中。第二天上班，何灿心里憋气，一会儿找同事哭诉，一会儿找主任伸冤，什么活都干不下去。而孙艳也哭了一个晚上，尽管心里很难过，但是上班的时候，她默默地打开计算机，仍然像往常一样打文稿、通知。同事们知道她要下岗了，不好意思再找她，她说："是福不是祸，是祸躲不过，不如好好干完这个月，否则，以后想给你们干都没有机会了。"

善于掌握自我、善于控制和调节情绪，对适应社会发展、维护身心健康都是至关重要的，因为情绪活动是对健康影响最大、作用最强的成分。人的任何活动，莫不以情绪为背景，都伴有情绪的色彩。

一、情商与情绪

我们每个人都有自己的理想、抱负，都希望自己能梦想成真，取得成功。过去，我们曾经认为智商是决定能否成功的主要因素。但是，进入现代社会，人们对成功因素的理解有了巨大改变，"100%成功＝20%智商＋80%情商"的理念已逐渐为大家所接受。

> ✲ **案例5：**
> 相关研究显示，对于一般工作岗位，情商的重要性是智商的两倍；对于高级职位，智商的差别可以忽略，而情商的作用更加重要；对于高级职位的高绩效者和低绩效者，其差别的90%可归因于情商。

情商，即智力情绪，是测定和描述人的情感状况的一种指标，是一个人管理自我情绪以及管理他人情绪的能力。它虽属于非智力因素，但却是保证智力水平在实践中充分发挥作用，使人取得成功的关键。情商的主体，就是情绪。

情绪，是指人们在内心活动过程中所产生的心理体验，或者说，是人们在心理活动中，对客观事物是否符合自身需要的态度体验。我们通常说的"七情六欲"中的"七情"指的就是情绪。

二、情绪的特点

（一）情绪反映客观外界事物与主体需要之间的关系

情绪是以人的需要为中介的一种心理活动，它反映的是客观外界事物与主体需要之间的关系。外界事物符合主体的需要，就会引起积极的情绪体验，就会对身心健康发挥积极的促进作用，可以防止某些疾病的发生、发展或减轻疾病、加快疾病的好转；反之，则会引起消极的情绪体验，诸如愤怒、恐惧、焦虑、忧愁、悲伤、痛苦等，过分刺激人体，使人的心理活动失去平衡，导致神经活动功能失调而危害健康，尤其是丧失感、威胁感、不安全感的心理刺激更易致病，其中丧失感对健康危害最大（如亲人死亡、工作失败等）。这种体验构成了情绪的心理内容。良好的情绪在心理健康中起核心作用。

（二）情绪可以影响和调节认知过程

情绪是主体的一种主观感受，或者说是一种内心体验，可以影响和调节认知过程。情绪可以激励人的行为动机、改变行为效率。情绪良好时思路开阔、思维敏捷，学习和工作效率高；情绪低沉或郁闷时，则思路阻塞，操作迟缓，无创造性，学习工作效率低。研究发现，积极情绪会起到正向的推动作用，使人的身心处于最佳活动状态，从而促进主体积极地行动并提高活动效率。

总之，积极情绪能让大家感觉更好、更加幸福。当我们带着积极情绪

和他人沟通时，会换来同样积极的回应与效果，会让我们变得更有吸引力。

（三）情绪的外部表现形式是表情

情绪有其外部表现形式，即人的表情。它包括面部表情、身段表情、言语表情。表情是鉴别人的情绪、情感的主要标志（达尔文最早研究表情），可以协调社会交往和人际关系。

（四）情绪会引起一定的生理变化

情绪会引起一定的生理上的变化，包括心率、血压、呼吸和血管容积上的变化。如愉快时胃肠道运动增加，焦虑时引起排尿，悲伤时出现前列腺素分泌增加等副交感神经系统活动亢进的现象；发怒或应激状态时出现血压升高、心跳加快、呼吸加深加快、汗腺分泌增多、胃肠运动抑制等交感神经亢进现象，情绪引起的生理变化的总的效果是动员机体内储备的能量，提高和增加机体的适应能力，以适应环境的急剧变化。

三、情绪的基本范畴及形态

（一）按内容来分

1. 基本情绪

基本情绪是任何动物都有的。近代研究把快乐、愤怒、悲哀和恐惧列为情绪的基本形式。快乐，是盼望的目的达到、紧张解除后，继之而来的情绪体验；悲哀，是失去所盼望的、所追求的东西或有价值的东西而引起的情绪体验；愤怒，是由于目的和愿望不能达到或一再地受到妨碍的过程中积累而成的情绪体验；恐惧，是由于缺乏处理或摆脱可怕的情境的力量，企图摆脱、逃避某种情境的情绪体验。

2. 复合情绪

复合情绪是由基本情绪的不同组合派生出来的。如敌意，是由愤怒、厌恶、轻蔑复合而成的；焦虑，是由恐惧、内疚、痛苦和愤怒复合而成的。

（二）按情绪状态来分

按情绪状态，即情绪的速度、强度和持续时间来分，情绪可分为心境、激情和应激。

1. 心境

微弱、持久而具有弥漫性的情绪体验状态，通常叫心境。心境并不是对某一事件的特定体验，而是以同样的态度对待所有的事件，让所有遇到的事件都产生和当时的心境同样的色调。对于心境所持续的时间，短则只有几小时，长则可到几周、几个月，甚至更久。心境对人的生活、工作和健康会发生重要的影响，积极乐观的心境会提高人的活动效率，增强克服困难的信心，有益于健康；消极悲观的心境会降低人的活动效率，使人消沉，长期的焦虑会有损于健康。

2. 激情

激情是指强烈的、暴发式的、持续时间较短的情绪状态，这种情绪状态具有冥想的生理反应和外部行为表现。激情往往是由重大的、突如其来的事件或激烈的冲突引起的。激情既有积极的，也有消极的。在激情状态下，人的认识范围变得狭窄，分析能力和自我控制能力降低，因而在激情状态下，人的行为可能失控，甚至会发生鲁莽行为。

3. 应激

应激是指在出现意外事件和遇到危险情景的情况下出现的高度紧张的情绪状态。如果应激状态长期持续，机体的适应能力将会受到损害，并有可能诱发疾病。

(三) 按性质来分

按情绪状态的性质分，情绪可分为积极情绪和消极情绪。

积极情绪包括爱、性、希望、信心、同情、乐观、忠诚等。消极情绪包括恐惧、仇恨、愤怒、贪婪、嫉妒、报复、迷信等。

四、情绪对个体的影响

(一) 情绪对生理的影响

正常的情绪，有助于个体的行为适应。适度的紧张、焦虑，不仅是维持工作效率的有利因素，而且也是健康生活的必备条件。适度的紧张情绪，不仅是个人的需要，也是社会所必需的。但是，不良的情绪会产生过高的应激值，将严重损害身体的健康。

> ✽ 案例6：
>
> ### 猴子的心理学实验
>
> 预备实验：把一只猴子放在铜条里，双脚绑在铜条上，然后给铜条通电。猴子挣扎乱抓，旁边有一弹簧拉手是电源开关，一拉猴子就不痛苦了，这样猴子一被电就拉开关，建立了一级反射。每次在通电前，猴子前方的一个红灯就会亮起来，多次以后，猴子知道了，红灯一亮，它就要受苦了，所以每次还不等来电，只要红灯一亮，它就拉开关。这就建立了一个二级条件反射。预备试验完成。

> 正式试验：在这只猴子的旁边再放一只猴子，将其与第一只猴子串联在铜条上，隔一段时间就亮红灯、通电，每天持续6小时。第一只猴子注意力高度集中，一看到红灯就赶紧拉开关，第二只猴子不明白红灯亮代表什么，无所事事，无所用心。过了二十几天，第一只猴子就死了，但第二只猴子并未发现明显的异样。

第一只猴子是因为什么死的呢？科学家发现，它死于严重的消化道溃疡，而实验之前体检时，它没有任何胃病，没有溃疡，可见这是二十几天内新得的病。由于第一只猴子的压力大，精神紧张，焦虑不安，老担惊受怕，它的消化液和各种内分泌系统紊乱了，所以就会得溃疡。

(二) 情绪对个体的心理影响

情绪在变态行为或精神障碍中起核心作用，严重者产生情绪障碍，典型的常见情绪障碍包括抑郁、焦虑、恐惧、易怒、强迫等。近年来，神经症越来越普遍，其中以抑郁症最为多见。比如，韩国数位影星相继自杀；我们喜欢的港台歌星张国荣、作家三毛等都因抑郁症而自杀，留下了很多遗憾，其中不良情绪起了重要作用。当然，不良情绪对我们的生活、事业、家庭生活等同样会产生不良后果。

五、情绪的产生

(一) 需要

需要是有机体内部生理与心理某种缺乏或不平衡状态被体验时的心理现象。需要一旦产生就成为一种刺激，人们便会想方设法采取某种行为以寻求满足，消除这种不平衡状态。比如，当一个人非常渴的时候，体内便产生一系列与渴有关的生理不平衡状态，受这种不平衡状态的驱使，这个人会四处寻找水。需要既是生理的，又是心理的，当一种需要得到满足后，不平衡状态消失，但是又会出现新的不平衡，产生新的需要，当这种不平衡无法消除时，便会产生情绪。过多的需求就会变成无尽的欲望，就永远无法达到平衡的状态，永远不能感到内心的满足。内心不满足，情绪便不会愉悦，生活便不会幸福，人生便不会完美。北京师范大学的郑日昌指出，如果将成功作为一个变量，视为分子，就与你的成就、学历、职位、幸福成正比。但是，分子下面还有一个分母，这个分母就是欲望。当你的欲望无限增大时，其实快乐也就无限减小。

每个人都会有各种各样的需要，马斯洛把它归纳为5个层次，即生理需要、安全需要、爱和归属需要、尊重需要、自我实现需要（图6-3）。不同层次的需要得到满足的难度是不同的，层次越高，获得满足的难度越大。大学生的需要，主要包括发展需要（求知需要、求美需要、发展体力需要）、交往需要（友情需要、归属需要）、尊重需要（自尊自立需要、权力需要）、贡献需要（建树需要、成就需要、奉献需要等）。

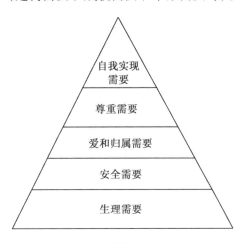

图6-3 马斯洛需要五层次

（二）选择冲突

当人们面临太多选择时，可能出现选择冲突，因不满意感增加而产生情绪。

> ✤ 案例7：
>
> 斯坦福大学用6种口味和24种口味的小吃分别设立了两个小吃摊位。结果，24种口味的摊位前242名路过的客人中，有60%的客人停下来试吃；6种口味的摊位前260名路过的客人中，只有40%的客人停下来试吃。在6种口味的摊位试吃的客人中有30%的人都至少买了一份小吃，而在24种口味的摊位试吃的客人中只有3%的人买了小吃。

（三）人际关系不和

人是社会的动物，如果不能归属于一个群体，不能有较好的人际互动，那么其生存就会受到威胁。研究表明，一个人的心理健康程度与人际的支持和接纳有着密切关系。但是随着社会的发展，竞争越来越激烈，人与人

之间建立信任的成本越来越高,这就使人际关系成为人们极端情绪引发的诱因。

(四) 生活事件

大家都知道范进中举的故事,经历无数次的考试,在 50 多岁中举后,范进竟然疯了,这就是情绪过度诱发的。高考失利、亲人离世、名誉受损、失恋,可以导致消极情绪的产生;但是晋升、有所成就、获得荣誉,同样也能导致消极情绪的产生。常见影响情绪的重大生活事件如表 6-1 所示。

表 6-1 重大生活事件量表

事件	冲击的程度	事件	冲击的程度
配偶死亡	100	工作责任的变动	29
离婚	73	子女离开家门	29
夫妻的分居	65	与姻亲有相处上的困扰	29
牢狱之灾	63	个人有杰出成就	28
家族近亲死亡	63	配偶开始或停止工作	26
身体重大伤病	53	开始上学或停止上学	26
结婚	50	社会地位的变动	25
被解雇	47	个人习惯的修正	24
夫妻间的调停、和解	45	与上司有所不和或冲突	23
退休	45	工作时数的变动	20
家庭成员的健康状况不好	44	居住处所的变动	20
怀孕	40	就读学校的变动	20
性困扰	39	娱乐、消遣活动的变动	19
家中有新成员产生(婴儿)	39	教堂活动的变动	19
职业上的再适应	39	社交活动的变动	18
财务状况的变动	38	较轻微的财务损失	17
好友死亡	37	睡眠习惯的改变	16
转变行业	36	家庭成员总数的改变	15
与配偶争吵次数有变动	35	进食习惯的改变	15
负债未还、抵押被没收	31	假期	15
设定抵押或借债	30	违反交通规则	11

（五）不合理的信念

心理学家韦斯勒总结了11种不合理及合理的信念，并归纳了不合理信念的3个特征，这种非黑即白的特征，常导致极端思维，从而产生情绪问题。

（1）绝对化的要求，在各种不合理的观念中，这一特征最为常见，它指人们以自己的意愿为出发点，对某一事物怀有其必定会发生或不会发生这样的观念，如"我必须成功""他应该对我好"等；

（2）过分概括化，以偏概全，以一概十的思维方式；

（3）把事情想得糟糕至极，即认为某事情发生了，必定会非常可怕，非常糟糕、非常不幸。

小贴士

11种不合理及合理的信念

1. 我们应该得到每一位对自己重要的人的喜爱和赞许（不合理）；无论别人怎么看待我们，我们都是有价值的人（合理）。

2. 我们应该非常有能力，在各方面都有成就，这样我们才能有价值（不合理）；我们尽全力做事，若失败，只是我们的努力失败了，我们的价值不会因此受损（合理）。

3. 有些人是卑鄙的、丑恶的，他们应该受到严厉的指责和惩罚（不合理）；一个人做了错事，不等于他就是一个坏人（合理）。

4. 如果事情非己所愿，那将是很糟糕、很可怕的（不合理）；事情很少像我们所喜欢的那样发生，若事情有可能改变，我们应尽量努力，若不能则接受现实（合理）。

5. 不幸福、不愉快是外界环境造成的，我们必须控制它们（不合理）；情绪由我们对事情的知觉、态度和评价所产生，是可能改变和控制的（合理）。

6. 逃避困难、挑战和责任要比面对它们更容易些（不合理）；承担责任、面对困难与逃避困难相比，是合适的态度（合理）。

7. 因为危险的、可怕的事情随时随地都可能发生，所以我们要时时刻刻加以警惕（不合理）；我们要设法避免那些可能发生的危险的事情，如无法避免，则应该设法减轻其后果（合理）。

8. 我们必须依靠他人，而且应该有一个比自己强的人做依靠（不合理）；我们应该独立并勇于承担责任，但并不拒绝别人的帮助（合理）。

9. 过去的经验决定和影响当前的行为，而且这种影响力永远存在（不合理）；过去的经验是重要的，但产生过去经验的条件与现在的情况不同，所以过去的经验对现在的影响是有限的（合理）。

10. 我们应该为别人遇到的难题、困扰而紧张和烦恼（不合理）；我们尽量努力帮助那些遇到困难的人，若无效，也会接受现实（合理）。

11. 对碰到的每一个问题，我们应该有一个正确的、完善的解决方案，若找不到这个答案，就会痛苦一生（不合理）；我们努力寻找解决问题的可行方法，而不苛求那些不存在的、绝对完善的方法（合理）。

六、情绪自我管理方法

人是不可能没有情绪的，并且情绪会有高低起伏，所谓情绪管理也不是（其实也不可能是）要去完全消除情绪或情绪的起伏变化，而是要使情绪的起伏在可控制的范围内，避免失控。

遇到不良情绪的时候，一般采取的方法包括以下 5 种：

（一）宣泄

宣泄是发泄自己的负性情绪的一种方法，可以有很多形式，如运动、嚎啕大哭、阅读、怒吼、旅游等，但也有消极地用躯体疾病的方式来表达的。

> **案例 8：**
> 一位妇女经常头痛，但是，医生检查不出有什么躯体疾病，原因是她并没有生理因素产生的疾病。她头痛是因为最近她离婚了，很痛苦，但是又不好意思跟别人说，即找不到情绪的出口，于是选择了用躯体疾病——头疼的方式来宣泄情绪。

（二）转移

从心理学角度看，一个人的注意力不能同时集中在两件事物上，当注意力受困于某件事情时，可着手进行另一件事情，让心看到另一种风景，从而转移注意力，改善或消除原有的不良情绪。

转移就是把注意力从引起不良情绪的事情上转移到其他事情上去，使人从消极的情绪中解脱出来，从而激发积极愉快的情绪反应。

（三）认知调整

年轻人都希望自己或国色天香，或英武过人，或天资聪颖，或出类拔萃，谁都希望自己含着银勺子出世，能够一帆风顺，坐享其成。然而，这不符合事物发展规律。对于不能改变的事物能安然接受，是一种积极的智慧。由"杯弓蛇影"可以看到心理暗示的强大力量，消极的心理暗示给人带来痛苦，积极的心理暗示可以创造快乐。因此，调整认知，是保持积极情绪的重要途径。

（四）幽默

幽默的力量是无穷的，可以在微笑间缩短彼此的距离，可以在各种紧张、尴尬的场合中调节气氛、化解尴尬，还能缓解情绪，使对方心悦诚服地理解、接纳你的观点。

> ✤案例9：
> 英国首相丘吉尔有个习惯，一天中无论什么时候，只要一停止工作，就爬到热气腾腾的浴缸中洗澡，然后裸着身体在浴室里来回踱步，以之作为休息。"二战"期间，丘吉尔到白宫要求美国军事支援。当他在白宫的浴室中光着身子踱步时，有人敲浴室的门，"进来吧！进来吧！"他大声喊道。门一打开，出现在门口的罗斯福看到丘吉尔一丝不挂，便转身想退出。"进来吧，总统先生，"丘吉尔伸出双臂，大声呼喊，"大不列颠的首相是没有什么东西需要对美国总统隐瞒的"。看到此情景，罗斯福会心一笑，也被丘吉尔的机智幽默所折服。
> 通过这种幽默而坦率的方式，丘吉尔最终赢得了美国总统的信任，结成美英同盟，从而帮助自己的国家走出了困境。

幽默不仅体现了智慧，还有一种强烈的自信在其中，当一个人能够自信地承认自己的不足，又能自信地清楚自己的价值时，就能灵活自如地采取幽默的处理方式。

（五）升华

升华是将所有可能的消极力量，都转化为自我成长的动力。司马迁在受宫刑之后，悲痛欲绝，但是他化悲痛为力量，潜心写下了上自轩辕、下至汉武的中国三千多年的历史巨著《史记》。他将苦闷、愤怒等消极情绪升华，将其与头脑中的闪光点、社会责任感联系起来，从而振作精神，奋发向上。

美国管理学家德鲁克在《21世纪的管理挑战》一书中指出,自我管理是个人为取得良好的适应,积极寻求发展而能动地对自己进行管理。自我管理水平的高低是影响个体社会适应效果和活动绩效及心理健康状况的重要因素。大学生是国家的未来,更是中华民族实现伟大复兴的希望。在21世纪,科学技术飞速发展,知识、信息与人才等方面的竞争尤为激烈。面对这样竞争激烈的社会,大学生除需要掌握不断更新的专业知识和职业技能外,更要具有较强的自我管理能力,这样才能更好更快地提高、发展和完善自我,才能为我国社会的发展和民族的未来添砖加瓦。

第七章 沟通能力

引言

我们每个人都需要与他人建立关系，这一过程中，沟通必不可少。

通过沟通，我们可以增进理解，形成稳定深刻的关系，让我们不再孤独；通过沟通，我们可以在困境中得到支持，在顺境中分享喜悦；通过沟通，我们可以形成团队，克服困难，共同完成任务；通过沟通，我们也可以消除隔阂，化干戈为玉帛，重新营造和谐关系……所以，我们在生活中需要沟通，在学习中需要沟通，在工作中，同样需要沟通。由此可见，沟通是我们必须具备的、极其重要的一种能力。

沟通是一个双向进行信息传递的过程。一方发出信息（言语和非言语），另一方接收信息，同时进行翻译、理解与加工，之后再反馈信息。如此循环往复，沟通由此产生。要使这一过程顺畅有效，首先是发出信息的一方能够很好地表达与传递；其次是接收信息的另一方能够有效接收与理解，同时根据自己的理解进行反馈和表达。这样的往来过程，其实很容易造成信息的遗漏、理解的偏误以及表达的不到位，进而带来种种问题。为了避免这些问题，让沟通更为顺畅，我们总结了很多方法和技巧。但从上述沟通基本过程和环节来看，我们会发现，倾听和表达是最基本的环节，也是最基本的技术。这也意味着：如果我们能够形成较强的倾听和表达能力，就能够更好地进行有效沟通。

职场中的沟通同样如此，一方面需要我们形成很好的倾听和表达能力，另一方面，根据沟通对象的不同、沟通情境的不同，我们需要善用不一样的沟通技巧。

第一节　沟通技巧

✲ 案例1：

　　一个农场主在巡视谷仓时，不慎将一只名贵的金表遗失在谷仓里。他遍寻不着，便在农场的门口贴了一张告示要人们帮忙，并悬赏1 000美元。

　　人们面对重赏的诱惑，无不卖力地四处寻找。无奈，谷仓内谷粒成山，还有成捆成捆的稻草，要想在其中找到一块金表就如同大海捞针。

　　人们忙到太阳下山也没有找到金表。他们不是抱怨金表太小，就是抱怨谷仓太大，稻草太多。他们一个个放弃了1 000美元的诱惑。

　　只有一个穿着破衣的小孩在众人离开后仍不死心，他并没有像别人那样在稻草中翻找，而是放缓脚步仔细倾听。突然，他听到一个奇特的声音在"滴答滴答……"地不停响着，他意识到这就是要找的金表。于是忙循声翻找，终于找到了金表，并得到了奖金。

　　正是倾听，让他循声而去，得到了想要的东西。沟通亦然，只有通过认真的倾听，才能准确而全面地把握对方传达的信息。

一、倾听的技巧

（一）倾听的意义

　　一谈到沟通，许多人首先想到的是如何说，怎样表达，而鲜少想到听。有些人认为，倾听能力与生俱来，实际上并非如此。

　　一位公主去寺庙拜佛游玩，方丈陪她浏览寺庙景色。公主听到树上的鸟儿婉转鸣叫，很高兴地说："多么悦耳的声音啊！"方丈问道："请问公主，您是用什么去听鸟的叫声的呢？"公主说："当然是用耳朵去听啊！"方丈说："死亡的人也有耳朵，为什么听不见呢？"公主说："死亡的人没有灵魂。"方丈说："睡着的人，有耳朵，也有灵魂，为什么听不见呢？"公主愣住了。

　　由此可见，倾听并非与生俱来、不学就会的。实际上，倾听不仅是一种生理活动，更是一种情感活动，需要我们真正理解沟通对象所说的话。

但问题是,"喜欢说,不喜欢听"乃人之常情。因此,我们都要学会倾听。

具体来说,倾听的重要价值主要体现在以下 5 个方面:

1. 倾听可以获取重要信息

有人说,一个随时都在认真倾听他人讲话的人,在与别人的闲谈中就可能成为一个信息的富翁。此外,通过倾听我们可以了解对方要传达的信息,同时感受到对方的感情。

2. 倾听可以掩盖自身弱点

俗话说"言多必失",意思是话讲多了往往会有失误,容易弄巧成拙。对于善言者如此,对于不善表达者更是如此。所以,当我们对事件或情况不了解、不熟悉、不明白的时候,或者当我们自知表达能力有所欠缺的时候,适时地保持沉默、多听多想不失为一种明智的选择。

3. 倾听可以激发对方的谈话欲望

我们在日常交往中都有这样的感受,当我们兴致勃勃地向某个人作表达的时候,如果对方意兴阑珊、兴致缺乏,你立刻会发现自己表达的欲望也下降了,甚至完全失去了继续交流的兴趣;反之,如果对方非常认真地倾听,你会感到对方很重视自己、对自己的话题很感兴趣,这种感觉会促使我们进一步表达和交流。当然,好的倾听者还能激发和启发谈话者更多、更敏捷的思考和表达,双方都会获益良多,并且心情畅快。

4. 倾听可以提升表达效果

我们只有从倾听中捕捉到说者要传达的重要信息,在接下来的表达中才能言之有物、言之有益;在认真倾听的过程中,我们也能学到什么样的表达是更能让人接受和认同的。

5. 倾听可以获得友谊和信任

一个人会因为在表达时被认真倾听而感受到被尊重、接受与喜爱,这些正性情感都会使我们更愿意靠近那个给予我们这种体验的个体。如果还能够被深深地理解的话,那真的会带来"酒逢知己千杯少"的快乐和满足。这是一个强调自我和个性的年代,在很多人都用说话来体现自己独特部分的时候,学会倾听,恰恰让我们有能力给别人搭建起一个自我展示的舞台,当然就容易得到别人的好感和认同,容易获得友谊和信任。

(二)倾听的方法

1. 倾听需要做好充分准备

当我们懂得了倾听的意义之后,还要做好倾听的准备。有效的倾听准备包括安静、耐心和用心。

良好的倾听需要安静。保持倾听时的安静，是为了做好倾听的准备：我已经闭上了我的嘴巴，带上了我的耳朵，请您开始讲吧。只有在安静的环境当中，我们才能听清楚表达者在说什么，才不会遗漏重要的信息。也只有当听众安静地倾听时，说话者才能感受到自己的表达是受欢迎的。保持安静，需要听众不插话，不跟周围人窃窃私语，也不用身体的其他部位发出声音，比如跺脚声、手拉动椅子的声音等。

良好的倾听需要耐心。有些人在倾听的过程中过于心急，经常在说话者暂停时插话，或者在说话者思考时自以为是地替别人讲话；有些人在别人还没有说完的时候就迫不及待打断对方，或者口里没说心里早就已经不耐烦了，这样往往不能把对方的意思听懂、听全。于是，我们经常听到别人这样说："你等我把话说完好不好？"所以，在倾听的时候要学会克制自己，特别是当你想发表高见的时候，不要过度假设自己早就理解他人，听完之后可以问一句："你的意思是……""我没理解错的话，你需要……"等，以印证你所听到的是否与对方表达的相一致。

> ✿ **案例2：**
>
> 　　一个顾客急匆匆地来到某营业厅的收银台。顾客说："你好，刚才你算错了100元……"收银台的服务员满脸不高兴："你刚才为什么不点清楚，银货两讫，概不负责！"顾客说："那就谢谢你多给了100元。"顾客扬长而去，收银台的服务员目瞪口呆。

良好的倾听需要用心。要带着真正的兴趣听对方在说什么；要理解对方说的话；让说话的人在你脑海里占据最重要的位置；始终同讲话者保持目光接触，不断地点头，不时地说"嗯""啊"等。

2. 倾听需要精准把握内容

倾听的过程中，我们要关注到的内容是非常丰富的。首当其冲，当然是说话者的语言内容。但不止于此，除了话语以外，我们还要关注说话者的表情和肢体动作，因为这两者往往是在用特殊的方式作着表达，在某些情况下，表达出的信息，甚至比话语更加准确和真实。

倾听要专注于表达者的主要观点。倾听的时候，听众要将精力集中在努力捕捉信息的精髓上面，理解表达者观点中的重点。

倾听要善于听出言外之意。不是所有的表达者都愿意把自己的真实观点和想法直接用语言表达出来的，这时，就需要听众能听出表达者的弦外之音了。

倾听时要关注表达者的表情语言和肢体语言。完整而有效的倾听，不仅在于清楚把握表达者真正想要表达的主要观点，还要通过表情、语气语调、手势动作等更好地理解表达者内心的真实感受。实际上，当人们不想直接说出自身真实想法时，"言不由衷"是完全可能的，但面部表情、语气语调、身体姿势等却很难作假。所以，如果我们希望自己成为一个高效倾听者，那就要学会在倾听的时候关注表达者的非言语部分，并能够理解这些非言语部分所传达的意义。

下列倾听的坏习惯，你有多少？

1. 说的比听的多
2. 喜欢插话
3. 在倾听时几乎一言不发
4. 发现感兴趣的问题时就问个不休，结果导致对方跑题
5. 你只倾听自己感兴趣的
6. 别人说话时你经常走神
7. 对方在说话时你在思考自己应该做怎样的反应
8. 你很乐于提出建议，甚至在别人没要求的时候也如此
9. 你的问题太多，不断打断对方的思路
10. 在对方还没说完时你已经下了结论

二、表达的技巧

❋案例3：

有一个国王，一天晚上做了一个梦，梦见自己满口的牙都掉了。于是，他就找了两位解梦的人。国王问他们："为什么我会梦见自己满口的牙全掉了呢？"第一个解梦的人就说："陛下，梦的意思是，在你所有的亲属都死去以后，你才能死，一个都不剩。"国王一听，大怒，打了他一百大棍。第二个解梦的人说："至高无上的陛下，梦的意思是，您将是您所有亲属当中最长寿的一位呀！"国王听了非常高兴，便拿出一百枚金币，赏给了第二个解梦的人。

> 同样的事情，同样的内容和意思，为什么第一个解梦的人会被打，第二个解梦的人却可以得到奖赏呢？不过是表达不同而已。俗话说："一句话说得人笑，一句话说得人跳。"由此可见，表达是多么重要。
>
> **问题**：如何进行有效的表达呢？

（一）表达要注意语言内容

1. 表达的语言要简洁精准

林肯曾说："在一场官司的辩论过程中，如果第七点议题是关键所在，我宁愿让对方在前六点占上风，而我在最后的第七点获胜。这一点正是我经常打赢官司的主要原因。"表达的精髓，在精而不在多。喋喋不休地讲个不停，不但惹人厌烦，也让人感觉不知所云。诚如西方谚语所云："话犹如树叶，在树叶茂盛的地方，很难见到智慧的果实。"所以，表达一定要让听众在最短的时间内最准确地理解到所要表达的意思。而要达到这样的要求绝非易事。这就需要我们能够清楚了解自己想要表达的主旨，并抓住关键点。但同时又不能为简而简，以简代精，这样反而会得不偿失。

2. 表达的内容要适当"包装"

这里的"包装"不是伪装，更不是弄虚作假、无中生有、歪曲编造，而是在真诚的基础上为了提高表达效果进行一些打磨，注意一些措辞，选择一些方式。

选择恰当的组织方式。研究发现，通常人们有3种方式进行表达：攻击式、退让式和自信式。很多时候我们会根据情况选择不同方式，但当我们遇到一些特殊事件或者特殊个体时，我们可能会不自觉地选择特定方式，从而进入低效的沟通模式。

攻击式表达往往会使用下面的一些句子："你必须……""因为我已经说过了。""你这个白痴！""你总是……/你从不……""我知道这样做不会有用的。""你怎么能那样想呢？"因为攻击式表达常常对人不对事，所以我们会发现"你"是该表达方式中出现的高频词。从这样的表达里，我们通常会感受到责备、非难、要求和命令，如果攻击程度没有那样明显的话，我们至少也能从中听出否定、不满和抱怨。

退让式的表达则经常使用这样的句子："如果你想……，我没有意见。""不知道我是否可以那样做？""我最近正忙着呢，随后我会和他讨论这个问题。""抱歉问你一下。""打扰你了很抱歉。"在这些表达里，我们很难感受到强硬的或者很多非常确定的东西，当然也会经常从这样的表达里听到诸如"也许""可能""希望"等词语。

自信式表达常常是这样一些句子："是的，那是我的错误。""我对你的观点是这样理解的……""让我解释一下为什么我不同意那个观点。""让我们先定义一下这个议题，然后寻求几个有助于解决它的途径。""请耐心听我讲明白，然后我们一起解决这个问题。"自信式的表达常常是负责任的、积极主动的、着眼于问题的。

小贴士

假如你刚刚接到一个重要任务，并且时间非常紧迫。你知道要按时完成这件事，就必须得到同事小林的帮助，你该如何与他沟通呢？运用上述3种方式思考一下，然后与下面的表达进行对比：

攻击式："小林，你看，我现在要忙死了。你得赶紧帮我把这个重要的项目完成！别跟我说你也有什么什么样的事情要做！你看你上周有紧急任务的时候，不也是我帮你的?！别担心，我不会把大半工作都让你做的。所以来吧，让我告诉你我需要你做些什么。"

退让式："你好，小林。很抱歉，我本来不想打扰你的，我知道你也有一堆事情要忙。我有一个难办的任务。如果你有时间的话，也许能提供一些帮助。但是，嗯，如果你不想做的话也没关系。"

自信式："小林，我刚被安排了一项紧急任务，需要在一周内完成。如果你能给我一些帮助，我会很感激你的。你的经验对于完成这项任务非常重要。我想要做的就是现在或者今天下午花几分钟时间和你一起来确定一下你能对这个项目提供的时间和支持。你觉得怎么样，如果可以的话，我们什么时间谈一下？"

问题：你是怎样想的呢？你会采取哪一种方式呢？

注意针对不同对象。有效的表达，需要我们根据表达对象的不同在内容上进行调整。一方面，因人而异的表达可以让不同的对象听得更加清晰明白；另一方面，所谓众口难调，因人而异的表达也更容易符合不同听众的口味，提升他们对表达的兴趣。所以，我们的表达要根据听众的性别、受教育程度、性格特点、身份特征、年龄特征、心理需求等的不同而有所变化。此外，我们在表达时还要注意投其所好，谈论对方感兴趣的话题。那么，什么样的话题是别人永远都感兴趣的呢？答案就是他们自己！大多

数人很难对别人产生影响力或者号召力,是由于他们总是忙着考虑自己、谈论和表现自己,所以我们在沟通过程中如果能更多地关注对方,也许就能发现,我们的表达能让对方更感兴趣,彼此之间的沟通也更加顺畅。

> ❈ **案例4：**
>
> 　　有一个秀才去买柴。他对卖柴的人说："荷薪者来！"卖柴的人听不懂"荷薪者"（担柴的人）3个字,但是听得懂"来"这个字,于是把柴挑到秀才面前。秀才问他："其价如何？"卖柴的人听不懂这句话,但是听得懂"价"这个字,于是就告诉秀才价钱。秀才接着说："外实而内虚,烟多而焰少,请损之。"（你的木材外表是干的,里头却是湿的,燃烧起来,会浓烟多而火焰少,请减些价钱吧。）卖柴的人因为听不懂秀才的话,于是挑着柴就走了。
>
> 　　迂腐的秀才不懂得变迁,对着目不识丁的卖柴人还用文绉绉的语言进行表达,导致沟通断裂。

　　进行积极关注和真诚赞美。任何个体,在交往中都渴望得到他人的肯定和欣赏。所以,我们可以适当给别人以积极关注和真诚赞美。

　　首先,赞美要真诚。真诚赞美最基本的要求就是真实。也就是说,赞美的内容必须是对方真实具备的。什么情况下我们才能发现对方真实的、值得欣赏的地方呢？这当然需要我们对对方有比较多的关注,而且是非常积极的关注。当我们在人际交往过程中能够用积极的视角给予对方较多关注时,其实就已经让对方非常舒服和受用了。

　　其次,赞美要具体。有些人赞美别人的时候大而化之不着边际,很容易让别人觉得不真诚甚至虚伪。如何使别人被赞美得很自然又觉得的确如此呢？那么一定要学会选择细节,进行具体的赞美。比如,碰到一个女性,你泛泛地说："你今天真漂亮。"就不如具体地说："你今天穿的这件粉色的裙子很衬托你的皮肤,显得你又好看又精神。"所以,当现在随便到哪儿都有人"美女美女"地乱叫的时候,被叫的女性也根本没真把"美女"当成是对自己容貌气质的赞美。

　　再次,赞美要适度。赞美别人需要真诚的情感,并非用词藻堆砌起来做报告。一味地热情称赞,反而会让对方觉得虚情假意,或者会给对方谄媚与客套之感,甚至有时会让人觉得无法承受。

✲ **案例5：**

有记者采访《非诚勿扰》节目女嘉宾，问她们最讨厌听到的一句话是什么？几乎所有女嘉宾都一致表示，当听到"我觉得女嘉宾很有气质"的时候最生气。因为那就意味着，男嘉宾不在意、不喜欢她们的长相，还可能暗示"丑"。

有男嘉宾说："我觉得女嘉宾长得好像杨超越啊。"有人会说："上次听孟爷爷讲，女嘉宾唱歌很好听，今天听到声音果然如此。"也有人说："女嘉宾真人比电视机里好看多了。"还有人说："女嘉宾全身的色彩搭配和妆容选择都比较好，我觉得女嘉宾非常时尚有品味"……这样表达赞美的男嘉宾，即使最后没有牵手成功，也赢得了在场女嘉宾的好感。

（二）表达要注意非言语内容

1. 注意语音语调

同一个意思，甚至完全相同的内容，用不同的语音语调进行表达，就会产生不同的意思和感觉。比如："我讨厌你！"可以是表达真正的厌恶，也可以是情人之间的打情骂俏……所以，要使表达更有效，我们需要注意表达时的语音语调。通常，语音语调要根据表达的内容、情境、对象有所选择和变化。一般来说，场面越大，越要注意适当提高声音，放慢语速，把握语势上扬的幅度，以突出重点；反之，场面越小，越要注意适当降低声音，适当紧凑词语密度，并把握语势的下降趋势，追求自然。相关的专家通过研究给我们提出了这样的建议：基于人际交往的需要，我们的语气不能跟着自己的感觉走，要根据当时的情形和谈话的内容选择语气；但是语音任何时候都要低，如果你试着放低声音，你会发现，一个低沉的声音更能吸引人们的注意力，并博得他们的信任和尊敬。

2. 注意适当微笑

高效的沟通和表达需要配以恰如其分的神态和表情。当然，这里并非让大家像演员一样去表演，而是试图说明表达时表达者是一个整体，听众感受到的，不仅是我们表达的内容，还包括神情、体态等表达者整体所传达出来的东西。但在这些神情语态中，可能最需要表达者注意的就是微笑了。

微笑被看成是没有国界的语言。一个真诚、友好的微笑是捕获人心最

有效的方法，它能消除人与人之间的隔阂和疏离，拉近人们之间的界限和距离，甚至，当我们与他人处在紧张和有些敌意的氛围中时，一个友善由衷的微笑，也能瞬间让我们周遭的氛围变得不同。微笑不但能保持我们自身良好的形象，也能有效地影响他人。所以，在与别人进行沟通交流的时候学会微笑吧。甚至有人认为，哪怕是在不能面对面的电话沟通中，也要试着在讲话的时候保持脸上的微笑，因为通过微笑所传达出来的善意和真诚，是可以让对方通过电波感受到的。学会把它运用到我们的日常生活和工作中去，也许会让我们有意想不到的收获。

小贴士

少说与多说

少说抱怨的话，多说宽容的话。

少说讽刺的话，多说尊重的话。

少说拒绝的话，多说关怀的话。

少说命令的话，多说商量的话。

少说批评的话，多说赞美的话。

少说无关的话，多说有用的话。

少说寒心的话，多说安慰的话。

少说泄气的话，多说鼓励的话。

第二节　常规沟通

❋案例6：

小张是一家公司的普通职员，是个心直口快的人，说话从来不注意含蓄婉转，所以经常得罪人。

一次，饮水机没水了，他对同事小刘说："帮个忙换桶水吧，就你闲着。"小刘一听不高兴了："怎么就我闲着？我在考虑我的策划方案呢。"小张碰了一鼻子灰。

小张跑到销售部："吴经理，你给我把这个月的市场调查小结写一下吧。"吴经理头也不抬，冷冷地说："很抱歉，我没空。"显然吴经理生气了。小张想，我也没说什么呀。

> 当天，几个同事在一起谈话，让小张说说对公司管理的看法，小张竹筒倒豆子般一吐为快："我认为我们目前公司的管理非常混乱，有令不行，有禁不止，简直一个乡下企业。"大家不爱听了，认为他话里有话。
>
> 一会儿，同事小王问小张，某某事情可不可以拖一天，因为手头有更重要的事情在做。"有这么做事情的吗？你别找理由了，这可是你份内的事情，反正又不是给我做，你看着办！"小张声色俱厉地说。小王也不甘示弱，说："喂，请注意你的言辞，你以为你是谁啊？我就是没有时间！"小张气得发抖："我怎么了？本来就是这么回事啊，我不过是实话实说罢了。"
>
> 实际上，我们每个人在职场中都必须与不同的人进行沟通，最基本的包括领导、同事和下属。这些交往不可避免地会影响到我们的职业生涯、发展前景以及情绪状态。讲究职场沟通技术，不仅可以减少矛盾和冲突，还能使职场人际关系更加顺畅和谐，当然，对于个体的心理状态、未来发展也意义非凡。

一、与上司的沟通

所谓与上司的沟通，指的是职场中个体通过恰当的途径和方式与管理者或者决策者进行信息的交流。

与上司的顺畅沟通，无论对于上下级哪一方来讲都是非常重要的。就下级来讲更是如此，这是工作得以顺利开展的重要基础和保证，也是个体在职场中获得更好发展环境和机遇的重要条件。那么，如何与上司进行良好有效的沟通呢？

（一）与上司沟通的原则

一般来说，在职场中具有一定职位的个体，往往相对来说都有一些过人的能力，同时也稳重老练，自恋自尊。所以，在与上司的沟通中首先要抛弃"不宜与上司过多接触"的观念，克服与上司进行沟通时的害怕焦虑心理。作为一名合格而成熟的职场人士，应该具有这样合理的沟通理念：和上司沟通是一个职场人士的基本职责之一。其次，与上司沟通还要注意以下原则：

1. 尊重

在一般的沟通交流中，每个人都渴望得到对方的尊重，希望自己应有的地位和作用得到认同和肯定。在职场中与上司的沟通更是如此。所以在工作中，作为下属，要理解上司的处境和苦衷，知道维护上司的威信和地位，懂得尊重上司的看法和意见。如果有与上司不一致的意见和想法，也要学会用恰当的方式和方法进行表达。这么做了，无论是对于工作，还是双方的情感和关系，都是大有裨益的。

有人把职场中对于上司的尊重误认为是一种讨好和奉承，实际上并非如此。如果说尊重是基于平等的理念，是基于个体基本素养的展现的话，那么奉承和讨好则更多的是基于一己之私。

2. 以工作为问题解决的出发点

上下级之间的关系主要还是工作关系。所以，在沟通的过程中，双方都要摈弃彼此之间的私人恩怨和私利，同时也要摆脱人身依附关系，把工作放在最重要的位置，以客观、理性的目光看待之，在任何时候、任何问题上都以解决工作中的问题、完成工作中的任务为第一要务。

3. 学会服从

一般来说，上司由于经验和职务关系，往往更能从大局出发，通盘考虑，思考的角度也可能更周全，所以，与上司沟通时懂得服从也是必须的，这样才能让一个组织变成更严密和高效的整体。

4. 不要理想化

在与上司的沟通中，下属要明白上司也是一个普通人，具有平常人所具有的所有特点和局限，既要看到他们的优点和长处，也要看到他们的缺点和短处，切勿用自己头脑中形成的理想化模式去要求和期待上司。

（二）与上司沟通的方法

1. 沟通态度要主动

上司因为要承担更多的责任，所以一般工作都比较繁忙，在这种情况下，也鲜有上司能主动深入员工中去寻求沟通。这时，就需要员工用恰当的方法主动与上司进行沟通。这样的沟通除了可以更好地完成工作和任务之外，也会因为适当的交流和沟通而使上司和下属之间的情感不至于疏离。

2. 沟通频率要适度

在现实职场中，上下级之间的沟通既不能"不及"，也不可"过份"。实际上，职场中下对上的沟通往往存在两个极端，要么是沟通频率过高，要么是沟通频率过低。就沟通频率过高而言，有些员工为了博得上司的赏识和青睐，有事没事就往上司办公室跑，这既容易给上司的正常工作造成困扰，也容易让上司怀疑员工缺乏独立工作能力，还可能造成同事之间心理上的不和谐。而有些下属恰恰相反，认为一个好的员工只要默默做好自己的本职工作就好，至于是否要向上司汇报思想和工作情况则不太重要，久而久之，既不利于工作的开展和完成，在一定程度上也会影响团队的凝聚力和自身的发展前景。

3. 沟通机会要适时

要使得与上司的沟通更为有效，还要选择合适的时机。

要选择上司相对轻松的时候。在与上司沟通之前，可以通过电话、短信的方式主动预约，也可以请对方预约沟通的时间和地点，自己按时赴约。如果属于自己的私事，则不适合在上司埋头工作的时候去打扰。

要选择上司心情良好的时候。当上司心情欠佳的时候，最好不要去打扰，特别是准备向对方提要求、说困难或者表达自己不同看法的时候。

要寻求合适单独交谈的机会。特别是试图改变上司的决定或者意图的时候，要尽量利用非正式场合或没有其他人在场的时候，这样既能给自己留下回旋余地，又有利于维护上司的尊严。

要视上司的不同特点选择灵活的沟通方式。一般来说，如果上司是权力欲比较强的控制型（性格特点具体表现为实际、果决、求胜心切、态度强硬、要求服从、更多关注结果而非过程），那么在进行沟通时就要简明扼要、直截了当、尊重权威、执行命令，还可以更多称赞成就而非个性或人品。如果上司属于看重人际关系的互动型（性格特点表现为亲切友善、善于交际，愿意聆听困难和要求，同时喜欢参与，愿意主动营造融洽氛围），沟通过程中就要注意多些公开、真诚的赞美，要能开诚布公发表意见，切勿背后发泄不满情绪。如果上司属于干事创业的实务型（性格特征表现为有自己一套为人处世的标准，喜欢理性思考而不喜欢感情用事，注重细节并且更愿意探究问题和事情的来龙去脉），那么在沟通中就要开门见山、就事论事，同时要注意据实陈述，切勿忽略关键细节。

此外，在与上司的沟通过程中，一定要注意正确认识自己的角色、地位，真正做到出力而不越位。

（三）如何进行请示与汇报

请示，是下级向上级请求决断、指示或者批示的行为；汇报，是下级向上级报告情况，提出建议的行为。二者都是职场人士经常要进行的工作。

请示或汇报一般包括4个步骤：一是明确指令，主要是清楚了解谁传达

的指令，要做什么，什么时间、地点，为什么做，怎样做等，如果有任何一点不清楚，都要和上司进行及时的沟通，以免贻误工作。二是拟订计划。在明确了工作目标之后要拟订详细、具体的计划，交给上司审批。在拟订计划的过程中，要阐明自己的行动方案和步骤。三是适时请教。在计划进行过程中，要及时向上司汇报和请教，让上司了解工作的进程和取得的阶段性成果，并及时听取上司的意见和建议。四是总结汇报。任务完成之后，要及时而主动地向上司进行总结汇报，包括成功的经验和不足之处，以便在今后的工作中进一步改进和完善。这样做既让上司看到自己的责任心和敬业心，也让上司看到自己的才干和能力。

请示和汇报要注意：要按照下级服从上级的原则，坚持逐级请示、报告；要避免多头请示、报告，坚持谁交办向谁请示和汇报，以减少不必要的矛盾，提高工作效率；要尊重而不依赖，主动而不擅权。

二、与同事的沟通

所谓同事关系，是指同一组织内部处于同一层次的员工之间存在的一种横向人际关系。通常是职位平等的，需要日日相处、协同工作，同时又存在利益之争，有很多心照不宣的东西。所以，同事之间的关系有许多微妙之处，既有合作关系，又有竞争关系，需要我们在职场中很好地处理和对待。

（一）与同事沟通的基本原则

1. "三互"原则

互相尊重。古语云：敬人者人恒敬之。在职场中要想得到别人的尊重，自己就要学会尊重别人，尊重他们的人格、工作和劳动，以及他们在团队中的地位和作用。更何况，获得尊重、认同和欣赏，是包括我们自己在内的每一个人的需要和期待。

互相坦诚。在人际沟通交往过程中，真诚是不二法则，职场同事交往同样如此。只有襟怀坦荡，以诚相待，才能激起同事心灵和情感上的共鸣，才能收获真诚和信任。不懂得真诚、说一套做一套的虚伪之人，即便讨得一时的喜欢，所谓"疾风知劲草，日久见人心"，日子久了，也会暴露出本来面目，被同事厌恶。

互相体谅谦让。同事之间因工作任务聚集到一起，难免会因为经历、性格、价值观、看问题的立场思路等的不同而存在差异、分歧甚至误解和冲突，此时不要放任自己的情绪感受扩大冲突，而要通过换位思考等方式理解对方、体谅谦让、求同存异。

2. "四不"原则

不谈论私事。根据调查，只有不到1%的人能够严守别人的秘密。因此当自己出现失恋、婚变等与私生活有关的危机事件时，注意尽量不要在办公室交流，对上司、同事有不满和意见，也尽量不要向别人倾诉。虽然在办公室互诉心事似乎很富有人情味，能使彼此之间似乎更为亲切友善，但办公室还是因工作关系而存在的一个特殊场所，容易界限不清、公私混淆，给彼此带来麻烦和困扰。

不传播"耳语"。所谓"耳语"，即小道消息，是指非经正式、正常途径传播的消息，往往容易失实，因而并不可靠。当然，实际上在一个单位要杜绝小道消息几乎是不可能的，所以，对于小道消息，要尽量做到不打听、不评论、不传播。

不当众炫耀。每个人都渴望得到别人的肯定和认同，甚至羡慕，所以都会尽可能地展现自己好的一面，以维护自己的形象和尊严。但如果当众进行炫耀的话，无论是炫耀地位或者财富，还是炫耀容貌或者才华，都是在无形之中贬低别人、凸显自己，容易让人感觉是对别人自尊和自信的挑战，是在别人面前凸显自己的优越性，很容易引起别人的防御、反感和排斥。这对同事之间关系的维系有弊无利。

不直来直去。在沟通过程中，常常有人想到什么就说什么，口无遮拦，还美其名曰自己心直口快、刀子嘴豆腐心。实际上，这样的表达虽常常能给自己带来一时之快，却容易伤害别人，进而也给自己带来困扰。所以，职场同事交往中切忌直来直去，尤其是有求于对方或者有不同意见的时候，更加不能直截了当、毫无顾忌。

3. 大局为重

如果与某些同事存在分歧、冲突，也尽可能不要"家丑"外扬，不要对自己的同事评头论足，甚至恶意攻击，尤其是在与本单位以外的人员进行工作接触的时候，因为这样做常常会让对方质疑攻击者的人格品性，对其心生忌惮。

(二) 与同事沟通的基本方法

1. 懂得相互欣赏

职场人士都有得到赞许和欣赏的愿望与期待，都希望自己的工作和劳动得到别人的重视和认同，都希望有来自他人的恰如其分的评价和鼓励，所以我们要善于发现同事的优点和长处，以及在工作中付出的努力、取得

的进步和成绩,并进行肯定和赞美。

2. 主动交流和沟通

人际关系要融洽和密切,一定的沟通和交往是必须的,所以在职场中我们要学会利用工作之余的闲暇主动找同事谈谈心、聊聊天或者请教请教问题,只有在这样的交流和沟通中,彼此的了解和融洽才成为可能。

3. 保持适当距离

和同事之间形成良好的关系,并非要无话不谈、亲密无间,实际上由于同事之间既存在合作关系,又存在利益竞争,所以很多时候并不适合太过亲密,很多时候过分亲密和随意容易导致对隐私的侵犯。同时,太过亲密和随意也有可能逾越彼此的界限,使得工作和私人生活无法清楚分开,反而会带来摩擦和矛盾。

(三) 新进员工与同事的沟通之道

任何个体来到一个新的工作环境,都需要尽快融入团体、争取同事认可,所以对于每一个刚刚走上工作岗位的新进员工而言,能否和同事进行良好的沟通就显得极为重要。我们将其中的经验总结为三"要"一"不要"。

1. 要注意顺应风格,低调行事

任何一个部门或单位,只要能够正常地运行,都表明在长期的协作过程中已形成了一个完整系统。这样的系统拥有自己比较固定而独特的风格,系统中的成员也基本都有自己比较固定的位置,当新进员工作为一个外来的陌生个体出现时,一定会对系统和系统中原有成员造成某种程度的影响和扰动。新成员能做的,绝对不是让系统为自己去改变风格,而是要想办法融入系统,这样才能让老成员心甘情愿地对已经基本成形的固定位置做一些改变,以容纳新来者。所以新进员工在不清楚部门或者单位的风格、未被系统和成员认可的时候,尽量不要太过张扬自我,不要迫不及待地表现自己,而要暂时保持低调,多倾听,多观察,多思考,多做事,少说话,这才是了解和适应新环境的明智之举。同时,要保持谦逊,只有懂得谦逊和尊重自己的同事与前辈,才能在需要的时候得到别人的支持和帮助。

2. 要懂得尊重前辈

每个单位,都会有一些资历比较老的前辈员工,这些老员工有的可能看不出有多厉害,所以有些新员工就容易对他们产生轻视之心,在与前辈老员工的沟通过程中不以为意,甚至不甚尊重。事实上,前辈员工也许既没有很高的学历,也没有特别拿得出手的业绩,但常常因为资历深、经验多、忠诚度高而在员工中和单位里拥有一定的威望与人脉，需要新进员工加以重视。所以，新进员工要学会很好地与前辈员工进行沟通和交往。首先要积极主动，遇事多虚心请教，充分尊重对方的意见或者建议，即使双方存在分歧，也要把敬意和肯定放在前面，用谦虚、委婉的方式表明自己的观点。其次，要以礼相待，尽量使用"请""麻烦""谢谢"等礼貌用语。

3. 要少抱怨多面对

新进员工刚刚进入一个新的环境，当然存在对很多规章制度、程序安排、内外环境等不熟悉的情况。一些新员工刚刚从学校毕业，还没有从学生心态成功转型为职业人心态，再加上原本的性格、习惯模式等的影响，碰到困难或者面对上司的安排、同事的请求时，不试着尽力处理和解决，反而抱怨连连或者干脆以"不会""不清楚""不了解"来拒绝。这些都是相当幼稚和没有担当的表现，职场中，需要的是成熟、肯学习和能负责任的个体。

4. 不要自以为是地处理问题

有些新进员工由于性格、经验、思维方式等种种原因，喜欢以自己的喜好或猜想自以为是地理解和处理问题，这常常容易导致误解和偏差。尤其是在对工作任务不理解、不明白或者任务完成过程中碰到困难时，如果不去找领导或者同事商量，而是仅凭自己个人的主观意愿来处理，往往会导致任务完成不了，或者工作出现失误，到那时，再以"对不起，我以为……"来解释就为时太晚了。

第三节　困境沟通

❈**案例7：**

从前，有个脾气很坏的小男孩。一天，他父亲给了他一大包钉子，要求他每发一次脾气，就用铁锤在后院的栅栏上钉上一颗钉子。

第一天，小男孩在栅栏上钉了37颗钉子。过了几个星期，由于学会了控制自己的愤怒，小男孩每天在栅栏上钉钉子的数目逐渐减少了。他发现控制自己的坏脾气，比往栅栏上钉钉子要容易多了……最后，小男孩变得不爱发脾气了。

他把自己的转变告诉了父亲。他父亲又建议说："如果你能坚持一

整天不发脾气,就从栅栏上拔下一颗钉子。"经过一段时间,小男孩终于把栅栏上所有的钉子都拔掉了。

父亲来到栅栏边,对男孩说:"儿子,你做得很好!但是,你看钉子在栅栏上留下那么多小孔,栅栏再也不是原来的样子了。当你向别人发过脾气之后,就会在人们的心灵上留下疤痕。无论你说多少次对不起,那伤口都会永远存在。所以,口头上的伤害与肉体的伤害没什么两样。"

冲突情境是交流和沟通当中一个比较激烈和极端的状态,如果不能妥善处理的话常常会带来消极的后果,轻则使彼此疏离避让,重则导致人际关系的断裂甚至仇怨的产生。处在这样的情境当中,个体常常会有相当大的压力,如果没有比较强大的沟通能力,往往容易产生逃避的冲动,很难直接面对,有时候即便勉强面对也容易弄巧成拙,使关系急转直下。所以,冲突情境下的沟通就显得尤为重要。

一、处理好自己的负性情绪

在冲突的情境中,当事人往往都带有比较强烈的负性情绪和对彼此的消极感受,如果不能很好地控制自己的情绪感受,就很容易产生过激的言行举止。另外,负性情绪有很大的传染性,会激发彼此用更消极的方式处理问题。所以,我们要学会控制自己的不良情绪。

为了不让消极的情绪进一步给彼此的关系带来伤害,冲突时,我们可以通过暂时停止接触、离开冲突情境、稍候再进行沟通等方式来处理自己的情绪,增加冲突被化解和修复的可能性。再次启动沟通之前,我们一定要先对自己的情绪做一些处理,力争在心平气和的状态之下进行进一步沟通。

二、牢记沟通目的,对事不对人

为了解决冲突而进行沟通时,我们一定要提醒自己牢记沟通的目的:我们的沟通,是为了解决问题,而非宣泄情绪。所以在接下来的沟通过程中,要理性从容,目的明确,用恰当的方式客观地进行表达,描述事情的经过,表达自己的感受,尽量少判断、少评定,对事不对人,不扩大,不泛化。因为冲突情境下双方的情绪感受都比较消极,敏感性都会增强,所以此种情境下的表达就更加要慎重谨慎。为了使自己的表达更能为对方所接受，我们要进行换位思考，在表达给对方之前，不妨先说给自己听听，看看自己能否接受、是否认同。

三、要表达自己真正的需求，不要口不对心

人在冲突情境下往往受到强烈情绪情感的支配，常常容易口不择言，怎么畅快怎么来，有时候说出来的话、表达出来的情绪，未必是个体内心真正期待的想法和感受。比如一对情侣约会，一向不迟到的男方在毫无预兆的情况下迟到了，并且联系不上，女方在约会地等了很久，当终于看到姗姗来迟的男友时，女孩会怎样的表达呢？也许是发一大通火，表达自己的不满、愤怒和埋怨，但实际上，可能就掩盖了更真实、更深层的担忧和见到对方安全无恙时的释然。但很显然，如果只是表达前者，很容易激起另一方的消极感受，而忽略这浓烈火药味的背后所掩盖的对所爱之人的牵挂和在意。所以在冲突情境下进行沟通，就更加要清楚自己内心里真正想要的到底是什么，切勿口不对心、让自己事后追悔莫及。

四、尊重不同，悦纳多样

有的时候，即便我们努力沟通，也没有办法让别人认同我们的建议、听从我们的劝告，也无法消解彼此的差异和分歧。这个时候，我们要能够尊重彼此的独特性和不同。实际上，正是有各种的差异和分歧，世界才最终变得丰富多彩，我们的生活才不至于单调乏味。而当我们能够真正悦纳这些分歧、求同存异的时候，也许我们就会发现，冲突就这样在不知不觉中消失于无形了。

良好的沟通能力是建立和谐、深入的人际关系必不可少的条件，也是让我们的工作和事业顺利发展必须具备的基本能力，前者满足我们的情感需求，后者有利于我们的价值追求，所以我们每一个个体都需要具备良好的沟通能力。而沟通能力中最基本的技巧是倾听和表达。无论是倾听，还是表达，都需要我们从语言内容和非语言内容等方面加以注意和训练，只有这样，我们才能逐渐成为一个合格的倾听者和一个高效的表达者。职场环境中的沟通，需要我们根据不同的沟通对象和情境灵活变化，遵循不同规则，选用恰当方法，成为一个在职业发展中游刃有余的沟通高手。

第八章 团队合作能力

引言

俗话说,"一个和尚挑水喝,两个和尚抬水喝,三个和尚没水喝。"当今社会,随着知识经济时代的到来,各种知识、技术不断推陈出新,竞争日趋紧张激烈,社会需求越来越多样化,使人们在工作学习中所面临的情况和环境极其复杂。在很多情况下,单靠个人的能力已很难完全处理各种错综复杂的问题并采取切实高效的行动。人们需要组成团体,并要求组织成员之间进一步相互依赖、相互关联、共同合作,建立合作团队来解决错综复杂的问题,并进行必要的行动协调,开发团队的应变能力和持续的创新能力,依靠团队合作的力量创造奇迹。

一个人的职业活动,总是与一定的职业群体相联系,是离不开同行业的支持和协作的。时代的发展对大学生的团队素质与能力提出了新要求,一个人要想在竞争中无往不胜,团队合作精神和协作能力必不可少。在一项对责任意识、团队精神、沟通能力和学历水平等职业意识的排序调查中,企业给出的排序是团队精神排在第一位,其次是责任意识、技能水平和沟通能力等。大学生作为未来社会发展的先锋群体承担着各行各业发展的重任,加强素质教育,培养大学生的团队精神已成为当代教育者的共识。用人单位在招聘大学生时,都把是否具有团队精神作为人员是否录用的重要标准之一。大学生在校期间不仅要学习专业知识,获得技能,同时还要培养团队合作精神,以便在以后的生活和工作中能够更好地融入社会,成为栋梁之才。

第一节 认识团队

✿ 案例1：

每当秋季来临，天空中成群结队南飞的大雁就是值得我们借鉴的企业经营的楷模。雁群是由许多有着共同目标的大雁组成的，在组织中，它们有明确的分工合作，当队伍中途飞累了停下休息时，它们中有负责觅食、照顾年幼或老龄的青壮派大雁，有负责雁群安全放哨的大雁，有需要安静休息、调整体力的领头雁。在雁群进食的时候，巡视放哨的大雁一旦发现敌人靠近，便会长鸣一声给出警示信号，群雁便整齐地冲向蓝天、列队远去。而那只放哨的大雁，在别人都进食的时候自己不吃不喝，是一种为团队牺牲的精神。

据科学研究表明，组队飞要比单独飞提高22%的速度，在飞行中，雁两翼可形成一个相对的真空状态，飞翔的头雁是没有谁给它真空的，漫长的迁徙过程中总需要有头雁带头搏击，这同样是一种牺牲精神。而在飞行过程中，雁群大声嘶叫以相互激励，通过共同扇动翅膀来形成气流，为后面的队友提供了"向上之风"，而且V字队形可以增加雁群70%的飞行范围。如果在雁群中，有任何一只大雁受伤或生病而不能继续飞行，雁群中就会有两只自发的大雁留下来守护照看受伤或生病的大雁，直至其恢复或死亡，然后它们再加入到新的雁阵，继续南飞直至目的地。

问题： 我们可以从大雁身上学到什么？

一、团队的含义

（一）团队的概念

管理大师斯蒂芬·罗宾斯认为，团队就是指为了实现某一个相同的目标而相互协作的个体所组成的正式群体。其主要特点表现为：团队成员具有共同的目标，工作内容交叉程度高，相互之间密切协作，彼此负责和约束。

团队的人数是根据目标和管理模式来确定的，一般为6~30人。30人以上的团队也许需要拆分成多个子团队，而少于6人，可能比较难以形成团队

的分工体系。

（二）团队与群体的区别

群体是由两个以上相互作用又相互依赖的个体，为了实现某些特定目标而结合在一起的整体。群体可以是正式的，例如某个旅行团；也可以是非正式的，例如某公交站台候车的一些乘客。

团队也属于群体，但又不是一般的群体。团队和群体的区别，可以汇总为以下6点：

（1）在领导方面。作为群体应该有明确的领导人；团队可能就不一样，尤其团队发展到成熟阶段，成员共享决策权。

（2）目标方面。群体的目标必须跟组织保持一致，但团队中除了这点之外，还可以产生自己的目标。

（3）协作方面。协作性是群体和团队最根本的区别，群体的协作性可能是中等程度的，有时成员还有些消极，有些对立；但团队中是一种齐心协力的气氛。

（4）责任方面。群体的领导者要负很大责任，而团队中除了领导者要负责之外，每一个团队的成员也要负责，甚至要一起相互作用，共同负责。

（5）技能方面。群体成员的技能可能是不同的，也可能是相同的，而团队成员的技能是相互补充的，把不同知识、技能和经验的人组织在一起，形成角色互补，从而达到整个团队的有效组合。

（6）结果方面。群体的绩效是每一个个体的绩效相加，团队的结果或绩效是由大家共同合作完成的产品。

二、团队的构成要素

团队的构成要素包括目标、人、定位、权限、计划，也就是常说的团队"5P"要素。

1. 目标（Purpose）

每个团队都要有既定目标，团队成员需要了解既定目标、认同既定目标，并能够以该目标作为其行动与决策的中心，没有既定目标，团队就没有存在的价值。

2. 人（People）

人是构成团队最核心的力量，两个（包含两个）以上的人就可以构成团队。一个团队中需要拥有不同技能的人员相互配合，共同完成目标，所以在团队人员选择方面，要考虑人员的能力和经验，相互技能的互补等因素。

3．定位（Place）

团队的定位包含两层意思：首先是团队的定位，团队在组织中处于什么位置？由谁选择和决定团队的成员？团队最终对谁负责？团队将采取什么方式激励团队成员。其次是个体的定位，作为成员在团队中扮演什么角色？是制订计划还是具体实施或评估？

4．权限（Power）

团队当中领导人的权力大小与团队的发展阶段相关。一般来说，团队越成熟领导者拥有的权力越小。团队的权限关系到两个方面：（1）整个团队在组织中拥有什么样的决定权？比如财务决定权、人事决定权、信息决定权等。（2）组织的基本特征。比如组织的规模多大？团队的数量是否足够多？组织对于团队的授权有多大？它的业务是什么类型？

5．计划（Plan）

计划有两层含义：（1）既定目标的实现，需要一系列具体的行动方案，计划则可理解成实现目标的具体工作程序。（2）按计划完成既定目标可以控制进度，提高实现既定目标的成功率。

三、团队的类型

根据团队存在的目的和拥有自主权的大小，可将团队分成 4 种类型。分别为：问题解决型团队、职能型团队、多功能型团队和自我管理团队。

（1）问题解决型团队，是指团队成员就如何改进工作程序、方法等问题交换看法，对如何提高生产效率等问题提出建议。它的工作核心是为了生产质量、提高生产效率、改善企业工作环境等。比如我国国有企业的生产车间、班组等，是团队建设的一种初级形式。

（2）职能型团队，是指由一个管理者及来自特定职能领域的若干下属所组成的团队，通常团队成员为同一个职能部门的同事。在传统意义上，一个职能团队就是组织中的一个部门，比如公司的财务分析部门、人力资源部门和销售部门，每个团队都要通过员工的联合活动来达到特定目的。

（3）多功能型团队，由来自不同职能领域、不同层面的员工组成，成员之间交换信息、激发新的观点、解决所面临的重大问题，诸如任务突击、技术攻坚、突发事故处理等。这类团队工作范围广、跨度大，团队周期不确定。在一些大型的企业、组织中这类团队比较多，比如麦当劳就有一个危机管理团队，由来自营运部、训练部、采购部、政府关系部等部门的一

些资深人员组成，重点负责应对突发的重大危机。

（4）自我管理团队，也称自我指导团队，它保留了工作团队的基本性质，但运行模式具有自我管理、自我负责、自我领导的特征。这种团队通常由10~15人组成，其责任范围甚广，决定工作分配、步骤、作息等，这类团队的周期较长，自主权较大。比如一条生产线上的员工，就组成了最基本的自我管理团队，由线长负责管理这个团队。

第二节 团队建设

✻ **案例2：**

1+1一定大于等于2？

2004年6月，拥有美国职业篮球联赛（NBA）历史上最豪华阵容的湖人队在总决赛中的对手是14年来第一次闯入总决赛的东部球队活塞队。赛前，很少有人会相信活塞队能够坚持到第七场。从球队的人员结构来看，科比、奥尼尔、马龙、佩顿，湖人队是一个由巨星组成的"超级团队"，每一个位置上的成员几乎都是全联盟最优秀的，再加上由传奇教练迈克尔·杰克逊对球队的整合，在许多人眼中，这是20年来NBA历史上最强大的一支球队，要在总决赛中将其战胜只存在理论上的可能性，更何况对手是一支缺乏大牌明星的平民球队。

然而，最终的结果却出乎所有人的意料，湖人队几乎没有做多少抵抗便以1∶4败下阵来。湖人队的失败有其理由：OK组合相互争风吃醋，都觉得自己才是球队的领袖，在比赛中单打独斗，全然没有配合；而马龙和佩顿只是冲着总冠军戒指而来的，根本就无法融入整个团队，也无法完全发挥其作用，缺乏凝聚力的团队如同一盘散沙，其战斗力自然也就会大打折扣。

明星员工的内耗和冲突往往会使整个团队变得平庸，在这种情况下，1+1不仅不会大于或等于2，甚至还会小于2。在工作团队的组建过程中，管理层往往竭力在每一个工作岗位上都安排最优秀的员工，期望能够通过团队的整合使其实现个人能力简单叠加所无法达到的成就。然而，在实际的操作过程中，众多的精英分子共处一个团队之中反而会产生太多的冲突和内耗，最终的效果还不如个人的单打独斗。

一、团队的组建

(一)团队建设的重要性

团队建设是指有意识地在组织中努力开发有效的工作小组。每个小组由一组成员组成,通过自我管理的形式,负责一个完整的工作过程或其中一部分工作。

团队作为一种组织形式在很久以前就出现在体育、军事、经济领域,对于现代企业而言,依靠团队推进,促进各项工作健康而顺利地发展,也早已成为其坚定不移的战略选择。团队建设的重要性主要表现在:

(1)团队能产生大于个人绩效之和的群体效应。团队群体的合力可以产生出大于个体简单相加几倍、几十倍甚至几百倍的力量,从而能产生更高的效率。

(2)团队可以提高解决问题的能力。团队成员各自所具备的知识结构、技能水平、能力优势都不尽相同。在团队中,成员彼此可以取长补短、互相启发,发挥整体优势,提高问题解决的能力。

(3)团队有着极强的凝聚力。团队成员会为了既定的目标共同努力,会被达到理想的目标所激励。此外,团队重视沟通协调,成员间相互信任、坦诚沟通,人际关系和谐,这样能够提高员工的归属感和自豪感,增强团队内部的凝聚力。

(二)团队发展阶段

团队运作是一个很复杂的过程。团体从形成到结束往往要经历几个不同的发展变化阶段,这些阶段是贯穿团体辅导全过程的连续体,了解团队的发展阶段,对团队领导者与团队成员均具有重要的意义。

美国著名的团队咨询专家 Gerald Corey(1990)将团队历程分为:团队组建之前的准备阶段、团队初期的定向与探索阶段、团队的转换阶段、团队的巩固与终结阶段、团队结束后的追踪观察和评价阶段。

布鲁斯·塔克曼(Bruce Tuckman)的团队发展阶段模型对团队的历史发展给以解释。他提出团队发展的 5 个阶段是:组建期(Forming)、激荡期(Storming)、规范期(Norming)、执行期(Performing)和休整期(Adjourning)。根据布鲁斯·塔克曼的观点,团体发展的 5 个阶段都是必须的、不可逾越的,团队在成长、迎接挑战、处理问题、发现方案、规划、处置结果等一系列经历过程中都必然要经过上述 5 个阶段。

1. 组建期（Forming），项目小组启蒙阶段

团队酝酿，形成测试。测试的目的是为了辨识团队的人际边界以及任务边界。通过测试，建立起团队成员的相互关系、团队成员与团队领导之间的关系，以及各项团队标准等。

团队成员的行为具有相当大的独立性。尽管他们有可能被促动，但普遍而言，这一时期他们缺乏团队目的、活动的相关信息。部分团队成员还有可能表现出不稳定、忧虑的特征。

团队领导在带领团队的过程中，要确保团队成员之间建立起一种互信的工作关系，可采用指挥或"告知"式领导。要与团队成员分享团队发展阶段的概念，达成共识。

2. 激荡期（Storming），形成各种观念激烈竞争、碰撞的局面

激荡期，团队成员可获取团队发展的信心，但是存在人际冲突、分化的问题。

团队成员面对其他成员的观点、见解，更想要展现个人的性格特征。对于团队目标、期望、角色以及责任的不满和挫折感会表露出来。

项目领导要指引项目团队度过激荡转型期。此阶段可采用教练式领导。指引项目团队度过激荡转型期，要强调团队成员的差异、相互包容。

3. 规范期（Norming），规则、价值、行为、方法、工具均已建立

在规范期，团队效能提高，团队开始形成自己的身份识别。

团队成员调适自己的行为，以使得团队发展更加自然、流畅。有意识地解决问题，实现组织和谐。动机水平增加。

团队领导允许团队有更大的自治性。此阶段可采用参与式领导，允许团队有更大的自治性。

4. 执行期（Performing），人际结构成为执行任务活动的工具，团队角色更为灵活和功能化，团队能量积聚于一体

在执行期，项目团队运作如一个整体，工作顺利、高效完成，没有任何冲突，不需要外部监督。

团队成员对于任务层面的工作职责有清晰的理解。即便在没有监督的情况下成员也能做出决策。随处可见"我能做"的积极工作态度，成员间互助协作。

项目领导让团队自己执行必要的决策。此阶段可采用委任式领导，让团队自己执行必要的决策。

5. 休整期（Adjourning），任务完成，团队解散

有些学者将第五阶段描述为"哀痛期"，反映了团队成员的一种失落感。团队成员动机水平下降，关于团队未来的不确定性开始回升。

布鲁斯·塔克曼的团队发展阶段模型为团队发展提供阶段指导，但该模型是用来描述小型团队的。实际上，团队发展轨迹不一定像布鲁斯·塔克曼的描述那样是线形的，而有可能是循环式的。该模型描述的阶段特征并不可靠，因为它主要考量的是人的行为，而当团队从一个阶段跨向另一个阶段的时候，团队成员的行为特征变化并不明显。它们也很有可能会发生交叠。模型也没有考虑到团队成员的个人角色特征。

二、团队角色

（一）团队角色的含义

团队角色是指一个人在团队中某一职位上应该有的行为模式。

（二）团队角色的类型

每个成员在团队中所要扮演的角色都各不相同，也就是说，一个团队总是由不同的角色组成的。剑桥产业培训研究部前主任贝尔宾博士和他的同事们经过多年的研究与实践，提出了著名的贝尔宾团队角色理论，即一支结构合理的团队应该由8种人组成，这8种团队角色分别为：实干者、协调者、推进者、创新者、信息者、监督者、凝聚者、完善者。

1. 实干者（CW）

实干者通常会给人带来务实可靠的印象。他们对自身生活工作环境比较满意，不会主动要求改变，大多对社会上出现的新生事物不感兴趣，有着本能的抗拒，只想按照上级意图踏踏实实做事，做好自己所擅长的、固定不变的工作。

典型特征：性格相对内向、保守、有责任感、效率高。

优点：实干者最大的优点是组织能力强，非常务实，他们对于那些不切实际的想法和言论不感兴趣；实干者通常会把一个想法转化成一个实际的行动，而且具体去实施，他们工作努力，有良好的自律性。

缺点：实干者由于强调计划性，在工作中往往缺乏灵活性，对未被证实的想法不感兴趣，不可容忍的缺点是容易阻碍变革。

2. 协调者（CO）

当遇见突如其来的事情时，协调者总会表现得沉着、冷静。他们有着很强的是非曲直的判断能力，有着把握事态发展的充分自信，处理问题时能够控制好自己的情绪和态度,有着很好的自控力。

典型特征:冷静、不会情绪化、有良好的自控力。

优点:目标性非常强,能够整合各种不同的人达成目标,同时兼顾人和目标两个层面,待人公平。

缺点:多数协调者的个人智力和创造力属于中等,很难在协调能力以外表现出特别出众的优势。当团队目标实现的时候,协调者容易把团队的成果据为己有。

3. 推进者(SH)

推进者的思维比较敏捷,对事物具有举一反三的能力,看问题思路比较开阔,能从多方面考虑解决问题的方法。他具有挑战性,喜欢挑战自己、挑战做事的方式方法,能够更快更好地接受新观点、新事物。这种人往往性格比较开朗,容易与人接触,很快能适应新的环境;能利用各种资源,善于克服困难和改进工作流程。

典型特征:推进者的典型特征是挑战性。他们喜欢挑战别人,没有结果誓不罢休,他们对于新观点接受更快、富有激情,工作中总可以看到他们风风火火的劲头。

优点:推进者随时愿意挑战传统,厌恶低效地做事,反对自满和欺骗行为,有什么说什么,不考虑是否会得罪别人。

缺点:喜欢挑衅,容易发火,耐心不够;明知自己犯了错误,也不会用幽默和道歉的方式来缓和局势。

4. 创新者(PL)

他们有创意,点子多,具有鲜明的个人特性。思想比较前卫、深刻,对许多问题的看法与众不同,有自己独到的见解,考虑问题不拘一格,思维比较活跃。但有时因为比较个人主义,多从自己的想法、个人的观点提出看法,从而不太考虑周围人的感受。

典型特征:有创意,点子多,但有时比较个人主义,总是从自己的想法、个人的思维出发,不太考虑周围人的感受,也不太考虑这个点子是否适合企业、适合团队。

优点:有天分、富有想象力、博学。

缺点:创新者往往好高骛远,有时他们的主意和想法会无视实际工作中的细节和计划,他们不太关心工作细节如何实施,常常点子多、成效少。对于创新者最困难的是与别人进行合作,过分强调自己的观点反而会降低推进速度。

5. 信息者（RI）

信息者善于搜集各类信息，他们的性格往往比较外向，对人、对事总是充满热情，总表现出很强的好奇心。因为他们与外界联系比较广泛，所以各方面的消息都很灵通。

典型特征：外向、热情、好奇、善于人际交往。

优点：发现新事物能力较强、能与创新者成为朋友、善于迎接挑战。

缺点：喜新厌旧、没有长性。

6. 监督者（ME）

监督者总会保持冷静的态度，不太容易情绪化，头脑比较清醒，处理问题时比较理智，每做一件事情都会经过谨慎的思考和判断。他们对人、对事表现得言行谨慎、公平客观，喜欢比较团队成员的行为，观察团队的各种活动过程。但有时比较喜欢挑毛病，爱批判。

典型特征：监督者总是保持冷静的态度，不会头脑发热，不太容易激动，每做一件事情都要谨慎思考和判断，有时比较喜欢找毛病，批判色彩很浓。

优点：冷静、善于判断、辨别能力非常强。

缺点：缺乏鼓舞他人的能力和热情，常会挖苦、讽刺别人。

7. 凝聚者（TW）

凝聚者比较善于协调各种人际关系（冲突环境中尤明显）、化解矛盾，他们为人处事比较温和，注重人际交往，能够与人保持和善友好的关系，是团队的润滑剂。

典型特征：善于调和各种人际关系（冲突环境中尤明显），社交能力和理解能力是化解矛盾和冲突的资本，是团队的润滑剂。

优点：随机应变、善于化解矛盾、能够提升团队精神。

缺点：优柔寡断、不够果断，不愿承担工作压力、推卸责任。

8. 完美者（FI）

完美者在团队中对人际交往认真，处理事务追求精益求精，他们通常埋头苦干，遵守各项秩序，尽职尽责。

典型特征：埋头苦干、守秩序、尽职尽责、追求精益求精。

优点：坚持不懈、精益求精。

缺点：为小事焦虑、不愿意授权、吹毛求疵。

（三）团队中准确的自身角色定位

俗话说："尺有所短，寸有所长。"如果全部都是将军，谁来打仗？反

过来,如果全部都是士兵,谁来指挥?因此,要进行角色定位,认定"我是谁"、"我"扮演和充当一个什么样的角色、我要做什么、怎样做才能做好,在其职,做其事,尽其责。在社会和团队活动中,由于认识、能力、个性等差异的影响,每个人在组织角色方面的倾向性是不同的。一般情况下,一个人会自觉或不自觉地在团队中扮演某些角色,而回避某些角色。对组织而言,努力追求复合型的人才,不如努力追求复合型的人才团队,而团队的建设,重要的是在知人的基础上进行管理。

因此,准确的自身角色定位,是团队建设的重要砝码。事实上,一个企业、一个部门想要共同创造出优良绩效,首要任务就是要明确每个个体的特点、优势和发展潜力,这将成为打开执行力之门的钥匙。

准确的团队角色定位,是团队建设的重要基础。正如在《西游记》中,唐僧、孙悟空、猪八戒、沙和尚4个人物性格迥异,兴趣能力也各有千秋,就是这样的一个团队组成最终实现了目标,取得了真经。分析4个人在团队中的不同角色,唐僧起着凝聚和完善的作用,孙悟空起着创新和推进的作用,猪八戒起着信息和监督的作用,沙和尚则起着协调和实干的作用。也正是因为四人的角色定位不同,所以能够相互取长补短、相互理解支持,最后形成了一个强大的团队,从而实现了最终的目标。

所以,要想依靠团队力量共同创造出优良绩效,在明确工作流程和基本工具后,每个团队成员都要对自身做出准确的角色定位,要让团队成员能够清醒客观地认识自己,不断发展、培养、锻炼自己的特长技能,提高整个团队的综合实力。

另外,虽然团队中每个角色的作用不同,但却是一样的重要,团队成员不能因为某一角色人数多,或自觉在某一时间内出力多,就自认为重要,其他无关紧要。角色间的关系同时也是平等的,没有任何等级之分。一个人不可能完美,但可以通过团队的集体力量推动工作实现完美。

三、高效团队

(一)高效团队的定义

高效团队,是指发展目标清晰、完成任务前后对比效果显著增加,工作效率相对于一般团队更高的团队,也是团队成员在有效的领导下相互信任、沟通良好、积极协同工作的团队。

（二）高效团队的基本特征

1. 清晰的目标

成员清楚团队目标，相信目标的意义和价值，激励着个体目标升华到团队目标。成员愿意向团队目标承诺，清楚团队希望他们做什么，明白如何共同工作直到完成任务。

2. 相关的技能

团队成员具备实现目标的必须技术和能力，具备良好合作的个性品质，以及处理内部关系的高超技巧。

3. 一致的承诺

团队成员高度忠诚，承诺为团队目标做任何事情。认同团队，着重自身成为团队的一部分。为团队目标奉献，为团队目标发挥最大潜能。

4. 相互的信任

团队成员确信他人的品行和能力。信任是需要时间培养的。只有信任才能换来信任，不信任将导致不信任。当组织文化及管理层行为崇尚开放、诚实、协作，鼓励员工自主、参与就容易形成信任的环境。

帮助管理者构建信任的6条建议

一、有效沟通：解释决策，提供反馈，承认缺点。

二、支持下属：和蔼可亲，平易近人，鼓励支持。

三、尊重下属：真正授权，倾听下属。

四、公正不偏：恪守信用，客观公正，表扬绩效。

五、易于预测：事务一惯，明确承诺，及时兑现。

六、展示能力：展示工作技巧、办事能力、职业道德，培养下属的钦佩与尊敬。

5. 良好的沟通

团队成员之间有流畅的信息交流渠道、积极健康的信息反馈。

6. 谈判技能

以个体为基础设计工作时，员工角色的界定有：工作说明、工作纪律、工作程序及其他正式文件说明。以团队为基础进行工作设计时，成员角色灵活多变，不断调整，要求成员掌握充分的谈判技巧，从容面对和应付各种问题。

7. 恰当的领导

团队需要持续的强化动力机制，强有力的领导者为团队指明前途，阐明变革的可能性，鼓舞团队成员的自信心，帮助成员了解并发掘潜力，带领团队共渡艰难时光。优秀的领导者，不是指示或控制，而是指导和支持，是教练和后盾，不是发号施令而是为团队服务。用权力共享取代传统的专制管理。

8. 内部、外部支持

团队绩效的达成，需要获得来自内部、外部的资源支持。团队内部支持表现为一套合乎团队特征的管理规范、易于理解的绩效评估体系和起支持作用的人力资源系统。这里的外部支持包括团队所在组织、所在集团管理层提供必备资源和良好的对外关系。

（三）高效团队的建设策略

高效团队建设中的 6W 是：who（我们是谁）、where（我们在哪里）、what（我们成为什么）、when（我们什么时候行动）、how（我们怎样行动）、why（我们为什么）。通过明确这几个方面的问题来建立高效团队。

1. 我们是谁（who）?

这是对团队成员自我的深入认识，明确团队成员具有的优势和劣势、对工作的喜好、处理问题的解决方式、基本价值观差异等；通过这些分析，最后获得在团队成员之间形成共同的信念和一致的对团队目的的看法，以建立起团队运行的游戏规则。

2. 我们在哪里（where）?

每一个团队都有其优势和弱点，而团队要取得任务成功又面对着外部的威胁与机会，通过分析团队所处环境来评估团队的综合能力，找出团队目前的综合能力与要达到的团队目的之间的差距，以明确团队如何发挥优势、回避威胁、提高迎接挑战的能力。

3. 我们成为什么（what）?

以团队的任务为导向，使每个团队成员明确团队的目标、行动计划，为了能够激发团队成员的激情，应树立阶段性里程碑，使团队对任务目标看得见、摸得着。

4. 我们什么时候行动（when）?

合适的时机采取合适的行动是团队成功的关键；团队遇到困难或障碍时，应把握时机进行分析与解决；团队面对内、外部冲突时，应选择时机进行舒缓或消除，以及取得相应的资源支持等。

5. 我们怎样行动（how）？

怎样行动涉及团队运行问题，即团队内部如何进行分工，不同的团队角色应承担的职责、履行的权力，以及如何协调与沟通等。因此，团队内部各个成员之间也应有明确的岗位职责描述和说明，以建立团队成员的工作标准。

6. 我们为什么（why）？

这个问题，目前在很多企业团队建设中都容易被忽视，这可能也是导致团队运行效率低下的原因之一。团队要高效运作，就必须让团队成员清楚地知道他们为什么要加入这个团队，这个团队运行成功与失败对他们带来的正面和负面影响是什么，以增强团队成员的责任感和使命感。即将我们常常讲的激励机制引入团队建设，它可以是团队荣誉、薪酬或福利的增加以及职位的晋升等。

（四）在团队中完善自我

通过团队合作，我们自身也会有许多收获。我们可以在活动中有意识地加强性格修养，强化合作意识，塑造优秀品质。这些将有利于我们提高修养、修炼人格，同时我们也只有通过团队合作才能完善自我。

1. 加强性格修养

性格有先天因素，修养则靠后天养成。增强合作能力，既要不断发现和矫正自身性格中不利于与他人合作的地方，也要不断提高修养，养成正确的为人处世态度。应勤于自省，正确认识自己性格方面的不足，增强改造性格缺陷的自觉性。一是努力提高文化素养。勤读书、读好书，以知识拓展视野、开阔心胸、陶冶情操。二是积极进行自我矫正。发现有"不合群"的倾向，就要注意多与外界接触，多与同事交流，积极参加集体活动；发现有自高自大的毛病，就要注意多发现别人身上的优点和长处，学会谦虚谨慎、尊重别人；发现有说过头话的习惯，就要多一些设身处地的换位思考，注意把握言谈举止的分寸，从而在不断磨砺性格、提高修养的过程中增强合作能力。

2. 强化合作意识

善于与人合作，不仅是一种可贵品质，也是一种实际能力。同级之间、上下级之间都要重视与强调合作。上下级之间的合作，既体现在上级对下级的关心与尊重上，也体现在下级对上级的配合与负责上。作为领导，既要充满自信，又不可狂妄自大，应主动了解和理解下属，学会欣赏他们的聪明才智，帮助他们克服缺点和不足，努力增强自己的亲和力，调动下属

的工作积极性;作为一般工作人员,要在工作中发挥主动性,既对上负责也对下负责,而不能事不关己、高高挂起,更不能互相推诿、敷衍塞责。

现代社会正处于知识经济时代,团队精神在竞争中越来越重要,很多工作需要团队合作才能完成。

3. 塑造优秀品德

优秀品德是合作能力得以升华的保障。一是增强集体意识。在社会化大生产中,个人是集体中的个人,没有集体就没有个人,没有集体的进步就没有个人的发展,因而要把个人的利益统一到集体的利益之中。二是尊重同事。虽然人的能力有大小、分工有不同,但在人格上大家都是平等的,既不能妄自菲薄,也不能妄自尊大。只有尊重别人,才能得到别人的尊重和支持。三是看淡名利。在团结合作方面出现的问题,很多是由名利引起的。在名利问题上不宜花费过多精力,而应经常换位思考,互谅互让。大家长期在一个单位工作,难免会有些磕碰,处理这些问题的诀窍就是大事讲原则、小事讲风格。

第三节　团队合作

> ✹ **案例3:**
>
> 有一次,微软要招聘2名白领职员,很多人前去应聘。经过初步筛选,最后留下10个人角逐那两个岗位。10个竞聘者迅速走进了各自的房间。他们发现,房间里除了大木箱外,还有木棍、绳子、锤子等很多工具。那木箱的确很重,怎么也推不动,想搬起一个角都很困难。测试结束了,除了两个人提前把木箱推到指定区域外,其余8个人都没能完成任务,有的甚至没有把木箱移动一点距离。主考官问那两个提前完成任务的人:"你们是怎么推动木箱的?"他们回答:"我们两人合推一个木箱,推完一个再合推另一个。"主考官微笑着说:"恭喜两位正式成为微软的职员。这次测试的本意就是要告诉大家,只有善于合作的人才能获得成功,鼓励个人竞争不假,但是我们微软更强调的是团队合作精神。"

一、团队合作及其基本要素

(一) 团队合作

团队合作是一种为达到既定目标所显现出来的自愿合作和协同努力的精神。它可以调动团队成员的所有资源和才智,并能够自动减少不和谐、不公正现象,同时会给予那些诚心、大公无私的奉献者适当的回报。当团队合作是出于自觉自愿时,它必将产生强大而且持久的力量。

(二) 团队合作的基本要素

良好的团队合作包括 4 个基本要素,即共同的目标、组织协调各类关系、明确各项规章制度、称职的团队领导。

1. 共同的目标

共同的目标是形成团队精神的核心动力,是建立良好团队合作的基础。因此,建立团队合作的首要要素,是确立共同的愿景与目的。目标是一个有意识地选择并能表达出来的方向,它要求能够运用团队成员的才能和能力,促进组织的发展,使团队成员有一种成就感。但是,由于团队成员的需求不同、思想不同、价值观不同等,因此要想团队每个成员都完全认同目标,也是不容易的。

2. 组织协调各类关系

关系方面,存在着正式关系与非正式关系。例如上级与下属,这是正式关系;两人恰好是同乡,这就是非正式关系。组织协调各类关系,就是要通过协调、沟通、安抚、调整、启发、教育等方法,让团队成员从生疏到熟悉,从戒备到融洽,从排斥到接纳,从怀疑到信任。团队中各类关系愈稳定,团队的内耗就愈小,整个团队效能就愈大。

3. 明确制度规范管理

团队中如果缺乏制度规范,往往会引起各种不同的问题,人事安排没有相应制度、工作处事没有明确流程、奖惩赏罚也没有标准,这样不仅会造成困扰、混乱,也会引起团队成员间的猜测、不信任。所以要制定出合理、规范的制度流程,把各项工作纳入制度化、规范化管理的轨道,并且促使团队成员认同制度,遵从规范。

4. 称职的团队领导

团队领导的作用,在于运用自己调动资源的权力,调动团队成员的积极性,在团队成员的共同努力下达到工作目标。所以,团队领导要有运用各种方式,以促使团队目标趋于一致、建立起良好团队关系,以及树立规

范的能力。团队领导在团队管理过程中,对有些不好把握、认识不清的问题,最有效的处理方法就是换位思考,把自己置于被管理者的角度去感受成员的所思、所感、所需,将他人的需求和特性作为出发点制定相应的管理办法和制度规范。

二、促进团队合作的四个基础

要想让一群有能力、有才华的人在特定的团队中,为了共同的目标而努力奋斗,就需要将团队建立在信任、良性冲突、坚定的领导决策、对彼此负责的基础之上。

(一)建立信任

团队是一个相互协作的群体,它需要团队成员间建立起相互信任的关系。而团队间的信任感比较特殊,它是以人性脆弱为基础的信任,这就意味着团队成员需要平和、冷静、自然地接受自己的不足和弱点,转而认可、求助他人的长处。尽管这对团队成员是个不小的挑战,但为了实现整个团队的目标,成员们必须要做到和实现这种信任,因为信任是团队合作的基石,没有信任就没有合作。

(二)良性冲突

冲突是团队合作中不可避免的阻碍,它是由于团队成员对同一事物持有不同态度与处理方法而产生矛盾,并引起的某种程度的争执。

团队管理者有时会为冲突担忧:一是怕丧失对团队的控制,让某些成员受到伤害;二是怕冲突会浪费工作时间。其实良性的团队冲突是提升团队绩效不可或缺的因素之一,在冲突过程中,坦率、热烈的沟通和各不相同的观点间的碰撞,可以让团队开阔思路并避免群体思维,进而通过对不同意见的权衡斟酌,提高决策的质量,增强团队的创造性与生命力。同时,团队成员也能在良性的冲突沟通过程中充分交换信息,更为清晰地认知任务目标及实现路径。

(三)坚定的领导决策

团队是个有机整体,离不开成员间的相互协作与信任。但"鸟无头不飞",在团队合作时,更重要的是要有坚定的领导决策,有团队领导为团队指明方向、进行决策。决策的过程实际上是对诸多处理方案或方法的提出与选择,在这个过程中,面对各种影响决策的因素,领导者需要依靠自身的经验、思维等对它们进行筛选和运用,另外,领导者还需要广泛听取团队成员的各种建议,兼收并蓄、博采众长,从而做出充分集中集体智慧的决策，为团队引领方向。

（四）对彼此负责

有效的团队合作是自然而主动的合作，团队成员不需要太多外界提醒，而能够竭尽全力地进行工作。成员们了解既定的团队目标，并清楚自身的角色定位，在合作过程中，会彼此提醒注意那些无益于团队既定目标实现的行为和活动。所以，促进团队合作很重要的一个基础就是团队成员间能够对彼此负责，协作出力，共同完成任务目标。

三、团队成员应具备的基本素质

一个优秀的有合作精神的团队离不开每个成员的努力，如果每个成员都能从大局出发，严格要求自己，多从其他成员的角度考虑问题，在团队合作中能尊重同伴、互相欣赏、宽容他人，那么，一个优秀的团队就形成了。

（一）尊重同伴

尊重没有高低之分、地位之差和资历之别，尊重只是团队成员在交往时的一种平等的态度。平等待人、有理有节，既尊重他人，又尽量保持自我个性，这是团队合作的能力之一。团队是由不同的人组成的，每一个团队成员首先是一个追求自我发展和自我实现的个体，然后才是一个从事工作、有着职业分工的职业人。虽然团队中的每一个人都有着在一定的生长环境、教育环境、工作环境中逐渐形成的与他人不同的自身价值观，但他们每一个人也同样渴望受到尊重，都有一种被尊重的需要，而不论其资历深浅、能力强弱。

尊重，意味着尊重他人的个性和人格，尊重他人的兴趣和爱好，尊重他人的感觉和需求，尊重他人的态度和意见，尊重他人的权利和义务，尊重他人的成就和发展。尊重，还意味着不要求别人做你自己不愿意做或做不到的事情。当你不能加班时，就没有权力要求其他团队成员继续"作战"。

尊重，还意味着尊重团队成员有跟你不一样的优先考虑。只有团队中的每一个成员都尊重彼此的意见和观点，尊重彼此的技术和能力，尊重彼此对团队的全部贡献，这个团队才会得到最大的发展，而这个团队中的成员也才会赢得最大的成功。尊重能为一个团队营造和谐融洽的气氛，使团队资源形成最大程度的共享。

（二）互相欣赏

要学会欣赏、懂得欣赏。很多时候，同处于一个团队中的工作伙伴常常会乱设"敌人"，尤其是大家因某事而分出了高低时，落在后面的人的心里就会酸溜溜的。所以，每个人都要先把心态摆正，用客观的目光去看看"假想敌"到底有没有长处，哪怕是一点点比自己好的地方都是值得学习的。欣赏同一个团队的每一个成员，就是在为团队增加助力，改掉自身的缺点，就是在消灭团队的弱点。

欣赏就是主动去寻找团队成员的积极品质，尤其是你的"敌人"，然后，学习这些品质，并努力克服和改正自身的缺点。这是培养团队合作能力的第一步。"三人行，必有我师焉。"每一个人的身上都会有闪光点，都值得我们去挖掘并学习。要想成功地融入团队之中，善于发现每个工作伙伴的优点，是走到他们身边、走进他们之中的第一步。适度的谦虚并不会让你失去自信，只会让你正视自己的短处，看到他人的长处，从而赢得众人的喜爱。每个人都可能会觉得自己在某个方面比其他人强，但你更应该将自己的注意力放在他人的强项上。因为团队中的任何一位成员，都可能是某个领域的专家。因此，你必须保持足够的谦虚，这种压力会促使你在团队中不断进步，并真正看清自己的肤浅、缺憾和无知。

总之，团队的效率在于每个成员配合的默契，而这种默契来自于团队成员的互相欣赏和熟悉——欣赏长处、熟悉短处，最主要的是扬长避短。

（三）宽容他人

雨果曾经说过，"世界上最宽阔的是海洋，比海洋更宽阔的是天空，而比天空更宽阔的则是人的心灵"。这句话无论何时何地都是适用的，即使是在角逐竞技的职场上，宽容仍是让你尽快融入团队之中的捷径。宽容是团队合作中最好的润滑剂，它能消除分歧和纷争，使团队成员能够互敬互重、彼此包容、和谐相处，从而安心工作，体会到合作的快乐。试想一下，如果你冲别人大发雷霆，即使过错在对方，谁也不能保证他不以同样的态度来回敬你。这样一来，矛盾自然就不可避免了。

反之，你如果能够包容同事，驱散弥漫在你们之间的火药味，相信你们的合作关系将更上一层楼。团队成员间的相互宽容，是指容纳各自的差异性和独特性，以及适当程度的包容，但并不是无限制地纵容，一个成功的团队，只会允许宽容存在，不会让纵容有机可乘。

宽容，并不代表软弱。在团队合作中，它体现出的是一种坚强的精神，它是一种以退为进的团队战术，为的是整个团队的大发展，以及为个人奠定有利的提升基础。首先，团队成员要有较强的相容度，即要求其能够宽厚容忍、心胸宽广、忍耐力强。其次，要注意将心比心，即应尽量站在别人的立场上，衡量别人的意见、建议和感受，反思自己的态度和方法。

四、团队合作的原则

1. 平等友善

与同事相处的第一步便是平等。不管你是资深的老员工，还是新进的员工，都需要丢掉不平等的心态，无论是心存自大还是心存自卑都是同事相处的大忌。同事之间相处具有相近性、长期性、固定性，彼此都有较全面深刻的了解。要特别注意的是真诚相待，才可以赢得同事的信任。信任是连结同事间友谊的纽带，真诚是同事间相处共事的基础。即使你各方面都很优秀，即使你认为自己以一个人的力量就能解决眼前的工作，也不要显得太张狂。要知道还有以后，以后你并不一定能完成一切，还是平等友善地对待对方吧。

2. 善于交流

同在一个公司、办公室里工作，你与同事之间会存在某些差异，知识、能力、经历造成你们在对待和处理工作时，会产生不同的想法。交流是协调的开始，把自己的想法说出来，再听听对方的看法，你要经常说这样一句话："你看这事该怎么办，我想听听你的看法。"

3. 谦虚谨慎

法国哲学家罗西法古曾说过："如果你要得到仇人，就表现得比你的朋友优越；如果你要得到朋友，就要让你的朋友表现得比你优越。"当我们让朋友表现得比自己还优越时，他们就会有一种被肯定的感觉；但是当我们表现得比他们还优越时，他们就会产生一种自卑感，甚至对我们产生敌对情绪。因为谁都在自觉不自觉地强烈维护着自己的形象和尊严。

所以，对自己要轻描淡写，要学会谦虚谨慎，只有这样，我们才会永远受到别人的欢迎。对此，卡耐基曾说："你有什么可以值得炫耀的吗？你知道是什么原因使你成为白痴？其实不是什么了不起的东西，只不过是你甲状腺中的碘而已，价值并不高，才五分钱。如果别人割开你颈部的甲状腺，取出一点点的碘，你就变成一个白痴了。在药房中五分钱就可以买到这些碘，这就是使你没有住在疯人院的东西——价值五分钱的东西，有什么好谈的呢？"

4. 化解矛盾

一般而言,与同事有点小摩擦、小隔阂,是很正常的事。但千万不要把这种"小不快"演变成"大对立",甚至成为敌对关系。对别人的行动和成就表示真正的关心,是一种表达尊重与欣赏的方式,也是化敌为友的纽带。

5. 接受批评

从批评中寻找积极成分。如果同事对你的错误大加抨击,即使带有强烈的感情色彩,也不要与之争论不休,要从积极方面来理解他的抨击。这样,不但对你改正错误有帮助,也避免了语言敌对场面的出现。

6. 创造能力

一加一大于二,但你应该让它大得更大。培养自己的创造能力,不要安于现状,要试着发掘自己的潜力。一个有不凡表现的人,除了能保持与人合作以外,还需要所有人乐意与你合作。

总之,作为一名员工应该在思想感情、学识修养、道德品质、处世态度、举止风度上做到坦诚而不轻率,谨慎而不拘泥,活泼而不轻浮,豪爽而不粗俗,一定要和其他同事融洽相处,从而提高自己团队的行动能力。承担责任看似简单,但实施起来并不容易。如果有清晰的团队目标,有损目标的行为就能够轻易地被纠正。

五、使自己成为团队中最受欢迎的人

要想成为优秀团队的优秀人物,就要成为团队中最受欢迎的人。怎样使自己成为团队中最受欢迎的人呢?

(一)出乎真心,主动关心帮助别人

一个人可以去拒绝别人的销售,拒绝别人的领导,却无法拒绝别人出乎真心的关心。大多数人都期望得到关心,所以要学会付出更多去关心别人。每一个职场人士都希望与同事融洽相处,团结互助。因为人们深知,同事是和自己朝夕相处的人,彼此和睦融洽,工作气氛好,工作效率自然就会更高。反之,同事关系紧张,相互拆台、发生摩擦,正常工作和生活不但会受到影响,就连事业发展也会受到阻碍。

(二)要谈论别人感兴趣的话题

每个人一生中都在寻找一种感觉,这种感觉叫什么呢?叫做"重要感"。在和别人沟通的时候,你是一直不断地在讲还是认真地在听人讲话呢?如果你是在认真地听人讲话,同时又问一些别人感兴趣的话题,别人就会对你感兴趣,因为人们都喜欢谈论自己,你愿意拿出时间来关心别人感兴趣的话题,愿意了解别人非常感兴趣的话题,那你一定会成为一个非常受欢迎的人。

如何让自己成为一个受团队欢迎的人呢?那就要去了解别人的兴趣点,并且同别人去沟通他最感兴趣的话题。当你跟他沟通这样的话题的时候,他会感受到你对他的关切,他就会喜欢你。

(三) 赞美你周围的同事

赞美被称为语言的钻石,每个人一生都在寻找重要感,所以都希望得到别人的赞美。人们都希望获得成长和成就感,如果团队能为成员提供成长的空间,那么,多数人都会留在团队,并且全力以赴,真心付出。

不断地赞美、支持、鼓励周围的朋友和同事是获得信任的有效的办法。每一个人都有优点和独特性,所以要找到别人的独特的优点去赞美他。比如,一个成员取得了一些绩效,如果希望这种绩效被延续,就要去赞美他,受赞美的行为就会持续不断地出现。如果有销售人员刚刚签了大单,那么团队就应去赞美他,肯定他,这个销售人员受到了赞美和鼓励,就会再去采取同样的行为,为团队付出。

1. 不要批评,要提醒

要多提醒别人,而不要总是批评别人。比如,当你觉得别人做得不够好时,可以提醒一下,告诉他哪里还可以做得更好,同时肯定他是非常有潜质的,并且问他是否介意跟你沟通。他当然说不会介意。

如果真的一定要批评别人?不妨采取三明治批评法。因为,任何消极负面的东西都可以用积极正面的方法来引导,这样就能达到积极正面的结果。

2. 要多提建议,少提意见

意见是一种对现实的不满,可能会有一点点的抱怨。建议也是一种不满,是将不满转化为可以达到满意结果的过程。当你养成提建议而不提意见的习惯的时候,你会发现,建议是非常有积极性的,也是对团队帮助非常大的。

3. 不要抱怨,要采取行动

抱怨不会解决任何问题,只有采取行动,才会产生结果。任何事情都不值得抱怨,因为抱怨,只会影响每一个人的心情。越抱怨,情绪越不好;情绪越不好,绩效越不好。所以,要把抱怨变成采取积极行动,从而产生好的结果。

(四) 激发别人的梦想

一个人最重要的能力就是使别人拥有能力,所以,人际关系当中最重要的就是要敢于去激发别人的梦想。

当你激发了别人的梦想,别人通过你的激发和鼓励,取得了成就的时候,他就会衷心地感谢你,所以,你要有一种能力,就是去激发别人的能力,激励别人。每一个人都期望别人给他十足的动力,每个人都希望别人帮他做出人生的决定,所以你要去激发别人,使他产生梦想,让他拥有应该拥有的上进心,激发出他最想要的结果,这就是一种获得成长的感觉。

本章小结

大学阶段是学生由学校进入社会的重要环节,团队合作精神如何将直接关系到个人的成长。团队不同于群体,团队从形成到结束往往要历经不同的发展变化阶段,准确的自身角色定位,是团队建设的重要砝码。大学生平时要注重培养团队合作意识、增强团队合作能力,努力使自己成为高效团队的成员,积极适应社会发展和国家建设的需要,充分实现个人价值,绽放出完美的人生。

第九章　创新能力

引言

创新是一个民族进步的灵魂，是国家兴旺发达的不竭动力。没有创新，就没有真正的发展；单纯的重复，只带来数量上的增加，却不会有质量上的提升。正因为如此，创新是衡量一个国家、一个民族、一个社会发展潜力的根本标志。人才则是创新的关键。人是创新的主体，创新是人的活动，离开人的创造性活动也就无所谓创新了。因此，无论是理论、制度的创新，还是科技、文化的创新，最终都要落实到大量高素质的创新型人才身上，表现为他们的创造性行动。正是在这样的意义上，创新型人才构成了国家、社会发展的关键要素，培养具有创新素质的人才是时代的迫切需要，是我国经济发展、国家富强的重要保证，是实现中华民族伟大复兴的根本基础。

我国《高等教育法》第五条明确规定：高等教育的任务是培养具有创新精神和实践能力的高级专门人才。国际21世纪教育委员会的报告《教育——财富蕴藏其中》也明确指出：教育的任务是毫不例外地使所有人的创造才能和创造潜能都能结出丰硕的果实，这一目标比其他所有目标都重要。可以看出，创新精神的培育、创造性思维的培养、创新能力的提升，构成了高等教育的一个中心目标。高等教育的任务就是为社会培养越来越多的优质创造型人才，这也是高等教育的本真精神所在。因此，我国高等教育必须大力倡导大学生创新思维的培养与创新能力的提升，这也是当前高等教育改革的中心场域之一。

第一节　创新概述

✤案例 1：

火星开门，我来了

北京时间 2021 年 5 月 15 日，"天问一号"着陆巡视器稳稳地降落在预选着陆区——火星北半球的乌托邦平原，中国首次火星探测任务着陆火星取得圆满成功。

历史上，人类探测器登陆火星的难度远大于登陆月球，成功概率极低。根据资料统计，美、苏几十年来共发射了 40 余次火星探测器，但只有美国成功登陆并展开巡视。就连强大的苏联也是一直失败，1962 年到 1969 年苏联共发射了 5 个火星探测器，最终没有一个成功进入火星轨道，最惨的一次仅有一分钟就爆炸坠毁。

"天问一号"探测器于 2020 年 7 月 23 日发射，在 2021 年 2 月到达火星，被火星成功捕获。经过 3 个月的养精蓄锐，"天问一号"已在近日实施降轨，完成着陆巡视器与环绕器分离。在成功软着陆于火星表面后不久，中国首辆火星车"祝融号"也将驶离着陆平台，开展巡视探测等工作。

5 月 22 日，火星车成功驶离着陆平台，到达火星表面开始巡视探测，火星车前后避障相机，记录了驶离过程，录音装置获取了驶离过程的声音数据。音频中包括火星车驱动机构加电开始移动、坡道行驶、驶上火星表面等过程现场声音。火星车驶离过程的声音主要来源于驱动机构、车轮与坡道摩擦、车轮与地面摩擦。

6 月 1 日，火星车 WIFI 分离相机拍摄着陆平台与火星车合影，相机记录了火星车后退移动和原地转弯过程，这是人类首次获取火星车在火星表面的移动过程影像。根据 WIFI 相机视场、焦距等参数，工作人员规划了相机分离的位置和行驶路径，火星车行驶到分离点后，释放 WIFI 相机，后退至合影点，相机拍摄着陆平台与火星车正面合影，随后火星车进行转弯，侧身面对相机，拍摄着陆平台与火星车侧身合影。

> 截至27日上午,"天问一号"环绕器在轨运行338天,地火距离3.6亿千米;"祝融号"火星车已在火星表面工作42个火星日,累计行驶236米。环绕器和火星车工作状态良好,从火星向党和祖国报告平安,在建党百年之际传来遥远祝福。技术创新的潮流永远在涌动,北斗系统的服务能力和服务场景仍有很大的提升空间。不断拓展想象力,始终向着梦想进发,北斗会给人们带来更多的惊喜。

纵观人类发展历史,创新始终是一个国家、一个民族发展的重要力量,也始终是推动人类社会进步的重要力量。党的十八大作出了实施创新驱动发展战略的重大部署,八年来,全社会共同努力,坚持把创新作为引领发展的第一动力,重大创新成果竞相涌现。蛟龙入水、高铁通达、北斗闪耀、鸿蒙开启……一些前沿领域开始进入并跑、领跑阶段,科技实力正在从量的积累迈向质的飞跃,从点的突破迈向系统能力的提升。

2020年9月11日习近平在科学家座谈会上指出:现在,我国经济社会发展和民生改善比过去任何时候都更加需要科学技术解决方案,都更加需要增强创新这个第一动力。同时,在激烈的国际竞争面前,在单边主义、保护主义上升的大背景下,我们必须走出适合国情的创新路子,特别是要把原始创新能力提升摆在更加突出的位置,努力实现更多"从0到1"的突破。

一、创新

(一) 创新的由来

1912年美国经济学家熊彼特在《经济发展概论》中首次提出:创新是指把一种新的生产要素和生产条件的"新结合"引入生产体系。它包括4种情况:引入一种新产品、引入一种新的生产方法、开辟一个新的市场、获得原材料或半成品的一种新的供应来源。

20世纪60年代,美国经济学家华尔特·罗斯托提出了"起飞"六阶段理论,将"创新"的概念发展为"技术创新",并且把"技术创新"提高到"创新"的主导地位。

中国自20世纪80年代以来开展了技术创新方面的研究,具有代表性的是傅家骥先生从企业的角度给出的对技术创新的定义:企业家抓住市场的潜在盈利机会,以获取商业利益为目标,重新组织生产条件和要素,建立

起效能更强、效率更高和费用更低的生产经营方法，从而推出新的产品、新的生产（工艺）方法，开辟新的市场，获得新的原材料或半成品供给来源或建立企业新的组织，它包括科技、组织、商业和金融等一系列活动的综合过程。

进入21世纪，随着人类向信息社会迈进，技术进步及其应用在社会各个领域所产生的影响有目共睹，技术创新进一步被深入认识并强势推进。

当然，人类认识世界与改造世界的实践中都存在着创新：知识拓展、观念改变、理论创新、制度变革、艺术创作、商业推广、技术进步、应用升级……创新绝不仅仅是技术领域的事情。

（二）创新的定义

创新，顾名思义，创造新的事物。"创新"一词很早就已出现，《魏书》中可见"革弊创新"，《周书》中则有"创新改旧"。和"创新"含义相近的词汇有维新、鼎新等，如"咸与维新""革故鼎新""除旧布新""苟日新、日日新，又日新"。

而在英语中，Innovation（创新）这个词起源于拉丁语，包含三层含义：一是更新，就是替换原有的东西；二是造新，就是创造出原来没有的东西；三是改变，就是发展和改造原有的东西。

创新是指提出与以往不一样的新见解，在特定的客观条件下，为满足某种需求，根据事物发展规律而改进或创造新的事物或方法，赋予新的内容或形式，并能获得一定有益效果的行为。它是人类为了满足自身美好生活愿望，不断拓展对客观世界及其自身的认知行为的过程和结果的结合。

二、创新能力

（一）创新能力的定义与形成

创新能力是技术和各种实践活动领域中人们根据一定的目的任务，重新改造、组合原有的知识、经验、对象，不断提供具有经济价值、社会价值、生态价值的新思想、新理论、新方法和新发明的能力，它属于智能范畴，同时也是个人综合素质的体现。

创新能力是经济竞争力的核心。习近平2013年在甘肃调研考察时提到：实施创新驱动发展战略，是加快转变经济发展方式、提高我国综合国力和国际竞争力的必然要求和战略举措，必须紧紧抓住科技创新这个核心和培养造就创新型人才这个关键，瞄准世界科技前沿领域，不断提高企业自主创新能力和竞争力。

创新能力的形成主要来自四大要素：首先是遗传。它是人的创新能力的生理基础和必要的物质前提，潜在决定着个体创新能力未来发展的类型、速度与水平。其次是环境。环境是人的创新能力形成和提高的重要条件，因此，家庭、学校和社会环境的优劣影响着个体创新能力发展的速度与水平。第三是实践。这是人的创新能力形成的最基本途径。实践也是检验创新能力水平和创新活动成果的尺度标准。最后是人的创新能力形成的核心与关键——创新思维。创新思维的一般规律是：先发散而后集中，最后解决问题。

1992年，任正非率领公司高管代表团远赴美国硅谷访问了德州仪器、IBM等科技巨头后写道：我们自己的研发方法非常落后。要赶上，还有很长的路要走。在过去近三十年后的今天，中国的创新能力发生了巨大的变革。《人民日报》2020年4月10日发文《中国创新能力不断提升》。文中提到，世界知识产权组织（产权组织）4月7日发表新闻公报称，2019年中国已成为该组织《专利合作条约》（PCT）框架下国际专利申请量最多的国家。国际舆论认为，这一成就显示，中国实施创新驱动发展战略和知识产权战略已取得明显成效，表明中国创新能力和社会公众知识产权意识大幅提升。

> ✤ **案例2：**
>
> 2020年9月10日，华为消费者CEO余承东在华为全球开发者大会上表示，今年年底首先对国内开发者发布针对智能手机的鸿蒙系统（HarmonyOS beta）版本。华为智能手机明年全面支持鸿蒙系统。除了手机外，华为智慧屏包括平板、手表在内的产品也将搭载鸿蒙系统；美的、九阳将很快发布搭载鸿蒙系统的家电产品。此外，从9月10日起，移动端手机操作系统（EMUI11）将正式开启BETA，使用EMUI11的手机未来可以升级鸿蒙OS 2.0。
>
> 虽然目前鸿蒙系统在体验方面只能达到安卓系统的70%~80%，但它毕竟还只是处在襁褓之中，后续潜力可待。

（二）创新能力特征

与普通人力资源相比，创新人才主要具有五大特质：

1. 善于发现问题

"提出问题，往往比解决问题更重要。"这是爱因斯坦从事科学研究的宝贵经验。发现问题需要有丰富的专业知识和敏锐的观察力，通过观察分

析发现问题的存在,并进一步探究解决这一问题的方法。当问题得以解决之时,便是新事物或新技术诞生之际。阿基米德定律的产生正是因为阿基米德注意到一个每个人都会遇到却又习以为常的现象,即进入澡盆洗澡时,水往外溢而人的身体会感觉到被轻轻托起。这使他想到如果王冠为纯金,排出的水量应等同于同等重量的金子排出的水量,浮力定律由此被发现。机遇总是留给那些有思想准备又勤于钻研的人。我们需要在实践中不断地进行培养和锻炼,以形成和提高发现问题的能力。

2. 善于系统分析

物质世界是普遍联系的,事物不但与它周围的世界互相联系、互相作用,而且事物内部的各个部分之间总是处于互相联系和互相作用之中,构成了一个开放的系统。我们把由相互联系的若干要素按一定方式所组成的具有特定功能,并同其周围环境互相作用的统一整体称为系统。系统具有整体性、结构有序性和开放性。因此,要实现创新,首先必须对问题进行系统把握和全方位分析。只有对问题有全面的认识,才能有创新的元素和火花出现。比如,手机原本就是通话、收发短信的,当网络技术、存储技术、播放技术、视频技术日趋成熟以后,科研人员就开始将通信技术和计算机技术,以及游戏技术融合起来,于是就产生了我们现在的智能手机。

3. 善于规划预测

所谓规划预测,就是通过发现问题,对问题的发展方向做出预测,并在此基础上规划出解决方案。这也就是我们常说的审时度势、精于算计、合理布局、运筹帷幄。例如,《田忌赛马》中提到,田忌经常与齐国众公子赛马,设重金赌注。孙膑发现他们的马脚力都差不多,马分为上、中、下三等,于是建议用己方的劣等马对决对手的优等马、优等马对决中等马、中等马对决劣等马。三场比赛,田忌一场败而两场胜,最终赢得了齐王的千金赌注。可见,谋略在先,事半功倍。

4. 善于提出新创意

解决实践中新面临的问题,不仅需要周密的计划和安排,更重要的是能够根据新的客观条件加入创新的元素,提出能够更为有效地解决问题的方案。

✳ **案例3:**

在修建青藏铁路时,多年冻土被认为是"最难啃的一块骨头"。以往的办法只是增加土体热阻,减少进入路基下部的热量,从而延缓多年冻土退化。而以中国科学院院士程国栋为代表的青藏铁路冻土攻关科研工作者却创造性地提出了主动冷却路基的思路，据此设计出了多种工程技术措施，保护多年冻土。除了在极不稳定的高含冰量冻土区采用造价昂贵的以桥代路外，在其他地区主要采用块石路基，块石、碎石护坡，利用块石、碎石孔隙较大的特点，使它们在夏季产生热屏蔽作用，冬季产生空气对流，从而改变路基和路基边坡土体与大气的热交换过程，起到了较好地保护多年冻土的作用。此外，在路基两旁埋设高效导热的热棒、热桩，在将热量导出的同时吸收冷量，并有效地将冷量传递、贮存于地下。在路基中铺设通风管，使土体温度明显降低，并在通风管的一端设计、安装自动温控风门，当温度较高时，风门自动关闭，温度较低时，风门自动打开，这样就避免了夏季热量进入通风管。在路基顶部和路基边坡铺设遮阳棚、遮阳板，有效地减少太阳辐射，降低地表温度。这些创新使得青藏铁路能够顺利竣工，更对我国高寒地区的工程建设具有重要的指导和借鉴价值。

5. 善于全面资源整合

要解决实践中遇到的难题，除了发现问题、系统分析、规划预测，然后提出创新理论外，更要尽可能地动员全部资源投入创新活动中去。也就是说，光有发现和创意是远远不够的，要把创意变为现实，转化为生产力，需要物力、财力以及人力资源的投入，只有整合好这些投入，才能将创新的理论付诸实践，最终解决好问题。

当然，并不是每一个创新人才都能完美地具有这5个特质，在现实生活中，创新能力表现为综合独特性和结构优化性两大特征。所谓综合独特性，是指我们在观察创新人物能力的构成时，会发现没有一个人的能力是单一的，而是几种能力的综合，这种综合是独特的，具有鲜明的个性色彩。所谓结构优化性，则是指创新人物能力在构成上呈现出明显的结构优化特征，而这种结构是一种深层或深度的有机结合，能发挥出意想不到的创新功能。

三、职业创新能力的意义

创新对一个国家、一个民族来说，是发展进步的灵魂和不竭动力，对于一个企业来讲，就是寻找生机和出路的必要条件。一个成功的企业必然是一个创新力强的企业，因为只有这样，这个企业才能够勇于突破自身的局限，革除不合时宜的旧体制、旧办法，在现有的条件下，创造出更多适应市场需要的新体制、新举措,走在时代潮流的前面,在激烈的市场竞争中赢利。

因而,职业创新能力对于个体来讲就是谋求事业发展、实现自我价值和精神追求的最好保障。创新能力的综合独特性与结构优化性说明创新能力是一个人综合能力的体现。综合能力良好的人才必然是受企业欢迎的人才,也必然能够在工作中创造出一片属于自己的天地。

创造性人才在企业中越来越重要,这类人才能够创造性地完成工作,不会被困难吓倒,不会因为条件不具备而放弃努力。在寻找创新、开发、管理方面的人才时,必须考虑人才的创新能力。

第二节 创新思维

> ❋**案例4:**
>
> 最近,一个叫李子柒的姑娘,把传统文化和田园生活拍成视频上传网络,引发海内外网友关注。目前她在油管Youtube(一家海外短视频平台)上的粉丝数近800万,100多个短视频的播放量大多在500万以上。
>
> 随着李子柒的走红而火起来的,还有她所代表的一个互联网时代的独特群体——"网红"以及随之而来的"网红经济"。
>
> 网红经济是一种诞生于互联网时代的经济现象,意为网络红人在社交媒体上聚集流量与热度,对庞大的粉丝群体进行营销,将粉丝对他们的关注度转化为购买力,从而将流量变现的一种商业模式。
>
> 在中国,网红经济有着充分的社会基础。根据百度的《"95后"生活形态调研报告》,中国"95后"人口约为1亿。他们从小与互联网为伴,最爱刷屏、晒生活和吐槽。埃森哲研究显示,超过70%的中国"95后"消费者更喜欢通过社交媒体直接购买商品。
>
> 网红们的终极目标并不是要赢得流量,而是要用流量来变现。从这个目的出发,他们首先要做的,就是针对目标用户的偏好来设计自己的形象、策划自己的表演,从而在他们心中创建一个"定位"。

由于后天环境的影响,我们形成了特有的、固定的思维模式。这样的思维模式来自于我们日常生活的经验,可以帮助我们解决绝大部分问题,同时又限制了我们的思想和行为。可是"人不能两次踏进同一条河流",即使是真理,它的存在也是有特定条件的。当客观情况发生改变时,真理就不再是真理,改变也就势在必行。"网红经济"正是适应"互联网+"而产生的,是传统产业的时代新发展。

微软总裁比尔·盖茨说,"微软离破产永远只有18个月";海尔总裁张瑞敏又说,"永远战战兢兢,永远如履薄冰"。习近平总书记说:我国科技发展的方向就是创新、创新、再创新。而思维创新是实践创新的基础和前提。没有思维的创新就没有行动的创新。实践证明,有目的地学一些创新思维方法,对于培养我们的创新能力有着事半功倍的作用。

创新思维是指以新颖独创的方法解决问题的思维过程,这种思维能打破我们的固定思维模式,以超常规甚至反常规的方法、视角去思考问题,提出与以往不一样的解决方案,从而产生新颖的、独到的、有社会意义的思维成果。这种思维的本质就在于将创新意识的感性愿望提升到理性的探索上,实现创新活动由感性认识到理性思考的飞跃。

一、发散思维

发散思维是指大脑在思维时呈现出的一种扩散状态的思维模式,它表现为思维视野广阔,思维呈现出多维发散状,具有流畅性、变通性和独特性。发散思维是创造性思维的最主要的特点。

> ✿ 案例5:
>
> 我国"创造学会"第一次学术研讨会于1987年在广西省南宁市召开。这次会议集中了全国许多在科学、技术、艺术等方面的杰出人才。会议其间,来自日本的村上幸雄先生拿出一把曲别针,请大家开动脑筋,想一想曲别针都有什么用途?比一比谁的发散性思维好。会上一片哗然,七嘴八舌,议论纷纷,最后大约说出了20余种,大家问村上幸雄:"你能说出多少种?"村上幸雄轻轻地伸出3个指头。有人问:"是30种吗?"他摇摇头,"是300种吗?"他仍然摇头,他说:"是3 000种。"大家都异常惊讶。然而就在此时,中国魔球理论的创始人许国泰先生给村上幸雄写了个条,上面写着:"村上先生,对于曲别针的用途,我可以说出3 000种、30 000种。"村上幸雄十分震惊,大家也都不太相信。许先生说:"幸雄所说曲别针的用途我可以简单地用4个字加以概括,即钩、挂、别、联。我认为远远不止这些。"接着他把

> 曲别针分解为铁质、重量、长度、截面、弹性、韧性、硬度、银白色等10个要素,用一条直线连起来形成信息的栏轴,然后把要动用的曲别针的各种要素用直线连成信息标的竖轴。再把两条轴相交垂直延伸,形成一个信息反应场,将两条轴上的信息依次"相乘",达到信息交合……于是,曲别针的用途就无穷无尽了。例如,曲别针加硫酸可制氢气、可加工成弹簧、做成外文字母、做成数学符号进行四则运算等。

"曲别针"的案例告诉我们,发散思维对于一个人的智力、创造力是多么重要。那么,我们应该怎样培养自己的发散思维呢?理性有限,我们唯有勤于实践,经常有意识地锻炼思考力,让自己的思维无限。每当遇到问题时,我们应当尽可能赋予所涉及的人、物及事情整体以新的性质,确立不同的思考方向;在每一个方向运用新观点、新方法、新结论给出尽可能多的解决方案;最后,找出那个最具有独创性的答案。

二、收敛思维

收敛思维是使思维始终集中于同一方向,使思维条理化、简明化、逻辑化、规律化,所以又称"求同思维"或"集中思维"。收敛思维与发散思维如同"一个钱币的两面",是对立的统一,具有互补性,不可偏废。实践证明:在教学中,只有既重视培养学生的发散思维,又重视收敛思维的培养,才能较好地促进学生思维的发展,提高学生的学习能力,培养高素质人才。

> ✼ 案例6:
>
> 1964年4月中央人民广播电台《大庆精神大庆人》的报道和第二天《人民日报》的专门报道以及12月王进喜当选人大代表使日本三菱重工的专家判断中国的大庆确有其事且已经开始大量产油。1966年7月《中国画报》的一张照片上王进喜所站的钻台油井与他背后隐藏的油井之间的距离和密度则使日本专家可以大致断定大庆油田的勘探起始时间以及油田的储量和产量。画报上还有一张炼油厂反应塔的照片。根据反应塔上的扶手栏杆的粗细与反应塔的直径相比,得知反应塔的内径长为5米。而"铁人"王进喜头戴大狗皮帽,身穿厚棉袄的照片

又使他们断定："大庆油田是在冬季为零下30度的地区"。同年10月，《人民中国》杂志刊登王进喜的事迹时提到了位于黑龙江海伦市东南的马家窑。这样，日本专家可以确定：马家窑是大庆油田的北端，大庆油田可能是北起海伦的庆安，西南穿过哈尔滨市与齐齐哈尔市铁路的安达附近的南北达400公里的范围。加之《人民日报》刊登的国务院政府工作报告，大庆的位置、石油储量、炼油能力和规模、年产油量等内容日本专家都得以基本推算获得。

俗话说："外行看热闹，内行看门道。"因为大数据时代的来临，许多时候，人们在信息量的占有上并无多大差别，要掌握真实信息的广度其实也不困难。但为什么有些人能从中看出问题，抓住机会，而有些人却茫然无知、视若无睹呢？出现这种差异，从思维的角度来分析，就是头脑的内在思维观察结构的不同造成的。收敛思维能力较强的人，其思维观察结构严谨细密，在占有相同信息量的情况下，对信息的提取率比较高。所以，我们平时一定要有意识地对所有感知到的对象进行分析、综合、归纳、演绎，依据一定的标准"聚合"起来，显示出它们的共性和本质。首先要对感知材料形成总体轮廓认识，从感觉上发现十分突出的特点；其次，要对感觉到的共性问题进行分析，形成若干分析群，进而抽象出其本质特征；再次，要对抽象出来的事物本质进行概括性描述；最后形成具有指导意义的理性成果。

三、联想思维

联想思维是指人脑记忆表象系统中，由于某种诱因导致不同表象之间发生联系的一种没有固定思维方向的自由思维活动。联想思维方式也就是通常所说的由此及彼、举一反三、触类旁通。其主要思维形式包括幻想、空想、玄想。其中，幻想，尤其是科学幻想，在人们的创造活动中具有重要的作用。

❋**案例7：**

2020年9月8日，大自然的"印钞机"农夫山泉在港股上市了！上市首日，农夫山泉不负众望，发行价为21.5港元/股，开盘高开85.12%，市值为4 453亿港元。

有品质的水饮和有魔性的广告是农夫山泉成功的法宝。

> "农夫山泉有点甜"从味觉、感觉、听觉等多个方面,让消费者能够身临其境地感受。因为在水源地建厂,"搬运"辛苦,但一句写实性的广告语"我们不生产水,我们只是大自然的搬运工",却让农夫山泉再一次抢先,将品牌价值与产品定位,深深地植入了用户心中。
>
> 自此,"天然健康水"变成农夫山泉瓶装水最大的产品标签,农夫山泉也跻身瓶装饮用水品牌的前三名。
>
> 2016年,农夫山泉的广告中,以一句广告语"每一滴水,都有它的源头"作为开篇。"农夫山泉坚持水源地建厂,水源地灌装,从未使用过一滴城市自来水……"文案与广告画面相结合,进一步向消费者诠释,自己就是"大自然的搬运工"。
>
> 2018年,农夫山泉进一步深化品牌的天然、健康理念,将广告语升级为"什么样的水源,孕育什么样的生命"。
>
> 这样的广告,导致说到农夫山泉,消费者就会联想到"水源地建厂、水源地生产",对农夫山泉的认同与依赖油然而生。

通过联想,人们可以打破一切条条框框,摆脱习惯性思维的束缚,并从众多的信息中获得有益的启发,产生新想法。联想无须合乎情理或逻辑,即使是牵强附会也自有其妙处。人人都会发生联想,但能够激发创造力的高联想力并不是人人都具备的。只有经常地进行专门的联想训练,提高联想的广度与深度,才能提高联想力,为创造性思维打下一个基础。

四、逻辑思维

逻辑是 logic 的音译,其本意就是规律、规则。逻辑思维是人们在认识事物的过程中借助于概念、判断、推理等思维形式能动地反映客观规律的理性认识过程,又称抽象思维。只有经过逻辑思维,人们的认识才能达到对具体对象的本质规定的把握,进而认识客观世界。

逻辑思维是一种确定的、前后一致的思维。在逻辑思维中,要用到概念、判断、推理等思维形式和比较、分析、综合、抽象、概括等思维方法,因而逻辑思维的能力就是掌握和运用这些思维形式和方法的程度。

> ✲ 案例8:
> 香港有一家经营黏合剂的商店准备推出一种新型的"强力万能胶"。老板发现几乎所有的"万能胶"广告都有雷同。为了更好地宣传

自己的产品，他把一枚价值千元的金币用这种胶粘在店门口的墙上，并宣称，只要谁能用手把这枚金币抠下来，这枚金币就奉送给谁。这个与众不同、别出心裁的广告引来许多人的尝试和围观，产生了"轰动"效应。最后，尽管没有一个人能用手抠下那枚金币，但进店买"强力万能胶"的人却日益增多。

逻辑思维能力不仅是学好数学必须具备的能力，也是学好其他学科、处理日常生活问题所必须具备的能力。逻辑思维能力强的人思维敏捷、严谨，计算能力、判断能力强，对事物的认识更客观，同时表现出较强的创新力。通过训练培养，提高个人的逻辑思维能力，使自己的思维变得严谨和完整是十分必要的。平时，我们应该对自己陌生的事物多一份好奇，默默在心里问问自己这是为什么，是什么原因导致的。必要时，可以记在自己的随身小本子里面。这样才能让自己视野开阔、见识倍增。在遇到相似事物时，不应该着急下定论，而是要通过观察事物，认真区分它们的相同之处与差异之处，通过它们的共性，合理地将它们组合在一起；通过它们的差异性，有效地将它们隔离开来，进一步猜想或者归纳成为一个完整的知识块。这样可以有效地处理加工和存储系统知识，积极锻炼逻辑思维里面的收敛思维。

五、辩证思维

辩证思维是指以变化发展的视角认识事物的思维方式，通常被认为是与逻辑思维相对立的一种思维方式。在逻辑思维中，事物一般是"非此即彼""非真即假"，而在辩证思维中，事物可以在同一时间里"亦此亦彼""亦真亦假"而无碍思维活动的正常进行。

辩证思维指的是一种世界观。世间万物之间是互相联系、互相影响的，而辩证思维正是以世间万物之间的客观联系为基础而进行的对世界进一步的认识和感知，并在思考的过程中感受人与自然的关系，进而得到某种结论的一种思维。

❋案例9：
塔河采油三厂辩证思维增厚"聪明油"

中国石化新闻网讯（马京林）报道：机采井加深泵挂可以提高产量，但泵挂太深，抽油杆也容易断脱；堵水可以封堵水窜通道、释放

油层产能,但堵剂超量也会把油层堵死。这就是生产中的"辩证法",就像做人的道理一样,凡事要掌握一个"度"。采油三厂在今年增储上产中用辩证法作指导,在落实措施上讲究一个度,拿了不少"聪明油"。

用辩证法指导增储上产的思路源于实践的反复探索。在低产低效井挖潜工作中,该厂对TP106井实施酸化压裂,进行储层改造,但压裂效果不理想。技术人员深入分析后认为,压裂效果不明显的原因是没有掌握好压裂液的用量,用量过少。随之,他们反复论证后,进行了二次酸压,将压裂液总量由772立方提升到1 772立方,使得TP106井的生产能力得以释放,TP106井由低产井步入了高产井行列。这口井的实践使采油三厂的领导及技术人员认识到,上产措施的效益高低往往取决于措施的科学性,而措施是否科学又往往取决于措施制定者是否有科学的辩证思维方式,能否准确把握措施制定与实施的科学"分寸"。

按照辩证施治这一思路,采油三厂对各类挖潜措施进行了科学改进。"堵水施工时间超出堵剂稠化时间的井,施工后期都要起压反洗,因此,要保证堵水施工效果,就必须根据施工需要调整好堵剂稠化时间。"他们深入剖析近两年实施堵水措施的19口井后发现了这一规律。在实施堵水措施时,采油三厂合理调整堵剂稠化时间,准确把握堵剂稠化的时间"分寸",从而提高了堵水效果,堵水有效率由60%提高到75%。

辩证思维模式要求观察问题和分析问题时,以动态发展的眼光来看问题,这是唯物辩证法在思维中的运用。辩证思维是客观辩证法在思维中的反映,联系、发展的观点也是辩证思维的基本观点。对立统一规律、质量互变规律和否定之否定规律是唯物辩证法的基本规律,也是辩证思维的基本规律,即对立统一思维法、质量互变思维法和否定之否定思维法。因此,我们应该在把握逻辑的前提下,充分从正反两面动态分析、看待所面临的事物。

六、思维导图

在思维过程中,思维导图的应用能够使我们事半功倍。思维导图,英文是The Mind Map,是由东尼·博赞创建的。它是表达发散思维的有效的图形思维工具,简单却又极其有效。思维导图运用图文并重的技巧,把各级主题的关系用相互隶属与相关的层级图表现出来,把主题关键词与图像、颜色等建立起记忆链接。思维导图充分运用左右脑的机能,利用记忆、阅读、思维的规律,协助人们在科学与艺术、逻辑与想象之间平衡发展,从而开启人类大脑的无限潜能。思维导图具有人类思维的强大功能。

思维导图是有效的思维模式,是可以应用于生活、学习、工作等各个领域的思维"地图",有利于人脑的扩散思维的展开。如图9-1所示,通过这张借助百度脑图完成的思维导图,我们能快速而明晰地把握本书的脉络。所以,思维导图是在思维过程中将发散性思考具体表现出来,让我们更好地理清思路,找到解决问题的方法。发散性思考是人类大脑的自然思考方式,每一种进入大脑的资料,不论是感觉、记忆或是想法——包括文字、数字、符码、香气、食物、线条、颜色、意象、节奏、音符等,都可以成为一个思考中心,并由此中心向外发散出成千上万的关节点,每一个关节点代表与中心主题的一个连结,而每一个联结又可以成为另一个中心主题,再向外发散出成千上万的关节点,呈现出放射性立体结构,而这些关节的联结可以视为人的记忆,构建每个人所特有的个人数据库。

思维导图是图解方式的思维辅助工具,所以它并不要求一定是美观的美术作品。当然,如果我们觉得自己没有绘画天赋,或感觉手绘太耗费时间反而影响思考的话,我们完全可以借助 MindMaster、MindManager、亿图图示、百度脑图、iMindMap 等工具软件快速完成漂亮而有创意的高质量思维导图。

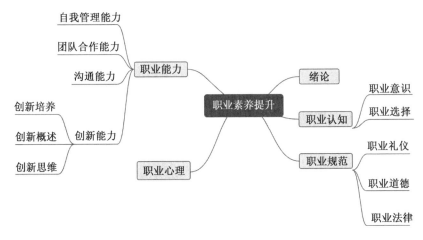

图9-1　思维导图(本图借助"百度脑图"工具完成绘制)

第三节 创新培养

> **案例 10：**
>
> 2020年9月5日，第十一届"挑战杯"江苏省大学生创业计划竞赛终审决赛在淮阴工学院举行。苏州市职业大学机电工程学院"苏州斯力达精密机械有限责任公司"项目获得金奖并入围国赛，计算机工程学院"'松林卫士'——松林病虫害遥感监测的引领者"项目获得银奖。
>
> 大赛由团省委、省教育厅、省科协、省学联、淮安市人民政府主办，淮阴工学院承办，吸引了200所学校、8万余名学生携15 000余件作品参与竞逐，全省共166所学校的546件作品入围省赛，参赛学校、学生和作品数均创历届之最。经过预赛网选拔，最终138所学校的339件作品入围终审决赛。晋级国赛作品77件，其中职业教育本科和高职高专院校入围国赛作品14件。
>
> 苏州市职业大学此次入围国赛的项目是斯力达虎钳。本产品申请了6项国家专利，并在多家企业试用，得到客户的一致好评。项目团队主要采用了与机床代理商签订产品的配套销售合同、在校企合作企业中推广、参加机床展览会推广等营销模式。目前，团队已与一家企业签署了代加工合同，与两家机床代理商签署了产品配套销售合同，订单总量达到500台，向1家校企合作企业交付了15台SLD200型虎钳。

2018年5月2日，习近平在与北京大学师生座谈时强调：当今世界，科学技术迅猛发展。大学要瞄准世界科技前沿，加强对关键共性技术、前沿引领技术、现代工程技术、颠覆性技术的攻关创新。要下大气力组建交叉学科群和强有力的科技攻关团队，加强学科之间协同创新，加强对原创性、系统性、引领性研究的支持。要培养造就一大批具有国际水平的战略科技人才、科技领军人才、青年科技人才和高水平创新团队，力争实现前瞻性基础研究、引领性原创成果的重大突破。2020年9月22日，在教育、文化、卫生、体育领域专家代表座谈会上习近平再次强调：提升自主创新能力，尽快突破关键核心技术，是构建新发展格局的一个关键问题。我国高校要勇挑重担，释放高校基础研究、科技创新潜力，聚焦国家战略需要，瞄准关键核心技术特别是"卡脖子"问题，加快技术攻关。

由此可以看出，大学生创新培养，特别是技术创新能力的培养，已经成为高校教育的首要任务。

一、基本原则

培养大学生创新能力涉及价值取向、教育改革、物质保障、社会机制以及人文环境等方面，在具体的培养过程中，应遵循以下4条基本原则。

（一）个性化原则

每个人都是一个特殊的不同于他人的现实存在，没有个性，就没有创造。培养大学生创新能力必须遵循个性化原则，因材施教，激发学生的主动性和独创性，培养其独立自主的意识、成熟的人格和批判的精神。确立教育的个性化原则，首先要从"将全面发展与个性发展对立起来"的误区中解放出来，正确理解马克思关于全面发展的理论。其次要鼓励他们大胆尝试，遇事多问一个"为什么"，并学会自己拿主意，自己做决定，不依附、不盲从，引导和保护他们的好奇心、自信心、想象力和表达欲。再者就是要因材施教，对于不同性格特征、不同能力水平的学生，教师的教学一定不能是千篇一律的。

（二）系统性原则

所谓系统，是由相互联系、相互作用的若干要素，以一定结构组成的，具有一定整体功能的有机整体。根据一般系统论原理，一方面，培养创新能力是一个包括培养创新意识、创新精神、创新思维、创新方法等诸要素的有机整体，绝不能割裂开来；另一方面，培养创新能力，需要政府、学校、家庭、社会各方面的共同参与，不能仅在"象牙塔"内闭门造车。

（三）实践性原则

实践的本质特征是直接现实性。作为人的所有的对象性活动，人类的存在方式，以及创新能力的培养，无论是培养的目的、途径，还是最终结果，都离不开实践。遵循实践性原则，就是坚持以实践作为检验和评价大学生创新能力的唯一标准。

（四）协作性原则

所谓协作，是指与他人共同配合完成某一任务。创新，特别是技术创新，必然需要与人协作。因此，创新能力不是只和人的智商相关，人的情商会在更大程度上影响创造潜能的发挥。"一双筷子轻轻被折断，十双筷子牢牢抱成团。"与人协作总能给人更强的力量支撑、更大的联想空间和更多

的解决问题的新方法。所以，我们要培养学生正确的协作意识，在与人协作中形成良好的人际关系，提高工作学习的效率；在协作中进行正当的比赛竞争，培养创新创造的能力。

二、培养方法

创新能力不是天赋的，而是后天培养的。通过科学、合理的培养体系和培养路径，大学生的创新能力是可以大幅度提高的。从总体上来看，在遵循4个基本原则的基础上，主要可以从5个方面加强对大学生创新能力的培养。

（一）尊重个性发展，呵护创造精神

学生不是消极的被管理对象，更不是知识灌输的容器，每个学生，不是完全相同的，而是存在着显著个体性差异的，这些差异是创新性发展的最初源泉。时机成熟之时，他们每个人都将是具有创造潜能的主体、具有丰富个性的主体。因此，学校要重视学生的个性差异，注重学生的个性发展，呵护最初可能表现出的另类的新型思维，积极加以引导。为此，学校应该改革传统的教育教学管理体制。目前，一些试点实行的学习过程多元化的管理模式，允许大学未毕业的学生进行自主创业，并为他们保留一定时间的学籍，这都是为了激励那些敢于创新的学生脱颖而出。

（二）在校园中营造良好的创新环境与创新氛围

环境造就人，良好的创新氛围是创新人才培养的必要条件。学校可以利用各种方式和途径来营造校园的创新环境和氛围，比如，充分利用第二课堂，定期举办各种学术讲座、学术沙龙和大学生科技报告会，出版大学生论文集等，形成氛围浓厚的校园创新环境。鼓励学生积极参加学术活动，对于不同领域的知识有一个大体的涉猎，进行不同学科之间的交流，从而学习他人如何创造性地解决问题的思维和方法，以强化创新意识。鼓励学生大胆创新，吸收他们参加教师的科研课题，或是在教师指导下自主进行科研，并对学生的科研课题进行定期检查和鉴定。通过这样的途径来培养学生的创新毅力和责任心，拓展学生的视野，有效发挥他们的创造才能。建立激励竞争机制，举办各种形式的竞赛活动，对在创新方面成绩突出的学生进行表彰和奖励，以此激励学生的创新精神和创新行动。

（三）更新课程体系，开设专门的创新课程

丰富的知识储备和良好的素质是创造能力的基础。仅凭单一的专业知识必然限制创新能力的提升。因此，加强基础知识教育，拓宽知识视野，

为创新能力提供一个比较宽厚的知识基础，以及培养和发展包括观察力、记忆力、想象力、思维力、注意力在内的综合智力就显得非常重要。为此，首先在高等教育中应注重文、理渗透，适当增加科技教育和艺术教育，使课程之间互相渗透，打破明显的课程界限。其次，增加选修课的比重，允许学生跨系、跨专业选修课程，使学生依托一个专业，着眼于综合性较强的跨学科训练。再次，开设的创新课程，从某一学科如思维科学或心理学、方法论的角度来探讨创造性思维的问题，并使学生掌握有关创新方法。最后，有意识地给学生布置一些综合性大作业或小论文，对学生进行一些科研创新方面的基本训练，教师再加以必要的指导和辅导，使学生初步掌握科研创新的方法和途径。

（四）改进教学方法，转变培养模式

兴趣是最好的老师。只要对所学知识产生了研究创新的浓厚兴趣，学生就会产生强烈的求知欲，进而主动地去学习和钻研。因此，教师在课堂教学中首先就要解决书本内容滞后、课堂教学形式单薄的问题，调动和激发学生对科研创新的兴趣。教师不仅要把过去以"教师单方面讲授"为主的教学方式转变为"启发学生对知识的主动追求"，充分调动学生学习的自觉性和积极性，更要根据"可接受原则"，选择真正适合所带学生的教学内容，着重培养学生自行提出问题、解决问题的意识和能力，努力挖掘每一个学生的潜力，激发学生的主动性和积极性，培养学生的创造力。

（五）改进考试、考核方式

考试不仅要考查学生对知识的掌握，更要考查学生创造性地分析问题、解决问题的能力，以此培养学生的创新意识和创新能力。因此，在考试方式上，我们可以进行适量的开卷考试，并允许学生发表不同的见解，对那些有创造性见解的答卷要给予鼓励，把学生的精力引导到对问题的分析和解决上来。而在考试内容方面，要尽量减少试卷中有关基本知识和基本理论方面需要死记硬背的内容，尽可能地安排一些没有统一标准答案、需要学生经过充分而深入地思考才能做出解答的探讨性问题，或是安排一些综合性较强，需要学生运用所学知识经过反复、仔细地分析思考才能做出回答的问题。这样的考试才有利于培养学生的创造性思维和创造能力，并对他们起到一种重要的导向作用。

国际竞争力的提高迫切需要作为综合国力重要方面的国民素质的提高，而国民素质的提高则迫切需要创新精神和创新能力的提高。因此，即将踏入社会，成为未来主人的大学生应该充分利用大学的学习资源，在认真完

成相关课程之余,积极参与第二课堂学习,参加社团活动、校内外竞赛,努力培养以怀疑精神、开拓精神和求实精神为主体的创新精神,丰富知识储备,加强综合智力开发,提高自己的创新意识和创新能力,成为高层次、高素质的创造性人才,为祖国的发展奋斗拼搏。

加快科技创新是推动高质量发展的需要,是实现人民高品质生活的需要,是构建新发展格局的需要,是顺利开启全面建设社会主义现代化国家新征程的需要。我国经济社会发展和民生改善比过去任何时候都更加需要科学技术解决方案,都更加需要增强创新这个第一动力。这必然导致大学生就业出现深刻的变化。一方面是用人单位格外重视大学生的创新能力,另一方面则是相当一部分大学毕业生创新能力不足,从而造成求职困难。加强对大学生创新意识和创新能力的培养,已成为当前推进素质教育的重要课题。

我们的目标是培养高素质、创新型的大学生,因此,必须对我们的学生进行创新教育,引导他们训练创新思维、提高创新能力。

第十章 职业心理适应

引言

职业心理是指人们在对自我、职业和社会的认识基础之上形成的、对待职业和职业行为的一种心理系统；它不但包括个体自身有关职业的一些特质和特点，而且还包括在对二者认识的基础之上所产生的对待职业的某种价值倾向、兴趣和态度。每个人都是不同的个体，他们在对待职业、选择职业和适应职业的过程中，表现出千差万别的人格特质、价值观、兴趣和态度等心理因素。

当今世界正经历着百年未有之大变局，世界经济运行风险和不确定性显著上升。其中，中国经济稳中向好，国内生产总值增速连续多年保持在6%以上的合理区间。随着国际、国内形势的变革，就业观念和就业制度也在发生改变，处于就业浪潮最前端的高校毕业生因其庞大的数量和影响力成为社会关注的重要群体。他们的就业心理与行为伴随时代的发展而发生着或主动或被动的巨大转变，但与此同时，涉及其中的影响因素也极其纷繁复杂，对于涉世未深、缺乏实践经验的大学生来说要适应这一点并不容易。

如何帮助大学生认识职业选择与发展中可能出现的心理问题与危机，引导大学生掌握正视与应对各种职业心理健康问题的具体方法，使大学生能在职业生涯中保持身心健康，以更好的状态投入工作、融入职场群体之中，从而成就职业高峰、服务社会发展？这不仅是高校大学生不得不面对的重要问题，也是高校职业素养提升课程要回答的重要问题之一。

第一节 群体心理与适应

❋ 案例 1：

　　小徐是一名应届毕业生，通过面试进入了某家公司，成为电话销售。公司是做英语培训业务的，小徐的工作就是给意向性客户打电话，预约客户过来听课，然后再报名参加系统的培训课程。小徐自觉每天打电话都很努力，也很认真地锤炼说话艺术，也有邀约到客户。但毕竟是新来的，业绩没有其他同事好。一次午饭时间，小徐意外听到不知情的另一桌老同事的谈话，从他们的谈话当中得知，自己得到的那些电话名单，都是老同事把优质的客户分走后剩下的无用信息。那一刻，小徐感到意外且悲愤：这样一份客户信息，自己还当宝一样，每个电话认真对待！但小徐并未对此做出明确反应，权当自己不知道。此外，还有几件事让小徐比较不满。一件是跟办公室清洁有关。小徐觉得自己承担了办公室大部分清洁工作，而其他同事不是说家里有事，就是下了班说很忙，要么就是在整理资料没空，这让小徐感觉似乎自己是最清闲的一个，所以应该做这些事情。最让小徐心寒的一次，发生在公司组织大家去华山旅游的时候。当时，在车上的小徐有点晕车，便告诉司机说在服务区先停一会儿。但其他同事居然说不远就要到了，让小徐坚持一会儿，建议司机不用停车。司机听取了大多数人的意见，真没停车，一直拉到了景区的终点。同事这样的反应让小徐非常受伤，觉得明明知道她晕车却没有给到一丁点理解和照顾。后来在景区游玩的时候，小徐就一个人背包走，一个人吃东西，一个人拍照，只和其他部门员工或领导说话。旅游回来以后，小徐一到公司就打开了内部电销群，点了退出。小徐说她没打算辞职，但是不想看到他们在群里边嘻嘻哈哈，"既然要孤立我，那我就主动退出他们这个团体"。同时，小徐也很困惑，不知道自己这样做是否合适。

　　看到上述案例，我们可能会觉得很困惑：好像小徐也没有犯什么大错，为何看上去每个同事都似乎在排斥她？事实上，这也许只是小徐个人的感觉；又或许并非每个同事都排斥小徐，如果单独面对小徐，某些成员对待小徐的态度可能会更为接纳和友善。但当群体对小徐表现出某种态度时，几乎很少有成员会采取与群体不一致的方式对待小徐。这就是群体心理效应之一——群体压力导致的"从众"在起作用。实际上，作为职场新人，几乎都会遇到需要融入群体、真正为群体接纳的问题。此时，就需要我们妥善处理及应对相应的群体心理效应。

一、职业群体心理的内涵

(一) 职业群体

在了解职业群体心理之前，我们首先需要了解一下职业群体。

1. 职业群体的定义

职业群体是在一定职业任务基础之上，由两个及两个以上的个体为实现共同目标而形成的互相作用、彼此影响的人群结合体，其成员通常有面对面直接交往的关系。通常被认为是介于个人与组织之间的一个特殊的结构。

2. 职业群体的特征

首先，它是以业缘关系为基础的群体，所以具有以完成组织赋予的目标为任务的特殊功能。

其次，它是正式群体，因而具有正式群体的特征。成员拥有共同的目标和利益，有共同的、正式的规则和规范，每位成员都在职业群体中拥有一定的位置并承担相应的责任。

再次，职业群体具有非正式的一面。职业群体中的成员往往有较多直接接触、交流的机会，因而也容易形成情感联系，发展出职业之外的关系，出现各种因志趣相投或者私交甚厚而形成的非正式关系。这一特征可能会对正式群体起到积极的促进作用，也有可能冲击、削弱甚或取代正式群体带来的作用。如本节开头的案例，小徐看似成了正式群体的一员，但其行为却没有得到认同，未加入隐蔽其中的非正式群体，导致自己非常被动与不适。

(二) 职业群体心理的含义

职业群体心理存在于因劳动和职业间的联系而形成的群体成员头脑中，反应该群体价值、态度、行为方式等的共同心理状态和心理倾向。

群体心理虽然由群体中每个人的心理所构成，但并不等同于个人心理，也并非个人心理特征的简单叠加，它会作为一个整体形成每个群体与其他群体相区别的心理特质，同时又对个体及其他群体产生影响。经常从事同一社会分工的个体，会逐步形成相同的习惯和行为，以及相同的心理素质

和道德观念。

职业群体心理可以从以下两个层面进行理解：

（1）不同类型职业群体的独特心理表现。这种独特心理表现，既包含长期文化积淀而形成的相对稳定的心理特征，又包含随时代变迁、群体发展等而加入的新的心理特征。比如人们提起销售，会对这一职业群体有自己的印象；提起教师群体，产生的印象显然不同于销售群体。这些印象往往来源于民众对该职业群体心理特征的长期觉知。当然，作为某一职业群体的成员，不可避免地会受到该群体心理特征的影响。这种影响，有时是自觉的，有时则是无意识的。

（2）相似的、跨职业群体心理，主要表现为群体的存在对群体成员及其他群体的心理影响。比如，群体压力下的从众行为，就是无论在哪行哪业中，只要有群体的存在，基本都会出现的个体行为。俗话说"一个和尚挑水喝，两个和尚抬水喝，三个和尚没水喝"，就是职业群体心理对个体任务完成产生不良影响的典型表现。

二、职业群体心理的表现及其适应

（一）群体心理特征的塑造作用

1. 塑造作用的表现

不同职业群体往往具备独特的、稳定的群体心理特征。受归属感、认同度的影响，如果群体成员知觉到了相应的群体心理特征，该特征通常会在某种程度上对个体心理和行为起到塑造的作用，表现为个体会将自我认同度高的职业群体心理特质内化到自己的心理结构中去，或者在日常工作生活中当作自己的行为规范。比如一名职业认同度高的教师，常常会在与其他人交往过程中，自觉或者不自觉地让自己符合教师这一职业群体的心理特点。这种长期自我要求会让个体的固有心理特点逐渐发生变化，最终把职业群体的某些心理特质内化为自己的个性特征。

我们先来看一段小夫妻俩（丈夫：小吴；妻子：小陈）吵架后的对话：

小吴："老婆，别生气了，都是我不好！"

小陈："知道自己错了是吗？"

小吴："是，是，我知道自己错了。"

小陈："好，那你告诉我你错在哪里了？"

小吴："我不该……"

小陈:"这还差不多!你说,以后还会犯同样的错误吗?"
……

看完这段对话,如果要你猜一猜妻子小陈的职业,你能猜出来吗?其实,小陈是一位非常资深的小学教师。从这一段有点搞笑的对话中,是不是我们也能发现小学教师这一职业群体的某些独特心理特质?因为工作对象是孩子,小学教师通常需要进行比较多的引导并一定程度地彰显权威性。在他们的行为方式和价值取向中,就比较容易发现较强的引导性,会尽可能把事情分出是非曲直、让对象知错要改等。从小陈角度而言,长期的职业历练,小学教师具备的某些群体心理特点部分地就内化成了其自身的一些心理行为模式。

2. 塑造作用的适应

塑造作用的适应需要我们先了解3个部分:自身心理特点、所属职业群体心理特征、社会对所属职业群体的角色期待。对于职业特质能给自我个性完善带来正面影响的部分,我们可以善加利用,从而既提升职业素养,又完善个性;对于职业特质里消极的部分,则要有意识地加以避免,让自己的人格发展尽量不受相关影响。从社会期待角度而言,我们要在了解社会对于自己所属群体角色期待的基础上,让自身的言行举止吻合这些期待,以有利于所属职业群体形象的确立。当然,如果发现社会对于所属职业群体特质有不良期待,就更需要我们从自我做起,通过力所能及的行为,逐渐改变相应的群体形象。比如,民众对于城管这一职业群体的刻板印象原先很消极,这几年,随着该职业群体工作方式的变化,社会对他们的心理预期及认知都发生了很大改观。

(二) 群体压力效应

1. 群体压力效应的表现

群体压力效应主要是指群体其他成员以及群体规范会对个体产生一种无形的心理压力,促使个体的言行举止与群体保持一致。这一压力并非来源于自上而下的行政命令,也并非因为白纸黑字的强制要求,但对个体而言往往会成为一种难以违抗的力量。

在这一效应影响下,个体最常出现的反应是从众行为。即个体在群体压力之下,会在认知、情感、行为等方面出现自愿与群体大多数人保持一致的情况,俗称"随大流"。举例来说,小王所属部门有位同事结婚需要出礼,小王不确定应该出多少礼金。此时,比较好的办法就是去询问其他同

事，大家出多少小王也跟着出多少。这就是一种非常典型的从众行为，但这种从众，却可以让小王更好地融入群体，同时也不容易在与同事的人情往来中出现大的偏差。

从众又分为真从众、权宜从众和不从众 3 种类型。所谓真从众，是指个体不仅在行为上与群体保持一致，而且从内心中认同群体的观点和立场。比如，一个对自己所属职业群体有强烈归属感的个体，常常会以"某某人"自居，自觉规范自己的言行举止，深怕一不小心让自己所属群体蒙羞。权宜从众，是指个体虽然在行为上与群体保持了一致，但实际上内心里并不认同群体的做法，只是出于群体压力而有了行为上的变化。不从众是指个体不被群体影响，自始至终保持自己原有的想法和做法，这在群体中是很难做到的，有时也未必需要如此。

2. 群体压力效应的适应

第一，适当主动从众。

我们要认识到，群体压力情境下选择从众，很多时候是有积极意义的。适当的从众，既有利于个体更好地融入群体，为群体所接纳和认同，也有利于群体规范的形成、群体凝聚力的提升以及群体任务的达成。当然，一个能够从众的个体通常也会被认为更随和、更有亲和力，自然也是更受欢迎的，在东方文化中，这样的印象甚至会影响到个体后续职业发展之路是否顺利。所以，在工作过程中，无论你是普通员工，还是高层主管，都要有意识地选择适当主动从众。

在此尤其要提醒新入职员工，在刚刚入职的关键期，一定要对群体的压力效应保持警醒，尽可能调整自己的言行，让自己比较顺利地融入群体，为群体所接纳和认同。只有这样，才可能在组织中真正立足，否则，也许只能另谋高就了。本节开头所述小徐事件，就是一个没有了解并很好适应群体压力效应的典型案例。

第二，减少盲目从众。

首先，要减少情境模糊性。心理学研究表明，信息模糊的情况下，个体更容易在群体压力效应下发生从众现象。从这一角度而言，面对群体压力时，如果我们希望进行较理性的选择，就要尽可能多地搜集信息、了解情况，让自己对事件有更为清晰和全面的把握。

其次，要提升个体自信心。一般来讲，个体对压力的耐受力与其自信程度成正比，越是自信的个体越具备压力耐受力，也越可以"不从众"或理性"从众"。因而，我们也可以通过提升自信心来应对群体压力效应，尤其是其中的从众压力。

再次,要加深对自我个性的了解。从众的程度也与成员的个性密切相关。具有犹豫不决、易受暗示等特质的个体往往更容易从众。如果我们对自我个性有足够的了解,就能更有效地预测面对群体压力效应时自己较易出现怎样的反应倾向,当然也就可以更好地提前调控。

最后,可以探索个体对偏离的恐惧。群体压力下出现从众现象,还有一个很重要的原因就是个体对于偏离的恐惧。所以,我们需要了解如果出现偏离,我们会有怎样以及多大程度的担忧与害怕。

小贴士

美国学者谢里夫曾做过这样一个实验:将一个被试者带进一个暗室内,请他观看前面出现的一个光点。几分钟后,让他判断光点活动的情况。接着,再让数个被试者分别重复同样的过程。由于是在暗室里观看光点,所以每个人都觉得它在运动,但是反应各不相同,有人认为光点是向上移动,有人认为光点是向右上方移动,有人认为光点是向左下方移动(实际上光点根本没有移动)。随后,实验者让被试者们再一起观看光点,并且可以互相讨论,陈述自己的看法。实验反复进行。持续一段时间后,大家对光点移动的方向判断逐渐趋于一致,即建立了共同的反应模式。此后,实验者又将这些被试者分开,让他们单独观看并做出判断。结果发现,每个人并没有恢复他原先建立的个人的反应模式,也没有形成新的反应模式,而是一致保持群体形成的模式。

(三) 他人在场效应

1. 他人在场效应的表现

他人在场效应表现为社会助长与社会抑制两个相反的现象。具体而言,社会助长即指当他人在场时,个体工作效率会有所提升的现象。而社会抑制则表现为个体活动效率减弱的情况。具体原因和表现见表10-1:

表10-1 他人在场效应表现评估表

	个体努力、能力是否可以得到评估	不同状态	简单任务	复杂任务
他人在场	可以评估	产生被评价焦虑进入唤醒状态	助长	抑制
	无法评估	无被评价焦虑进入放松状态	抑制	助长

2. 他人在场效应的适应

当我们知觉到他人在场时，几乎每个人都难以避免会受到相应影响。通常，我们都希望可以出现社会助长效应而非抑制效应。那么，如何更好地适应他人在场产生的影响，更多地出现社会助长效应呢？我们可以从下面几个角度来进行考虑。

第一，提高对任务的掌控感。

从表10-1可见，如果他人在场，且能对个人的努力和能力进行评估的话，我们会进入唤醒状态。此时如果任务相对简单，就容易出现社会助长。但什么是相对简单的任务呢？这个其实因人而异，所谓"难者不会，会者不难"。如果我们对工作任务做好充分准备，或者能进行足够多的训练以致熟练掌握，那么，相对而言，唤醒状态带给我们的焦虑就不会那么高，我们对要完成的任务也更有信心、更有掌控感，自然更容易出现助长效应。

第二，养成良好的心理素质。

有一些个体，虽然对要完成的工作任务做了充分准备，但事到临头依然会因为他人在场的评价焦虑而无法更好地完成任务。这种状态常常与个体的心理素质，甚至心理健康状态有密切关联。

❋案例2：
> 小徐是一名准培训师。在某次培训试讲过程中，小徐虽然做了很充分的准备，但当站在试讲的讲台上时，焦虑的人格特质以及"讲不好就会完蛋"的灾难化预期仍然让小徐产生了强烈的生理和情绪唤起。那一刻，小徐头脑中一片空白，先前准备的东西一个字都记不起来了，她满脸通红，憋了许久也没有办法讲出一个字。小徐出现了强烈的社会抑制，后来因为无法克服"讲台焦虑"，小徐只能放弃了培训师的岗位。

像小徐这种情况，已经超出了正常的焦虑程度，需要通过获取专业人士的帮助来进行适应和调整。当然，在平时，我们就应该有意识地通过各种途径提升自我心理素质，避免发展到严重的程度。不过，良好心理素质的养成和提升，是一项长期而艰巨的工程。

第三，建立科学评价体系。

他人在场效应对个体是产生积极的助长作用，还是消极的抑制作用，其实跟我们对于评价的看法有关。工作过程中，如果我们过分重视他人评价，就会因为他人在场产生高焦虑。高强度的焦虑体验和生理唤起往往需要我们耗费很多能量来压制和应对，自然就会发生注意力的偏移和能量的巨大耗损，让我们无法专注于工作过程，因此出现强烈的社会抑制现象。这提示我们，要让他人在场产生更积极的助长作用，就需要我们建立相对科学的评价体系。我们需要看重他人评价，但切勿过度，尤其是不要产生灾难化预期。同时，要学会进行比较公正全面的自我评价。

社会助长现象实验

心理学家特里普利特研究发现，别人在场或群体性的活动会明显促进人们的行为效率。他让被试在3种情境下骑自行车完成25千米路程：第一种是单独骑行计时，结果表明，单独计时情境下，平均时速为24英里；有人跑步陪同，平均时速为31英里；而与其他骑车人同时骑行，平均时速为32.5英里。特里普利特在实验室条件下，让被试完成计数和跳跃等工作，也发现了同样的社会助长现象。

（四）群体凝聚力效应

1. 群体凝聚力效应的表现

群体凝聚力效应，又称群体内凝聚力效应，指的是群体成员相互吸引及共同参与群体目标的程度，表现为群体对个体的吸引力及个体对群体的向心力。群体凝聚力是维系群体存在的必要条件，也是实现群体功能、达成群体目标的重要条件。一般来讲，群体凝聚力越强，其成员的士气越高、满意度越高，群体任务的完成也越容易。但群体凝聚力与生产率的关系并非单一的正比关系：如果凝聚力高的群体，却倾向于内耗或者限制生产，则无疑会降低生产率；如果群体目标与组织目标一致，则凝聚力越强，生产率越高。

以仍在持续发酵的华为事件为例。

❋案例3：

美国挥舞制裁大棒，企图全面封锁扼杀华为。面对美国的巨大压力，群体心理效应的积极影响得到了充分显现。在华为官微曝光的华为员工内部信中，我们看到了华为员工对于自己所属群体的积极认同：

> 有的员工说："以前家人劝我离职，现在家人劝我不要当逃兵。"名为"喷喷喷320"的华为员工则表示："以前催流程特别慢，有的流程能卡在那里一周，现在公司处在关键期，流程1个小时催完，特别爽，公司文化太厉害了，大家都很给力。"

面对来自多方面的巨大压力，华为员工以"华为人"自居，并在这样的压力之下同仇敌忾、共渡难关，就很好地体现了群体凝聚力的积极效应。

2. 群体凝聚力效应的适应

第一，了解并认同群体目标。

英国心理学家兼医生特洛特曾经讲过一个现象："一战"期间，德国和英国最终走向对抗。之后，德国人见面总是用"上帝惩罚英国人"这样的口号互相打招呼。这一看起来让人有些啼笑皆非的招呼语其实就蕴含了对群体共同目标的认同，以及由此产生的对"他群"和非我族类的排斥。

心理学研究发现，共同的目标和利益是产生共同心理倾向的基础，共同的情感是产生共同心理倾向的催化剂。所以，我们如果想要融入群体，成为群体的一份子，就要了解并认同群体目标，把个体目标与群体目标结合起来，让群体的发展与个体精神、物质需求的满足保持基本一致。

第二，加强与成员的有效互动。

一般来讲，人们在一起的时间越长，越能更友好地相处：他们可以更自然地交流、做出反应，并开展其他交往活动，而这些互动又容易进一步让他们发现彼此间的共同之处，增强双方的吸引力。所以，在工作过程中，如果条件允许，我们要尽可能多地参加部门或者团队组织的各种活动，多制造机会与团体其他成员进行交流和沟通。

有效的互动还需要我们学会正确对待成员之间或者群体之间的竞争与合作。

第三，警惕和防止被群体极化倾向裹挟。

群体凝聚力效应对于组织目标的达成至关重要，但正如上文所述，群体凝聚力效应有时也会产生群体思维，使群体出现极化倾向。所谓群体极化，是指在观点的同一方向上（主要是冒风险和谨慎两个方向），经由群体讨论后形成的群体态度，会比讨论之前的成员个人态度更趋向于极端化——保守的可能会变得更为保守，冒险的会变得极端冒险。所以，我们要对这一可能存在的消极反应有相应的认识，在适应群体凝聚力效应的同时，一定要避免被群体极化倾向裹挟，错失机遇或者做出一些贪功冒进、让自己后悔的决定。

(五) 群体惰化效应

1. 群体惰化效应的表现

> ✤ 案例4：
> 　　张三、李四和王二3个人决定一起相聚喝酒，并约定每人带一壶酒掺在一起喝。带酒的时候，张三动了小心思：我们一共3个人，李四和王二都会带一壶酒，那如果我带一壶水放进去的话应该喝不出来，反正也不知道谁带的酒怎么样。这样想着，张三就用一壶水代替一壶酒带了过去。但是，没想到的是，李四和王二都与张三有一样的想法，同样选择了用水代酒。结果，那天聚会时，3个人只能心照不宣地喝了很多水。

这个小故事，就体现了群体惰化效应的影响。

具体来说，群体惰化效应是指个体与群体一起完成某项任务或工作时，出现个体所付出的努力和责任意识比独立完成时要少的情况。一般来讲，如果个体觉得自己付出和收获之间的关系不能确定、较为模糊，就容易产生消极怠工、敷衍塞责等情况。正如故事中的张三、李四和王二，一则他们会产生侥幸心理：反正所有酒都掺在一起，根本分不清各自所带酒的质量；二则会把希望寄托在群体其他成员身上，觉得"其他人会带好酒的"。这种责任不明、贡献不清及寄希望于他人的想法就很容易让个体产生"我做好了也没多大意思""做多做少、做好做坏一个样""我不做，自然有人会做"的心理，以致在行为上出现敷衍、偷懒现象。若不加干预和处理，甚至有可能会逐渐出现嘲笑、排斥、打压积极员工的情况。这一状态，对组织目标的完成、工作绩效的提升和员工自我价值的实现都非常不利。长此以往，群体往往丧失活力，趋于"僵死"。

2. 群体惰化效应的应对

首先，我们要了解群体惰化效应是客观存在的，自己和其他成员身上都有可能出现。

其次，我们要增强自我责任感。群体惰化效应的产生常常跟成员责任感的缺失有莫大关联。所以，就个体自身角度而言，至少可以提升自我责任意识，从我做起，防止群体惰化效应的扩散，同时防止群体惰化效应让个体自身丧失活力。

再次，加强与其他成员和领导之间的有效沟通。群体惰化效应的产生往往也与组织管理存在缺陷有很大关联，比如职责不明、界限不清、努力与能力不能被评价和区别对待等，有时候并非个体凭一己之力可以解决；而且如果我们发现只有自己一个人在卖力干活，其他成员都不干或干得很少，长此以往任谁都会觉得心理不平衡。此时，可以考虑就相关问题与其他成员或者领导进行有效沟通。

最后，我们也可以考虑在入职前更多地了解相关企业的文化、规范制度以及群体氛围，避免进入单位以后发现群体惰化效应过强且无法靠个人力量处理。

（六）群体冲突效应

1. 群体冲突效应的表现

群体冲突效应是指群体成员或群体之间，因目标、认知、情感等的差异而出现彼此之间排斥或不能相容的情况，是矛盾激化的外在表现形式。一般来讲，几乎所有群体成员以及群体之间，都会出现这种矛盾冲突，只是程度不同而已。

群体冲突分为建设性冲突和破坏性冲突两种，分别具有不一样的特点。建设性冲突：双方对实现目标都非常关心；彼此乐意了解对方的观点和意见；以问题为中心；愿意不断沟通。破坏性冲突：双方热衷于赢得自己观点的胜利；不愿听取对方的观点和意见；有更多的人身攻击；不愿交换观点，甚至完全不进行沟通。很显然，建设性冲突比较容易处理，破坏性冲突的处理则困难很多。

2. 群体冲突效应的适应

群体冲突效应的适应，可以从下面几个角度来考虑：

第一，了解冲突的原因。

要想解决问题，当然要了解问题的起因。冲突问题的发生常常是多因素共同作用的结果。我们只有找到引发冲突的核心因素，才能更好地化解冲突。冲突产生的原因常常可以从宏观和微观两个角度进行区分。具体来说，宏观层面的因素包括组织制度不健全、利益资源分配不均、环境氛围不和谐等，微观层面的因素则可能包括个性差异（世上没有完全相同的两个人，如果双方在一些重要方面差异较大的话，就比较容易出现矛盾和冲突）、认知差异（对人、事、问题有不同观点和看法）、信息沟通差错和意见交流受阻等。

对于由超越个人能力或者一时难以改变的因素造成的冲突，我们就要适当提升自己的接受度；对于能够通过沟通、协调等方法处理的，可以采取有效行动解决问题。

第二，构建超然目标。

根据谢里夫的理论，群体冲突是由群体间的利益冲突造成的。应对的方式可以加入一个需要冲突双方合作才能完成的超然目标。在这样一个目标的统领下，双方利益趋于一致，就容易进入合作状态而减少彼此冲突。有矛盾的双方也更容易在利益一致的合作过程中冰释前嫌。

所以在工作过程中，如果我们与某位群体成员存在龃龉，而彼此又有改善关系的期待，那么一定不要错过可以让双方进行合作的项目，即便没有，也可以努力争取。群体之间也是如此。

第三，加深彼此接触。

无论是成员之间，还是群体之间的冲突，常常跟对他人或其他群体的无知、获得信息的不完全有关。所以，充分的接触可以加深彼此间的了解，从而降低群体冲突发生的概率。

但要注意的是，能降低群体冲突效应的接触是有条件的。首先，这样的接触必须是长期而非暂时的。其次，无论是群体内部成员之间，还是不同群体之间，接触时最好能共同参加一些合作性活动。比如，我们如果想要与某一关系不佳的群体成员改善关系，那么，就可以利用大家一起参加拓展活动的机会，或者抓住领导安排彼此合作完成某项任务的机会。这与上文所述"构建超然目标"一脉相承。再次，这样的接触最好有正式的规范制度加以支持。这也可以理解，要让处于冲突情境中的成员或群体消弭矛盾并非易事，如果有来自上级组织的正式要求以及明确的规范制约，大概会更容易进行融合。

第四，使用观点采择。

观点采择是指个人从他人或他人情境出发，想象或推测他人观点或态度的心理过程。这其实也是一种共情能力的使用，即我不但了解你的想法和态度，还尽可能地站在你的角度去理解你产生相应想法和态度的原因。正如汉字"恕"所呈现的：如心，我的心要像你的心。如果我们都能在一定程度上站到对方的立场去思考问题，不仅不容易产生冲突，即便产生了，也应当可以更为顺畅地化解。

第二节 心理危机与应对

> **案例5：**
> 赵舟是中国网通北京分公司的职员。他的部门有18个员工，60%都是二十六七岁的年轻人。他说："网络通信行业每年都在变革，我们公司的名称和项目运营商也一直在变，我们的工作经验增加了，但薪水却不升反降，这让我们有点无所适从。"
> 某媒体记者蓝芬则承受着随时被淘汰的压力。她所在的部门已经裁了一半的员工。"我几乎没有什么私人时间，全部交给工作，没有什么朋友，常常找不到人说话。工作太累时，吃东西也没胃口，晚上睡觉做梦都在采访、写稿。"蓝芬说。
> 民航业也是职业压力极高的行业。中国民航管理干部学院范卫东曾做过5年"空管"，工作高度紧张，往往两三个小时就得换班，在岗时每一分钟都不能走神，因为同时要调配很多架飞机。这使得他们下班之后精神仍处于高度紧张状态，"梦见飞机相撞是常有的事"。

职业压力，是通常我们所知道的造成心理危机的重要原因，但其实职业心理危机产生的原因非常复杂，因而了解并识别职业心理危机、掌握适当的应对策略，是大学生在进入职场前必须做好的就业准备之一。

一、职业心理危机的产生和发展

要了解职业心理危机的产生和发展，首先需要了解什么是心理危机。

（一）什么是心理危机？

美国心理学家卡普兰（Caplan）对心理危机的定义至今广为学者们认同。他认为，当个体面临突发或重大生活创伤事件，而其当前处理问题的方式和拥有的支持系统又不足以应对当前的困境时，即他所要面对的困境超出他的能力时，会产生心理失衡状态，这种心理失衡状态就是心理危机状态。

心理危机有3个最基本的要素：第一，重大改变。如个体生活中发生重大事件、遭受挫折境遇、面临严峻挑战、遇到严重阻碍。第二，无能为力。惯用的干预策略、防御机制失效，努力尝试解决失败，产生严重的乏力感和失控感。第三，心理失衡。以往平静、平衡和稳定的状态被打破，各项功能出现明显失调，认知狭窄负性（只看到消极悲观无望）、情感低落易躁（抑郁、烦躁、易激怒）、行为僵硬刻板（不能做灵活的选择、不作为或重复无效行为）。以上3个要素都要具备，才构成心理危机。个体在面对心理危机时，往往会伴有情绪、认知、行为的改变和躯体不适。

人生可能会遇到的心理危机状态主要包括3种，即发展性危机、境遇性危机和存在性危机。（1）发展性心理危机，指的是个体处于正常成长过程中突遭巨大变化或转变而呈现的异常反应，持续的时间虽较短暂，但极易引发剧烈、不恰当的应激情绪与行为，常常发生在初恋、就业、生育等面临人生新阶段的时候；（2）境遇性心理危机由罕见或不可预测的外部事件引起，具有随机性、突发性、强烈性和灾难性，如亲友亡故、企业倒闭、地震火灾、交通意外、瘟疫病害、空难战争等；（3）存在性心理危机则是个体在重要转折关口，对人生意义、个人责任和未来走向等不能果敢地做出抉择而产生的危机，常常表现为一种持续压倒性的空虚感或者生活无意义感，如对读研深造、海外留学以及就业创业的毕业去向感到异常迷茫，或是感觉活了20多年从未做过自己真正想做的事情等。

我国学者肖水源等认为，心理危机由应激事件激发，但个体应对和处理应激事件的方式和资源对心理危机状态更具决定性的意义。因此，心理危机不是个体经历的事件本身，而是他对自己所经历的困难情境的情绪反映状态。这种危机会导致个人行为、情感和认知方面的功能失调，处于危机状态的人们容易发生自毁和伤害他人的行为，自杀和死亡是典型的危机事件。

(二) 职业心理危机的产生

借鉴心理危机的理论，我们可以把职业心理危机的概念表述如下：职业心理危机，是指个体在职业环境或从业过程中遇到了突发事件或面临重大的挫折和困难，当事人自己既不能回避又无法用自己的资源和应激方式来解决时所出现的失衡心理状态。

职业心理危机属于心理危机状态的一种，它至少应包含3个基本部分：

（1）职场危机事件的发生；

（2）对危机事件的感知导致从业个体的主观痛苦；

（3）惯常的应付方式失败，导致从业个体的心理、情感和行为等方面的功能水平降低。

它既是一种发展性危机，可能也是一种情境性危机，甚至还可能是一

种存在性危机。

从刚刚走出校门的天之骄子到闯荡职场多年的白领人士,从普通企业职工到高级经理人员,不同角色、不同性别、不同年龄、不同行业、不同职位的人们的字典里,"职业危机"一词开始出现并日渐清晰起来。如果你正在为能不能获得一份工作而没辙或者常常被迫更换工作,这种状态就是职业危机;如果你为自己在工作中得不到成就感而担忧,或者在相对稳定的环境里不知道何去何从,这种状态也是职业危机;如果你因为自己创办的公司或企业营业额上不去而烦恼,感觉事业发展到了一个瓶颈期,这种状态还是职业危机。因此,越来越多的证据显示,大多数职业人都曾在或正在这种职业心理危机状态中游移和挣扎。

产生职业心理危机的原因很多,既源自个体内部环境,也与职场外在环境紧密相关。职场外在的应激源很多:工作环境和条件、职业角色与经历、工作关系与人际关系冲突、工作角色与社会角色冲突,等等。这些应激源与个体内部环境相结合,一些身心健康程度不高、挫折耐受力较差甚至性格有缺陷的个体,便容易出现心理危机,并陷入其中不能自拔。上海"向阳职业咨询"的一份调查显示:有61%的白领承认自己的职业困惑很多,经常感到"心累",觉得工作没有意义,仅仅是为了生存。由此可见,对于职场人士来说,职业心理危机现象具有普遍性。

(三) 职业心理危机的发展

人无法忍受长期的失衡状态和压力,处在危机中的个体必然会应变,直至个人再次获得平衡状态。职业心理危机的发展有其自身的规律性,一般来说,一个人的职业心理危机由产生失衡到恢复平衡大约需要6~8周时间,其中危机的持续期为4~6周。这样的周期大致经历4个阶段:

1. 冲突期

个人遇到问题初期,内心的基本平衡被打破,当事人开始体验到紧张。为了达到新的平衡,试图用以前惯用的策略加以缓解。

2. 应变期

以前的策略未能奏效,焦虑程度增加,情绪波动,不平衡。为摆脱困境,当事人又试图用错误的方式解决问题。

3. 危机解决期

经过错误的尝试仍未解决问题,压力增大。一方面,压力增大使个人解决问题的潜能被激发,问题界定也随之转变,找到新方法,压力减轻。另一方面,压力增大也可能使当事人更为紧张,甚至采取一些异乎寻常的无效行为，这时当事人的求助动机最强，常常不分时间场合地发出求救信号。

4. 适应期

经过前3个阶段还不能解决问题，当事人会产生习惯性无助，对自己失去信心和希望，甚至对整个生命的意义产生怀疑和动摇。随着压力日益增加，达到个人无法忍受的爆发点，情绪及运作失调，自杀或伤人企图可能会在这时发生。

二、职业心理危机的种类和影响

(一) 职业心理危机的种类

职业心理危机可能因人、因时、因事、因环境而异，但对大多数人来说，一般业内比较认可的是按其发生的4个时段来划分：

第一时段：定位危机（18—25岁）。定位危机发生在刚从学校毕业时期。大多数毕业生面对眼花缭乱的职业和岗位，在感到"外面的世界很精彩"的同时，会迷失方向，不知道如何选择。发生定位危机的毕业生可能会走向两个极端：一是过于自卑，二是自视甚高。由于初涉人才市场，没有市场求职经验、在市场上碰了几次壁后，一些人容易产生自卑情绪，除少部分毕业生可能重回学校，把读研究生作为暂时的避风港外，不少产生自卑感的人会草率地找个工作。而自视甚高的那部分毕业生对工作单位、岗位职务、福利薪酬都会有过高的要求，因此，在求职过程中也很可能遇到挫折，从而陷入盲目择业的境地。

第二时段：升职危机（25—35岁）。这种危机可能产生在工作了5~7年以后，也就是大约在30岁左右。中国人从来就有"三十而立"的说法，这一时段的职业生涯除了少数人能如愿以偿升职高就外，大部分人并不能春风得意。如果不能正确地处理这时的危机，就可能会用不正确的方法来发泄自己的失意。

第三时段：方向危机（35—45岁）。照中国人的说法，应当是"四十不惑"，而40岁左右恰恰是职业生涯的第三个危机时段，我们称为继续前进的"方向危机"。因为到了40岁，或者你已经担任了一定级别的领导职务，或者你已是这一行的"老法师"，这个时候，再往哪里前进，往往会为方向不明而感到困惑，于是便产生了所谓中年改行转业等问题。

第四时段：饭碗危机（45—55岁）。过了50岁，进入"知天命"的年龄，人也更加成熟，但随着年龄的增长，经受挫折和失败继续保持斗志的

能力降低了，尤其在身体机能上，逐步从高峰转向衰退阶段，记忆力减退，失误率增多，接受新知识能力降低，整体承受工作压力的能力逐步下降，工作效率降低。这个时间段，最让人担忧的可能是自己的饭碗，这不仅仅指的是普通岗位上的老百姓，也涉及身在高位的领导者。

由此可见，在职业生涯的任何一个时期，都存在着产生心理危机的可能性，从业者应该做好这样的心理准备。无论是哪一时段的职业心理危机，如果得不到及时、有效的化解，必然会给员工本人及企业带来不良的后果。

（二）职业心理危机的影响

职业心理危机的影响主要体现在两个层面，即员工个体层面和企业管理层面。

1. 对职工个体层面的影响

对于职工个体来说，心理危机的影响主要以五种形式表现出来：

第一，消极怠工。我们常见到这样的员工，他很少迟到早退，在班上也很少做与工作无关的事情，但就是手头的事情进展缓慢，就像电脑屏幕上那个以每秒一微米的速度移动蓝色的拖动条，让人看了直想发狂。这样的行为带来的直接后果就是工作效率极其低下，很难取得工作业绩。

第二，人际窘迫。总是一脸苦大仇深，或是一脸严肃的样子，弄得下属和同事都不敢跟你开玩笑。如果你一进办公室，别人的笑脸就会冷却两度，或者同事们商讨周末如何一起度过时总忽略了你的话，那你就应该明白，你可能已经陷入窘迫的人际状态之中了。

第三，沟通不畅。在重要的会议上，轮着你发言了，你却"哑巴"了；领导布置任务，你一个生硬的拒绝让领导眉头直皱；同事闲谈，你忽然一句尖刻的挖苦让好不容易建立起来的友情烟消云散……大多数时候，原本不算内向的你越来越沉默、不爱说话了，满肚子"怀才不遇"的委屈只能在被窝里感叹。

第四，思维狭窄。在工作中，自己觉得非常不错的方案，却被上司一口否绝；在单位里，公司的规章让自己十分烦闷，甚至痛不欲生；在关系上，同事和领导随意的一句调侃，都成了刺向自己心脏的利剑……所有这些问题，都只是你思维狭窄的结果，让你跟你的工作环境无法兼容，甚至格格不入。

第五，暴力倾向。在工作和竞争的压力下，很多人都在将自己超频使用。长期加班透支健康的结果，就是年纪轻轻就"过劳死"的现象越来越严重，已经给白领们亮起了红色预警。自虐是一种自我暴力，是将攻击转向自身的表现方式；另一方面，暴力倾向也向外表达，比如破坏自己使用的干活工具、机器以及动辄谩骂、攻击同事等。

以上这些心理危机的影响，不仅破坏了职工个体的人际关系，同时也造成了他们的精神痛苦，并且进一步导致了企业管理的困境。

2. 企业管理层面

危机对策研究的先驱 C. F. 赫尔曼曾经对危机下过一个经典的定义："危机是威胁到决策集团优先目标的一种形势，在这种形势中，决策集团做出反应的时间非常有限，且形势常常向令决策集团惊奇的方向发展。"巴顿（Barton）说："危机是一个会引起潜在负面影响的具有不确定性的大事件，这种事件及其后果可能对组织及其员工、产品、服务、资产和声誉造成巨大的损害。"

职业生涯中的 9 种危险心态

① 委屈自己，勉强适应。没有最好的工作，只有最合适的工作。一个人要根据自己的性格、兴趣爱好来选择自己的职业，如果自然性格和职业性格不吻合，就像在身边埋了一个随时可以引爆的炸弹，职业生涯的危机可能就从这里引发。

② 得过且过，敷衍了事。工作中不认真、不负责的态度是最害人的，它不但使你得不到上司的赏识和同事的认可，而且任何一次晋升加薪的机会都不会落到在你头上。如果你不改变这种作风，那么下一个被解聘的就是你了。

③ 忽略交往，急于表现。当今的大多数工作都需要分工协作才能完成，所以一个人在团体中的亲和力就显得尤其重要。如果你急于表现自己而贬低别人，到处挖别人的墙角，或者把很多的注意力过分集中在手头工作上，从而忽略与公司其他部门的人员交往，那么在你遇到困难的时候就会处于孤立无援的境地。

④ 事不关己，高高挂起。这种认为凡是与自己无关的事就三缄其口，自认为明哲保身，可以远离纷争的态度是最危险的。这样的人做事情没有积极性，团队意识薄弱，是上司最不喜欢的。上司会认为你的工作态度不投入，而不把重要的工作交给你做，你自然就没有更多表现的机会。

⑤ 没有计划，缺乏目标。在工作中，没有计划的人是很难有发展的。因为事情的发展存在很多偶然的不可预见的因素，工作前如果没有做好提

前量的准备，就可能在意外面前措手不及。缺乏目标就无法把握工作中的大方向，只把目光停留在日常事务上，就会使你裹足不前。

⑥ 机会面前，不敢尝试。有些人认为自己只能做好目前的具体事务工作，而对于高级管理工作没有经验，不能胜任，更怕做不好让上司失望而丢了饭碗，就把大好的机会让给了别人。因为害怕失败就放弃机会，不但会让你的上司失望，也会让自己的职业生涯出现断层，失去更好的发展。这种怯懦的心态是职场之大忌。

⑦ 吃老本，不充电。职场生涯是没有一通到底的"通行证"的，充电是必须的。现代社会已经没有一项技能可以受用终身，21世纪就业的三大基本技能是外语、电脑和开车。虽然有些夸张，但如果这三样技能你样样精通，那就不愁找不到好工作。

⑧ 没有危机意识。在竞争激烈的当代社会，每个人的职业生涯中都会出现危机，有竞争的危机，也有失业的危机。要时刻保持清醒的头脑、冷静的思维，最关键的是要有居安思危的危机意识。不要以为自己可以一辈子稳坐钓鱼台，不会被别人偷走奶酪。

⑨ 做兼职重于全职。做兼职既能把一个人的特长发挥到极致，又能最大限度地创收，所以很多人在8小时之外选择一份或几份兼职工作。如果有这个能力，机会又合适，自然无可厚非。但是，一个人的精力毕竟有限，如果你一身兼4职、5职，而影响了本职工作，进而也会影响到你的职业基础，给你的职业生涯埋下隐患。

三、职业心理危机的识别和应对

那么，如何来识别职业心理危机，从而让员工个体和企业管理防患于未然呢？

（一）职业心理危机的识别

根据业内对心理危机的评定标准，我们可以将职业心理危机的识别方法大致概括如下：

1. 观察情绪反应

当事人会表现出高度的焦虑、紧张、恐惧、怀疑、不信任、沮丧、抑郁、悲伤、易怒、绝望、无助、麻木、丧失感、空虚感，且可伴随恐惧、愤怒、罪恶、嫉妒、烦恼、羞惭等心理与行为。这些强烈的情绪反应是很容易被周围人觉察到的。

2. 辨别认知状态

当事人身心沉浸于悲痛或暴怒之中，导致记忆和知觉改变；难以区分事物的异同，体验到的事物间关系含糊不清；做决定和解决问题的能力受影响或者降低。但是，这种认知状态比较隐蔽、不易被辨别，而且，一旦危机解决，当事人即可迅速恢复正常知觉状态。

3. 关注行为改变

当事人放弃以前的兴趣；不能专心学习、工作或劳动；回避他人或以特殊方式使自己不孤单；令人生厌或黏着性；产生对自己或周围的破坏性行为；逃避现实，强迫观念、强迫行为；拒绝帮助，认为接受帮助是软弱无力的表现；行为和思维情感不一致；出现过去没有的非典型行为。如果关注到这些行为改变，一定要引起高度警惕。

4. 警觉躯体症状

当事人表现出肌肉紧张、头痛、心痛、睡眠紊乱、易受惊吓、做噩梦、无食欲、消化不良等症状。比较常见的特征是周期性或者持续性的颤抖，长期心烦意乱或心不在焉，极端不安和精神恍惚、精神错乱等情况。当躯体症状出现时，一般都意味着问题的严重程度加深了。

（二）职业心理危机的应对

人生不同阶段产生不同的职业心理危机。面对不同的危机时段，应对的重点不同，因而相关策略也不同。下面我们分阶段介绍危机应对的具体策略。

1. 定位危机的应对

避免定位危机，需要冷静而客观地分析自己，减少那些情绪性因素。由于一个人刚刚接触社会，他不可能对社会有那么好的了解和把握，甚至于对自己也不会有更多的客观的评价。这时，你不妨试着问自己几个问题：（1）自己最喜欢的工作是什么？（2）自己最喜欢在哪里工作？（3）自己所喜欢的工作的前景如何？（4）自己的性格比较适合做合作性工作，还是独立完成工作？（5）自己在学校最喜欢哪门功课？哪门功课最优秀？（6）自己在学校期间担任过什么职务？哪些方面的才能得到了大家的认可？（7）自己的专长在哪里？擅长人事管理、做技术研发，还是市场营销？对这些问题的回答，有助于认清自己的发展方向，等一一弄清了这些问题，找到并适应了所选定的职业，再连续工作两三年，如果在专业领域有所建树，还有升职加薪的大好机会垂青，又不想改变专业方向的话，表明你的职业定位危机已经平安度过了。

2. 升职危机的应对

避免升职危机，同样需要一个人放弃情绪性的因素。"三十而立"是个老观念，其实人要立和能够立的时候很多。当今社会发展的机会比比皆是，今天立不了，明天照样可以立。终身教育和终生学习的理念，就是因为人有不断要立的需求才产生的。这个"立"的关键不是一个人的年龄阶段，而是要立的动力和要突破创新的意识。

度过这段危险期要注意下面几个问题：（1）不断更新专业知识，将自己造就成为本专业发展方向上面的中高层领导、职业经理人或技术骨干。（2）发展人际关系网络，它是你事业突飞猛进的重要资源，所以在社会关系和人际关系上要注意"合力效应"，不厌其烦地与周围同事们进行沟通和交流。（3）塑造个性职业风范，工作作风、业务专长和人格魅力是一个人职业风范的外在表现，如果你希望自己成为某一部门、某一项目的经理人或中坚力量，就一定要在工作中把这些发挥得淋漓尽致。（4）创造突出工作业绩，工作业绩直接决定升迁，所以在业务拓展和技术创新方面要注意"分力效应"，把自己从众多的员工中凸显出来。

3. 方向危机的应对

避免方向危机，需要一个人把握自己的优势所在。如果你在本行业干得比较出色，前进方向也很清楚，在这个舞台上已经展示得很好，那就要继续展示下去；如果在本行业或本岗位，不能充分发挥自己的潜能，那就要在相关的工作里寻找新的位置，并结合自己的从业特长来确定。具体而言，要做好三件事：（1）要调整心态。要保持清醒的头脑和百倍的干劲，在工作中学习新事物、适应新情况，主动发挥经验优势，而不是倚老卖老。（2）要继续学习。在工作之余，结合自己的性格特点和专业特长，多补充一些与自己多年的知识结构和经验积累相关的新知识，只有这样，才能维持和不断提升自身竞争力，在进行第二次职业设计时立于不败之地。（3）要学会取舍。人在不同的阶段都会有不同的目标和需求，在职业遇到危机时，要冷静分析目前的工作所能提供的与这个阶段实际的需要是否符合，两者之间的矛盾是否就是造成危机的原因。鱼与熊掌很难兼得，所以就要有所取舍，抓住最重要最想要的，暂时放弃不能兼得的东西。

4. 饭碗危机的应对

避免饭碗危机，关键是要正确看待职业生涯发展规律，你的职业发展必定要经历探索、确立、发展和退出的过程，要看你如何处理一些新的变化。（1）要有放弃的勇气，当然并不是说将权利全部放弃，而是应该避免事必躬亲，要适当放权。可以将主要精力用在考虑战略层面及全局性问题，也可以将自身多年技术经验和行业底蕴尽情发挥，并用自己的经验扶持新人或指导团队协作，将你在团队中的价值最大化；（2）规划好晚年生活，绝对不可有得过且过混日子的思想，应该保持不断进取的精神状态；（3）保持身心健康，决定一个人在这一阶段以及退休后生活幸福与否的最主要因素便是健康。做好职业生涯光荣结束前的身体和心理方面的准备，为退休后的工作和生活做好铺垫。

对于危机的识别和应对，我们主张个体还可以在许多建设性的主题上有所作为。比如，正确认识职业心理危机，以豁达的心胸面对危机，在个人的成长和发展方面付出努力，学习设定和调整自己的职业目标，形成解决职业困境的计划，并且主动积累职业实践方面的积极体验和经验，开拓更为宽广的职场视野，形成自身独特的职业能力评价、危机处理方式。这些都是必要的自助。

第三节　心理健康与调适

❋案例6：

小勇是管理学院三年级的男生。"三年了，专业学习学得很痛苦。现在我一点都不想学了。我是调剂进校的，本来对这个专业就不喜欢，更何况这个专业以后就业很难，很辛苦。曾经想过转专业，可错过了机会。想退学，不想读了。"小勇满脸愁容，说出了他的烦恼。

"你想退学，退学后你准备做什么？喜欢什么样的专业？"辅导员老师问道。"我也不知道。"小勇低着头说。

出纳员小丽，23岁，工作两年来没出过错。上级很赞赏她。可是同事和朋友却说她呆板、不好相处。因为她的言行习惯让大家觉得难以理解。她生怕工作出差错，上班时很少离开自己的办公桌。下班时，她经常走出门后又回来，检查保险柜和抽屉是否锁好。

不喜欢所学的专业，不知道毕业后做什么样的工作，对自己的前途感到茫然；工作中总是害怕出错，神经高度紧张，与同事关系总是相处不好。像小勇和小丽的这些困惑和想法在大学生就业中并不鲜见，甚至可以说在相当范围里存在着，而这样的状态如果长期得不到解决或调整，将会直接

影响到当事人的心理健康。

职业心理健康问题在西方发达国家一直很受重视,在世界500强中,90%以上的企业建有EAP(员工帮助计划),对员工进行心理咨询和行为治疗。由于社会竞赛不断加剧,人们的工作和生活节奏不断加快,那些在职场上拼搏的人正承受着各个方面的压力,诸如经济收入的稳定、事业的发展、人际关系的和谐、家庭危机的化解等,许多职业人正忍受着人际关系紧张、社合适应不良、情绪障碍等各种心理健康问题的困扰。如何正确认识且有效应对职场上的各种挑战,保持身心的健康稳定,是人们职业生涯成败的关键。

一、职业心理健康

随着时代的发展和社会的进步,人们越来越重视自身的心理健康问题。对健康的认识已经从单一的身体健康发展到身体、精神和适应社会的健康。所谓心理健康,是指不仅没有心理疾病,而且个人在身体、心理及社会行为上均能保持良好状态。心理健康包含生理、心理和社会行为三方面的全面健康。

(1)从生理看,心理健康的人,其身体状况特别是中枢神经系统应没有疾病,各项功能在正常范围内,没有不健康的体质遗传。健康的身体、健全的大脑是健康心理的基础。具备健康的身体,个人的情感、意识、认知和行为才能正常运行,身体不健康特别是大脑出了毛病,就会影响心理健康。

(2)从心理看,心理健康的人对自我持肯定态度,能自我认知,明确认识自己的潜能、优点和缺点,并注意发展自我;其认知系统和环境适应系统能保持正常、有效地运作;能使自我和人际关系同时得到发展;自我既能顾及生理需求,又能顾及社会道德的要求,能面对现实问题,积极调适,有良好的心理适应能力。

(3)从社会行为看,心理健康的人能有效地适应社会环境,妥善处理人际关系,行为符合生活环境,扮演的角色符合社会要求,与社会保持良好的接触,并能为社会做出贡献。

总的来说,心理健康是个人的主观体验,既包括积极的情绪、情感,也包括消极的情绪、情感,它表现在个人适应社会的各个方面。处于知识经济时代的大学生,如何在竞争加剧、节奏变快、价值观多元化的职业环境中立足,并有所贡献,保持心理健康是最基本的要素。

1. 良好的工作心态

心态即心理状态，工作心态是从业者对工作本身、周围环境各种事物与各种关系的观点和行为取向。要以良好的心态对待工作中的事情，对问题要客观分析、正确评价。以什么心态对待工作，受个人情绪和心理因素的影响，关系到工作实效和结果。要安心工作，不宜急于求成；要耐心工作，不宜好高骛远；要诚信工作，不宜弄虚作假。

2. 良好的职业形象

对青年人来说，最大的财富就是自己。要努力把自己塑造成具有时代特点的成熟的职业人。进入企业前，要做好职业能力、综合素质、职业意识的准备。让社会、企业及周围的人对自己产生正面形象，以良好的形象展现自己，让形象提升自己的地位和影响；入职后，要充分利用一切机会，对自己的形象进行设计。正确引导自己，运用情绪、情感，将自己的优秀品质在职业活动中展现出来。成熟、良好的职业形象，会使他人对你产生深刻印象，并形成好感、喜欢、欢迎等心理现象，这种有利的主观因素将影响他人对你在工作中的支持和帮助。

3. 良好的意志品质

意志是人类特有的心理活动，对人的行为具有发动、坚持、改革等方面的作用，意志品质反映个人克服困难的决心和态度，也是在各种行为中表现出来的作风。工作过程也是对个人意志品质的综合考验，尤其刚进入社会的大学毕业生更是如此。良好的意志品质能够使个体在职业中发挥战胜自己、强化恒心、克服消极因素、抵制不良诱惑以及杜绝绝望情绪等多方面的积极作用，从而提高职场成功的可能性。

4. 良好的行为适应

职业行为适应的内涵主要包括四个方面：（1）工作环境适应，要确保适应企业的需求，当个人期望与现实有一定差距时，要减少理想色彩，做到"随遇而安、适者生存"，同时还要为将来发展创设空间。（2）工作关系适应，新进入企业的人员，要努力适应企业固有的人文环境，从工作的角度建立新型的人际关系，使自己尽快融入企业之中。（3）工作学习适应，要发挥主观能动性，规划好学习和工作，在实践岗位上学习生产操作的相关知识和要领，加快自己胜任工作的能力，把自己打造成合格的职业人。（4）工作技巧适应，工作中要树立时间意识，努力提高工作效率和质量，遇到问题时不要简单化处理，注意将自己的合理化建议，通过有效的方式进行恰当的表达。

二、职业心理健康常见问题

面对当今职业竞争的激烈形势,在生涯发展的过程中大学生需要承受较大的心理压力,常常会因此产生不同类型和程度的心理冲突与矛盾,衍生出许多的心理、行为乃至生理问题。

下面介绍五种比较常见的职业心理健康问题:

(一)焦虑心理

心理学上所指的焦虑症(anxiety state)是以突如其来的和反复出现的莫名恐惧和焦虑不安为特征的一种神经症。许多大学毕业生在职业发展的过程中,面对压力和困境,都会出现不同程度的焦虑,但并未严重到焦虑症的程度。职业生涯中不同时间都可能出现焦虑,虽然诱因多,但最终都是通过职业心理压力而引起的。当事人会感到紧张不安,担心害怕,极度过敏,难以做决定;会出现心跳加快、过度出汗、手足发抖、肌肉持续紧张、尿频尿急、睡眠障碍等躯体症状。如果不引起足够的重视,或是钻了牛角尖,小问题就会变成大问题,不仅影响心理健康,还会制约职业发展。

(二)依赖心理

大学生在就业初期,面对生活成本较高、收入较低的现实,家庭给予适当支持,尤其是心理上的支持是好事情。但是,如果大学生对"支持"的理解和依赖出现偏差,就会滋生不良职业心理,阻碍个人职业发展。现在社会上所指的"傍老族"就是过度依赖父母的一类人,有些依赖心理严重的个体已经发展到无法自制自控的程度,将依赖变成自己的习惯,离开家庭的庇佑和帮助就会心理空虚、彷徨失措。因此,不管是大学生自己,还是他们的家庭都应该掌握好"支持"的尺度。

(三)自负与自卑心理

有的学生因为在学习的小环境中比较有优势,参加过社会活动,在同学面前一直是佼佼者,就自认为出类拔萃。自负心理容易导致对自我能力认识不清,缺乏对自己正确的评价。在就业和工作过程中过高估计自己,提高成功期望。

与自负心理相反,有的大学生在就业和职场中,过高地估计别人,将别人的优点放大,同时过多地注意个人的缺点。他们喜欢将个人与他人进行排序,并将自己置于他人之后。一进入工作环境,就觉得自己好像不行,尤其看见别人轻松的表情,就对自己的能力产生怀疑,在精神上首先自我挫败。

(四) 挫折心理

所谓挫折,是指人们在动机的驱使下,向目标努力的过程中,因为受到阻力,难以顺利推进时所产生的精神紧张、消极情绪等反应。人们在职业发展的历程中,总会遇到各种各样的职业问题与困境,尤其是当本来认为志在必得的职业目标未能顺利达成时,挫折心理就会产生。不同的人应对挫折的方式也不同,有些人在工作中遇到问题就自暴自弃,放弃目标与理想,不去努力寻找解决问题的方法,最后只会让自己的职业生涯一败涂地。而另一些人,面对困难懂得控制情绪,客观地分析各种实际情况,及时调整计划,最终也能达成目标,取得成就。

(五) 恐惧心理

对职业生涯影响最大的当属社交恐惧,患有社交恐惧的个体表现出害怕公开交流、回避人际往来、缺乏自信等心理特征。在公共场合讲话时,他们会因紧张而出现双手发抖、脸红心跳、声音发颤,甚至口吃等焦虑反应。这类个体只要在公开场合,就会觉得自己说话不自然,不敢抬头或正视对方。怀有恐惧心理的人不仅在最初的就业应聘环节会受挫,甚至在以后的职业生涯中都会受到很大影响。

职业人在特殊的工作环境下也有可能出现心理问题,作为职业人的这些心理问题往往与自己所从事的职业有关。如果一个人因为这些心理问题而影响了日常的生活、工作和交友等社会功能,那么这样的心理健康问题很可能已经恶化,并演变成为常见的职业心理疾病:慢性疲劳症、上班恐惧症、假期综合征、职业厌倦症、职业倦怠症、网络综合征、单调作业产生的心理障碍、过度安逸产生的健康问题等。但如果一个人按社会认为的适宜的方式行动,其心理状态和行为能为常人所理解,即使他的心理已超出正常的范围也还算不上心理出问题;换言之,心理正常是一个常态范围,在这个范围内还允许不同程度的差异存在。关键在于,我们能否意识到自己心理的哪个角落出现了异常,这些异常心理该如何调适。

三、职业心理调适

(一) 入职适应调适

在一个人的整个职业生涯中,再也没有哪个阶段像他们初次进入企业时那样感到困惑和茫然了。正是在这一阶段,他们将第一次面对现实企业生活的冲击。他们必须建立一种自信的感觉;必须学会与第一个上级以及同事们相处;必须学会接受责任;然后,最重要的还是要对自己的才能、

需要以及价值观是否与最初的职业目标相吻合进行审视和判断。如果他们不能对自己有正确的认知，那么常常会引发早期入职适应心理的危机。

早期入职适应心理危机是一个人进入第一项主要工作的最突出的特征，恰如管理学理论学者休斯所说，是"现实的震荡"。在多数主要的职业中，它会以不同的形式表现出来。无论对工作领域在学校有过多么详细的说明，也无论一个人有多少次兼职工作或学徒经历，由于他第一次面临着个人预期、梦想与实际上喜欢干什么和在一个什么样的组织之间所存在的距离，第一次正式承诺的现实性正在发生震荡。"现实的震荡"会造成新员工丧失信心，工作成效不高，甚至会打击积极性，使人员的自发流动增加，影响组织效益和用人计划。

对于大学毕业生来说，入职适应心理危机主要表现为以下几种症状：

1. 人际困惑症

对如何处理与同事、领导的关系表现得稚嫩和生涩，将学生时代人际关系的处置方式移用到职场活动中，对职场人际交往中不符合自己判断的"看不惯""不可思议"的现象容易流露出失望和否定情绪，甚至产生人际交往困惑和焦虑。

2. 自我迷失症

自我迷失主要体现在两个方面：一是职业活动预期对职业活动实际的越位；二是所接受的高等教育与社会需求的错位。根据韦纳的归因理论，当个体将失败归结为能力的强弱或任务的难易时，这些稳定和不可控的因素使以后的职场生活还会预期失利或失败，成就动机会被削弱，自信心遭到打击，不良情绪可能由此加剧。

3. 失败挫折症

一般情况下，正统的学校教育很难与速变的社会实践保持一致，这样就可能导致毕业生完成职业适应难以实现三个变化：一是完成单一的学生角色向复杂的职业人角色的转变；二是实现校园状态下所获取的知识和技能向职场状态下所需要的能力和素质的转换；三是承受校园内以学业为主体的压力影响到接受社会上多重压力作用的适应。上述情形，对于那些经历缺乏、准备不足的大学毕业生来说，可能会增加他们的挫败感。

4. 情绪压抑症

挫折事件表现到情绪上基本可以概括为：多次失败导致个人失落感；应对各级领导指令和完成任务的紧迫性形成层级挤压感；由于生活条件、物质待遇、工作环境等相形见绌而出现心理失衡感；因个人智能的较大落差在职场竞争中处于不利地位而生发相对贫困感。情绪压抑且久而未决成为部分大学毕业生产生职业恐惧的重要原因。

5. 消极厌职症

职业活动中形成的多种负面压力超过个人承受能力时，为了寻求自我保护，部分毕业生采用的最直接、最简便的应对方式，一般是以厌职情绪和行为做消极对抗，直至弃职而去。对工作马马虎虎，对人际关系冷漠，对企业文化活动常怀抱怨、常表不满、常无热情是厌职情绪症的普遍表现。

那么，面对以上入职适应危机心理症状，即将步入职场的大学生应该做些什么呢？

（1）端正大学生就业决策观。就业观念是大学生进行就业决策与职业规划的基础，指导着大学生职业发展的方向。面对当今社会，什么才是正确的就业观？如何树立正确的就业观？怎样解决涉及就业观的各种问题？这些是每一个大学毕业生走上职业岗位前都要慎重思考的问题。

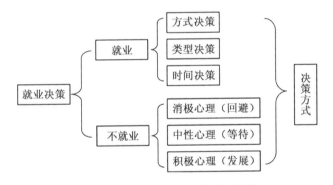

图 10-1　大学生就业决策路径模型

以上展示的"大学生就业决策路径模型"可以用来描述大学生就业决策时的心理过程。也就是说，大学生面临就业选择时，将首先对"就业"还是"不就业"做出选择，完成这一层次的决策后才能进入属于同一水平但不同性质的两个决策路径，而最终能否以理性方式做出正确、合理并适合自己的决策，直接制约着大学生的职业发展和就业成功率。目前，大学生职业决策中的大部分问题就是源于就业观念存在误区，从而导致七种非理性的就业决策模式：① 挣扎型，② 冲动型，③ 直觉型，④ 拖沓型，⑤ 放任型，⑥ 从众型，⑦ 瘫痪型。

（2）消除对立、融洽"人—职"关系。大学毕业生在入职之初常常会遇到个体与职业之间产生的四组差距：① 学业环境与职场环境的反差：在

校期间的组织关系是松散的扁平型结构,强调自律,而职场环境是一种"金字塔"型的科层制结构,着重他律;②职业理想期望与职业活动现实的落差;③学业成绩与职业能力的矛盾:一些大学过于看重学业成绩,而学生提出问题、分析问题和解决问题的能力则被很大程度上忽视了,使得教育培养出来的知识、能力与职场上的需求不相适应;④个性特征与职业角色需要的冲突:个性特征中那些不和谐的气质和不良的性格等因素会直接影响到人际交往和发展潜力,因为任何一个用人单位,都希望它的员工在个性特征上与它的企业文化特质保持和谐一致。这四对差距的存在本身不是问题,而且也是大学生初入职场时必定要经历的,大学毕业生所要做的就是意识到并努力处理好这些差距,在看似对立的关系中找到自我成长的机会,从而提高自己的职业适应能力。

(3)增强职业自我效能感。职业自我效能感,就是个体对自己能否胜任和职业有关的任务或活动所具有的信念。它主要包括两方面内容:一是与职业内容有关的自我效能,即个体对自身完成某一职业所规定的有关内容(如职业所需要的教育、所规定的工作职责,或通过职务分析所得出的该职业的每一项任务)能力的信念。一是有关职业行为过程的自我效能,即个体对自身完成有关职业行为过程,实现行为目标能力的信念。这类概念有职业决策自我效能(又名择业效能感)、职业寻找自我效能、职业调整自我效能感等。这样的自我效能感能够帮助年轻的职场人更从容地看待自己和职业的关联,而不是仓促地自我否定或盲目地自我膨胀,从而对自身所拥有的从业知识和能力、对所从事的职业内容与行为都能做出恰如其分的评判。

(二)职场压力调适

心理学意义上所谓的压力,是指刺激事件打破了有机体的平衡,或者超过个体的承受能力,迫使个体不得不调整自己,由此产生的一系列身心反应。这些刺激事件通称为压力源。通常情况下压力在个体职业发展过程以及具体工作情境中的表现,即职场(工作)压力。据美国国家职业安全健康机构目前的一项研究表明,美国超过半数的劳动者将职场压力看成是他们生活中面临的主要问题,这一数字比20世纪90年代增加了1倍多。美国职业压力协会(American Institute of Stress)估计,压力及其所导致的疾病——缺勤、体力衰竭、精神健康问题——每年耗费美国企业界3 000多亿美元。北京易普斯企业咨询服务中心的调查发现,有超过20%的员工声称"职场压力很大或极大"。业内人士初步估计,中国每年因职场压力给企业带来的损失至少有上亿元人民币。

造成职场压力的压力源主要有三个方面：环境的、组织的和个人的因素。美国《华尔街日报》曾就此问题做过调查，结果如表10-2所示：

表10-2 工作中压力产生的主要原因

因　　素	回应百分比（％）
所做的不是自己愿意做的事	34
在有限的时间内完成工作	30
工作负担过重	28
同事令人讨厌	21
老板难以相处	18

如果这种压力得不到释放或缓解，累积到一定的程度，将会影响员工的身心健康、情绪，以致影响工作。心理专家认为，职场人感受到的心理压力呈现出三方面不同的症状（表10-3）：

表10-3 压力导致的三方面症状一览

压力导致的生理症状	压力导致的心理症状	压力导致的行为症状
1. 心率加快，血压增高	1. 焦虑、紧张、迷惑和急躁	1. 拖延和避免工作
2. 肾上腺激素和去甲肾上腺升高	2. 疲劳感、生气、憎恶	2. 工作绩效和生产能力下降
3. 肠胃失调，如溃疡	3. 情绪过敏和反应过敏	3. 酗酒和吸毒人员增加
4. 身体受伤	4. 感情压抑	4. 工作完全破坏
5. 身体疲劳	5. 交流的效果降低	5. 去医院的次数增加
6. 死亡	6. 退缩和忧郁	6. 为了逃避，饮食过度，导致肥胖
7. 心脏疾病	7. 孤独感和疏远感	7. 由于胆怯，吃很少，可能伴随抑郁
8. 呼吸问题	8. 厌烦和工作不满情绪	8. 没胃口，瘦得快
9. 汗流量增加	9. 精神疲劳和低智能工作	9. 冒险行为增加，包括不顾后果的驾车和赌博
10. 皮肤功能失调	10. 注意力分散	10. 侵犯别人、破坏公共财产、偷窃

续表

压力导致的生理症状	压力导致的心理症状	压力导致的行为症状
11. 头痛	11. 缺乏自发性和创造性	11. 与家庭、朋友的关系恶化
12. 癌症	12. 自信心不足	12. 自杀或试图自杀
13. 肌肉紧张		
14. 睡眠不好		

学会压力管理，避免压力过度，将压力化为动力，是个体成为职场人的必修课。我们需要根据压力选择出明智的解决方法，既不逃避，也不反应过度，从而提高自身心理素质，提高压力应对的能力与信心。

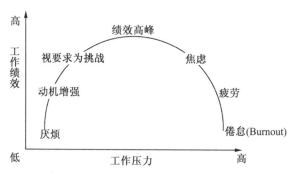

图 10-2 压力与绩效的关系

1. 正确认识压力

研究者认为，适量的职业压力有利于个体调动内在资源来应对问题，达到本身与职业的适应，同时提高组织的工作效率；过度的职业压力则导致个体的生理、心理和行为上的不适应，对身心带来负面影响，另一方面也会影响组织的健康发展。

鲇鱼效应

挪威人爱吃沙丁鱼，但沙丁鱼生性懒惰，不爱运动，捕获的沙丁鱼多在返途中死去。但有人发现，有一位渔民运送的沙丁鱼却总是活的，他赚的钱总比大家多。后来，人们打开他的鱼槽，发现里面有一条鲇鱼。原来，当鲇鱼被装入鱼槽后，由于环境陌生就会四处游动，而沙丁鱼发现这一异己分子后会紧张起来，加速游动。如此，沙丁鱼便可以活着抵港了。

显然鲇鱼在搅动小鱼生存环境的同时，也激活了小鱼的求生能力。鲇鱼效应是采取一种手段或措施，刺激一些企业活跃起来，积极参与市场竞争，从而激活市场中的同行业企业。这其实是一种负激励，也是激活员工队伍之奥秘所在。

认识到压力的双重性特点，能帮助个体降低在压力产生时的抵触和烦躁情绪，提高对压力现象的接纳度，从而以更积极的心态去面对压力。

2. 学会应对压力技巧

掌握和运用一些行之有效的技巧和方法，对于应对压力会有很大帮助，下面主要介绍六种应对压力的技巧。

（1）正确归因法。归因是指个体依照主观感受或经验对自己或他人的行为及其结果产生的原因予以解释与推测的心理活动过程。一般来说，倾向于外归因的人，往往承担了过多的责任，容易丧失自信。大学生在应对职场挫折时要进行正确归因，即对内外两方面原因加以综合考虑，如对能力、努力、任务难度、运气、身心状况、他人反应几个方面进行恰当的自我成败归因。

（2）自我暗示法。自我暗示是指用含蓄、间接的方式，对自己的心理和行为产生积极影响。当一个人遭遇挫折，受到打击时，要提醒自己："我要振作，我要成功，我一定能做到，我要下定成功的决心，失败就永远不会把我击垮。"运用积极的心理暗示可以振作精神，增强信心。

（3）目标调整法。当行为主体由于自身条件或社会因素的限制，经多次努力达不到目标时，可调整目标或降低要求，改变行为方向，缓解心理上的冲突，增强勇气和信心，以达到更切合实际的新目标。目标调整法既能抑制和阻挡不符合目标的心理和行动，又能指引和推动人们采取达到目标所必需的行动，从而战胜挫折。

（4）合理宣泄法，个体在职场受挫时，会产生压抑、焦虑、愤怒和不安等消极情绪，如不妥善化解，会给本人和企业带来不良后果。因此，应采取适合的方式，选择适宜的场合和形式宣泄受挫后的情绪，从而恢复理智和心理平衡。宣泄的方式以不损害他人、集体和社会的利益为原则，比如倾诉、哭喊、运动、转移等。

（5）社会求助法。研究发现，社会支持可以降低压力和挫折对个体的消极影响，并且降低压力与挫折导致疾病的发生率。因此，职场人在面对压力与挫折时，应主动寻求社会支持，如寻求感情、物质及信息方面的支持，从而减轻心理压力，降低压力与挫折对个体的消极影响。此外，心理

咨询也是寻求社会支持的有效方式之一。

（6）丰富生活法。健康的业余生活可以愉悦身心、增进友谊、减少因压力与挫折导致的紧张感。如阅读书籍、报刊，参加各种聚会和学术活动等，既锻炼了能力，拓宽了知识面，又在一定程度上增强了个体应对压力与挫折的信心和勇气。尤其是适当参加体育锻炼活动，可以使身体健壮、精力充沛、应对能力增强。

3. 提升抗压力和耐挫力

抗压力和耐挫力，是人们抵抗和应对压力与挫折的一种能力，即指个体对压力与挫折的可忍耐、可接受程度。其实，一方面，个体对压力和挫折的承受力是有很大差异的；另一方面，每个人的抗压力和耐挫力都是有提升空间的。

提升职场抗压力和耐挫力，可以从以下几方面入手：保持积极乐观的心态，所谓"塞翁失马，焉知非福""失之东隅，收之桑榆"等处世格言正是基于这种积极的心态；保持适中的自我期望水平，不要轻易地否定自己，也不过高地估计自己；学会分析压力和挫折，对职业不同阶段影响自己成长的主要压力与挫折要分析原因，有针对性地做出调整；积极投身实践活动，从"坐而论道"发展到"起而力行"，在实践中经受磨炼和考验。

（三）职业倦怠调适

根据马斯拉齐和加克森的研究，职业倦怠是由情感耗竭、去人性化以及个人成就感降低等方面构成的一种生理、心理多维度的综合性症状，它通常会发生在与工作对象进行直接接触的人身上。职业倦怠是个人因长期卷入那些存在着较多挫折，并且有着过多的情感需求的工作环境，从而形成的一种沉重的生理、心理负担。它包括情绪衰竭、去人性化和低个人成就感3个维度。情绪衰竭是指一种过度的付出感以及情感资源的耗竭感；对去人性化的进一步描述是对他人消极、冷淡、过分隔离、愤世嫉俗以及冷淡的态度和情绪；而低个人成就感是指自我能力感降低，以及倾向于对自己做出消极评价，尤其是在工作方面。

职业倦怠对组织和个人都会产生不良后果。倦怠对个人的工作表现有消极影响，它与工作中缺席、辞职、低效率、工作满意度降低、工作承诺下降有关。研究表明倦怠可能对个人的家庭生活也有不良影响。倦怠还会对员工身体健康造成危害，研究发现倦怠与心脏病的发病率也有关系。

导致职业倦怠的因素很复杂，大致来说，可以概括为六个方面，即（1）工作超负荷（工作强度增大、工作更加复杂和工作时间增多）；（2）失去控制力（组织颁布了很多制度来干涉员工的自主性，包括他们工作的方式、资源分配的决定等）；（3）奖励不充分（在激烈的公司间竞争中，公司将员工外在奖励压到最低，以取得更大的公司效益时，展示团队合作和员工创造性活动的内在奖励无法满足）；（4）团体疏离（团体疏离表现在人们之间冲突的加剧，相互支持和尊重的减少，孤独感的增加）；（5）有失公平（工作中的公正表现在三个方面：信任、公开和尊重。员工一旦意识到不公平发生，就会增加工作压力和不信任感）；（6）冲突的价值观（公司一边许诺给客户优质服务，一边想尽办法节省开支，这种理念与实际策略之间的矛盾，使得员工经常受到客户的责难）。显然，这六个方面不仅与员工个体的工作表现有关，更与企业的组织管理有很大关联。根据美国的有关调查，每三名工作人员中就有一名由于工作的压抑而得此病。职业倦怠对工作效率有严重的影响。

目前，应对职业倦怠的有效方式大多集中于组织干预方面，将管理与培训相结合的干预方案应该是最科学有效的方式。组织干预者认为，如果人们意识到工作的价值和工作的重要性，或是他们的努力能得到很好的奖赏，人们也许就能承受工作负荷带来的压力。因此，企业可以通过价值感和奖励来制定对员工的干预措施。此外，企业还应提供给员工必要的分配和奖惩信息，以降低员工的不公平感，并唤醒员工的自我效能感。

现有的以个体为中心的解决方案，一般会采取让员工远离工作环境，给员工提供个人应对策略，以强化个体的内在资源或是改变个体的工作行为等做法来进行个体干预。那么，对于职业人来说，应如何在调适职业倦怠中充分发挥自己的主体功能呢？以下这些方法或许可以拿来借鉴一下：

（1）设定切合实际的职业目标，做自己力所能及的工作。

（2）建立职业兴趣，强化职业情感。兴趣是成功的先导，热爱自己的工作是取得成绩的保障。

（3）当发现自己长时间对某项工作没有任何感情和兴趣时，应考虑转岗，乃至跳槽。

（4）给单调乏味的工作增加乐趣，并在工作之余寻求心理补偿，比如说多参加一些自己感兴趣的活动。

（5）体育锻炼和足够的休息，是消除职业倦怠的良方。平时应适当参加体育活动，在感到特别焦虑，无法投入工作状态之中时，应考虑放下工作去休息和旅行。

本章小结

在职场中,职业心理适应与调适至关重要。常见影响心理健康的方面包括:职业群体心理对个体的影响,职业危机和各种职业压力给个体带来的健康挑战等。大学生朋友们要学会辨析职场中常见的心理问题,了解和掌握应对与处理的方法,只有提升职业心理健康水平,才能让自己在未来的职业发展中游刃有余、如鱼得水。

1. 黛安娜·苏柯尼卡，等. 职业规划攻略［M］. 边珩，译. 北京：化学工业出版社，2014.
2. 鲁宇红. 大学生职业生涯规划与就业指导［M］. 南京：东南大学出版社，2008.
3. 姚金凤. 大学生职业发展与就业［M］. 苏州：苏州大学出版社，2011.
4. 仇洪博. 优秀员工的行为准则［M］. 北京：中国商业出版社，2014.
5. 魏涞. 责任：优秀员工的第一行为准则［M］. 2版. 北京：石油工业出版社，2009.
6. 陈仲宁. 敬业是最好的投资：你的敬业价值百万［M］. 北京：电子工业出版社，2011.
7. 丁川. 敬业就是硬道理［M］. 西安：中国长安出版社，2008.
8. 李良婷. 百年北大——讲授给青少年的人生智慧［M］. 北京：华夏出版社，2010.
9. 杨燕绥. 新劳动法概论［M］. 北京：清华大学出版社，2008.
10. 沈哲恒. 一本书读懂社会保险法［M］. 北京：中国法制出版社，2011.
11. 张钢成. 劳动争议纠纷诉讼指引与实务解答［M］. 北京：法律出版社，2014.
12. 德鲁克. 21世纪的管理挑战［M］. 朱雁斌，译. 北京：机械工业出版社，2009.
13. 阿代尔. 时间管理［M］. 邓敏强，等译. 海口：海南出版社，2008.
14. 杨俭修. 职业素养提升［M］. 北京：高等教育出版社，2011.
15. A. 班杜拉. 自我效能：控制的实施［M］. 上海：华东师范大学出版社，2007.

16. 曾仕强. 情绪管理［M］. 厦门：鹭江出版社，2008.

17. 全琳琛，等. 沟通能力培训游戏经典［M］. 北京：人民邮电出版社，2009.

18. 吕书梅. 沟通之道［M］. 北京：经济管理出版社，2010.

19. 罗杰·费希尔. 沟通力［M］. 北京：中信出版社，2009.

20. 张岩松，等. 人际沟通与语言艺术［M］. 北京：清华大学出版社，2010.

21. 肖冉. 哈佛沟通课［M］. 北京：龙门书局，2011.

22. 崔智东，郭志亮. 麻省理工学院最受推崇的创新思维课［M］. 北京：台海出版社，2013.

23. 郭强. 创新能力培训全案［M］. 北京：人民邮电出版社，2014.

24. 车景华. 创新能力训练［M］. 北京：北京师范大学出版社，2013.

25. 宁焰，虞筠. 职业素养提升［M］. 西安：西北工业大学出版社，2012.

26. 李恩广，张春霞. 创新思维原理与应用研究［M］. 哈尔滨：黑龙江人民出版社，2009.

27. 杰夫·戴维森. 好点子都是偷来的［M］. 王鼐，译. 北京：中国广播电视出版社，2013.

28. 于蓉.《弟子规》与职业素养［M］. 北京：人民邮电出版社，2014.

29. 贾同领. 企业员工弟子规［M］. 北京：中华工商联合出版社，2015.

30. 陈静. 职场礼仪一本通［M］. 南昌：百花洲文艺出版社，2012.

31. 马银春. 会说话也要懂礼仪［M］. 北京：世界知识出版社，2014.

32. 段锦云. 管理心理学［M］. 杭州：浙江大学出版社，2010.

33. 万成博. 产业社会学［M］. 杭州：浙江人民出版社，1986.

34. 张进辅. 青年职业心理发展与测评［M］. 重庆：重庆大学出版社，2009.

35. 朱慧丽. 心理危机及应对［M］. 郑州：郑州大学出版社，2014.

36. 汪清. 大学生心理成长导航［M］. 苏州：苏州大学出版社，2017.